普通高等教育"十四五"系列教材

生态水文学

主　编　王慧亮

副主编　吕翠美　原文林

主　审　吴泽宁

中国水利水电出版社
www.waterpub.com.cn

·北京·

内 容 提 要

　　本教材基于习近平总书记对生态文明方面作出的理论概括和战略指引，系统介绍了生态水文学的基本理论、方法和应用。主要内容包括：绪论、生态学基础、生态水文学原理、湿地生态系统的生态水文过程、森林生态系统的生态水文过程、河流生态系统的生态水文过程、城市生态系统的生态水文过程以及应用生态水文学等基础知识。

　　本教材主要作为水文与水资源工程专业"生态水文学"课程的教材，也可以作为其他有关专业相关课程的教学参考书，同时可以供水文学、生态学、水资源规划与管理等领域的相关专业技术人员或者研究生参考。

图书在版编目（CIP）数据

　　生态水文学 / 王慧亮主编. -- 北京 ： 中国水利水
电出版社，2021.6（2023.12重印）
　　普通高等教育"十四五"系列教材
　　ISBN 978-7-5170-9670-2

　　Ⅰ．①生… Ⅱ．①王… Ⅲ．①生态学－水文学－高等
学校－教材 Ⅳ．①P33

　　中国版本图书馆CIP数据核字（2021）第120743号

书　　名	普通高等教育"十四五"系列教材 **生态水文学** SHENGTAI SHUIWENXUE
作　　者	主　编　王慧亮 副主编　吕翠美　原文林 主　审　吴泽宁
出版发行	中国水利水电出版社 （北京市海淀区玉渊潭南路1号D座　100038） 网址：www.waterpub.com.cn E-mail：sales@mwr.gov.cn 电话：（010）68545888（营销中心）
经　　售	北京科水图书销售有限公司 电话：（010）68545874、63202643 全国各地新华书店和相关出版物销售网点
排　　版	中国水利水电出版社微机排版中心
印　　刷	清淞永业（天津）印刷有限公司
规　　格	184mm×260mm　16开本　13.25印张　339千字
版　　次	2021年6月第1版　2023年12月第2次印刷
印　　数	2001—4000册
定　　价	**40.00元**

前　言

　　"生态水文学"是水文与水资源工程本科专业基础课程，是工程专业认证要求的必修课，同时可以引导水文与水资源工程学生贯彻习近平总书记的生态文明相关理论。本书在参考生态水文学研究的最新理论与学科前沿的基础上，根据郑州大学校内讲义与近年来的实际应用情况编写完成。编写过程中，在征求广大师生的意见和与同行交流探讨的基础上，参考同类教材的相关经验，力求在保证论述学科的基本知识和基本理论的基础上，能够反映本学科的最新研究成果。

　　本书共分为8章，按照32学时的教学课时编写。本书的主要内容包括生态学基础、生态水文学原理、湿地生态系统的生态水文过程、森林生态系统的生态水文过程、河流生态系统的生态水文过程、城市生态系统的生态水文过程、生态水文过程集成模拟与管理、河道生态需水评估、水生态修复与规划和水库联合生态调度等应用生态水文学前沿。本书注重引导学生理论与实践相结合，掌握习近平总书记对生态文明作出的理论概括和战略指引。本书在参考大量学科发展前沿的基础上，凝练和遴选了生态水文学学科主体内容，取材丰富、体系完整，章节编排合理，适用于水利类和生态类相关专业的本（专）科教学，也可以供相关工程技术人员和研究生参考。

　　本书由郑州大学王慧亮担任主编，吕翠美和原文林担任副主编。第1章由王慧亮编写；第2章由王慧亮、吕翠美编写；第3章由王慧亮编写；第4章由吕翠美、王慧亮编写；第5章由王慧亮编写、第6章由王慧亮、原文林编写；第7章由王慧亮编写，第8章由王慧亮、原文林编写。全书由王慧亮统稿，陈开放、申晨阳、鲁珂瑜、何鹏、康永飞、申言霞、黄硕俏、张海君等研究生参与了书稿的整理与校正工作。

　　本书由郑州大学吴泽宁教授主审，主审人对书稿进行了认真细致的审查，并提出了许多建设性的意见，编者在此深表感谢。

本书在编写过程中参考了大量的生态水文学最新研究成果和诸多学者出版的专著，同时参阅了有关院校和科研单位的技术文献，在书后列出了主要参考文献，在此也表示感谢。

本书的编写和出版，得到了郑州大学教务处、郑州大学水利科学与工程学院以及中国水利水电出版社的大力支持，在此一并致谢。

生态水文学目前还没有供本科生使用的教材，本教材是编者根据生态水文学研究进展以及自己教学经验的总结，还存在诸多不足和需要改进的地方，希望各位同行和广大师生提出宝贵意见。书中如有不妥之处，恳请读者批评指正。

编者

2021 年 4 月

目 录

第1章 绪 论

在人类活动影响下，水循环及其伴生的水生态、水环境和水沙过程发生了深刻变化，水多、水少、水脏、水浑、水生态退化与水管理缺失并存，极值水文过程及突发性水患灾害事件频繁发生，人水关系越加复杂，原有生态系统结构、功能和水文过程受到一定的影响，仅靠单一学科已经无法全面科学地解释生态-水文伴生过程。在此背景下，生态与水文之间的内在联系逐渐被人们所认识，从而逐渐衍生出一门由生态学和水文学相交叉的新兴学科——生态水文学。

1.1 生态水文学的内涵及定义

1.1.1 生态水文学的内涵

水是地球这个"蓝色星球"的生命基础，然而地球上的淡水却只占其总水量的 2.5%。在这些淡水资源中，存在于江河（2%）、湿地（11%）和湖泊（87%）中的地表水仅占 0.3%。正是这些所占比例甚微的水资源，支撑着大于 10000 种物种的生存。依赖于水的生境具有高度的多样性特征，从极地到赤道，从高山到低谷的广阔范围内，形成了不同层次的生境类型：从单一个体到庞杂的植被群落；从涓涓细流的河源到宽阔的下游河谷区、复杂的洪泛区、多样的湿地，以及从池塘到大型湖泊等不同层次的静水生态系统等。在这些生境中，许多生境正维系着具有高保护价值的群落和物种，其中部分群落和物种正濒临灭绝。由于水被多方利用，在很多地区人类从根本上改变了自然水循环过程及条件，这导致淡水生态系统（至少是一些受到强烈影响的陆地区域的淡水生态系统）的生物多样性特征发生了退化。随着全球范围内人口和经济的快速增长，人类和生态系统（陆域和淡水生态系统）的需水平衡已经成为首要的环境问题，在这一关键且未知的"平衡行动"中，包含着大量极为复杂的研究主题。在近期，人类不仅需要采用新的综合科学分析方法，而且需要开展真正意义上的交叉学科研究。在这种情况下，生态水文学被认为是识别这一复杂问题的关键因子，同时也是为水资源可持续管理提供支撑的具有潜力的新学科。

1.1.2 生态水文学的定义

"生态水文"由 Ingram 于 1987 年首次使用，用来描述和解释苏格兰地区泥炭湿地中的水文过程和特征。1992 年在都柏林和 1998 年在巴黎召开的水与环境国际会议上，更加强调了生态水文学的应用前景。

Wassen 和 Grootjans（1996）认为"生态水文学"是一门旨在更好地理解水文学因素对湿地生态系统发展的决定作用，尤其是在自然保护和恢复方面的功能价值的学科。

Baird 等（1996）则认为，生态水文学是关于陆地或水生生态系统中植物和水相关关系的学科，扩展了 Wassen 等对生态水文学定义中环境的内容，包括旱地、森林、溪流、江河以及湖泊系统。

Zalewski 等（2000）提出，生态水文学是指对地表环境中水文学和生态学相互关系的研究。他在后来的文章中认为生态水文学是在流域的尺度上，研究水文和生物相互功能关系的科学，是实现水资源可持续管理的一种新方法。同时，他指出气候、地形、植物群落和动态、人类活动的影响这 4 个因素决定了环境中水的动态变化，表明在不同的环境中生态过程和水文过程之间的相互关系各不相同。

Acreman M C（2001）认为生态水文学是指运用水文学、水力学、地形学和生物学（生态学）的综合知识，来预测不同时空尺度范围内，淡水生物和生态系统对非生物环境变化的响应。另外，生态水文学侧重研究河流及洪泛平原区的水文与生态过程以及建立模拟这两个过程相互作用的模型。

Nuttle（2002）认为生态水文学是生态学和水文学的亚学科，它所关心的是水文过程对生态系统配置、结构和动态的影响，以及生物过程对水循环要素的影响。这一定义聚焦于水文过程在生态系统中所起的作用上，这与 Rodriguez 所提到的在生态模式和生态过程上研究水文机制的概念相一致。

Rodriguez（2005）认为生态水文学作为一门学科，是指在生态模式和生态过程的基础上，寻求水文机制的一门科学。在这些过程中，土壤水是时空尺度内连接气候变化和植被动态的关键因子。在他后来的研究中认为植物是生态水文学的核心内容。

Hatton（2005）认为生态水文学需要在质量守恒和能量守恒定律的基础上，在周围环境不同的情况下，研究环境过程的机制。

在国内，赵文智和程国栋（2001）指出生态水文学是研究生态格局和生态过程变化的水文学机制的科学。武强等（2001）认为生态水文学是一个集地表水文学、地下水文学、植物生理学、生态学、土壤学、气象学和自然地理学于一体的、彼此间相互影响渗透而形成的一门新型边缘交叉学科。黄奕龙和傅伯杰等（2003）提出生态水文学的主要方向是在不同时空尺度上和一系列环境条件下探讨生态水文过程。夏军等（2003）认为生态水文学是生态学与水文学交叉研究内容，即水文过程对生态系统结构、分布、格局、生长状况的影响，同时研究生态系统（生态系统中植被类型、格局、配置等）等变化对水文循环的影响，是一个相互影响的过程。章光新等（2006）提出了流域生态水文学的概念，流域水文学是以流域为研究单元，应用生态水文学的理论思维和系统科学的方法，在时空尺度研究生态过程与水文过程相互影响、相互作用、共同耦合演化的过程、机理和机制，探求流域水资源持续利用与水环境安全管理的一门新型学科。

1.2 生态水文学的发展

根据不同时期生态水文学发展的状态及特征，以生态水文学发展的关键历史事件为节点，可以将该学科的发展历程划分成 5 个阶段（表 1.1）。

表 1.1　　　　　　　　　　生态水文学各阶段发展历程

时间	阶 段	重要经历（或代表事件）
1970 年左右至 1986 年	生态水文学萌芽期	国际水文十年计划（1965—1974）；1970 年 Hynes 出版 *The Ecology of Running Water*；1971 年人与生物圈计划（MAB）及 1986 年第一阶段会议；生态水力学、土壤水文学等的重要理论探索和发展等

续表

时间	阶　段	重要经历（或代表事件）
1987—1991 年	生态水文学术语提出与初步探索期	1987 年 Ingram 使用"Ecohydrology"一词；1990 年 Pedroli 等，1991 年 Bragg 等围绕生态水文过程开展的研究；1988 年 UNESCO 组织的国际研讨会；1991 年荷兰景观生态协会（WLO）组织的水文生态预测方法会议等
1992—1995 年	生态水文学学科建立与初步发展期	1992 年联合国水和环境国际会议正式提出"生态水文学"概念；1993 年 Heathwaite 编著的 *Mires: Pmcess, Exploitation and Conservation*；1995 年 Kloostenman 和 Gieske 等对湿地生态系统的研究；1993 年马雪华编著的《森林水文学》等
1996—2007 年	生态水文学学科快速发展期	1996 年 Wassen 等给出生态水文学的明确定义；ERB 的 6 次研讨会；(UNESCO/IHP)-V（1996—2001）和（UNESCO/IHP)-Ⅵ（2002—2007）；1997 年 Zalewski 等、1999 年 Baird 等和刘昌明、2001 年 Aereman、2002 年 Eagleson 编著的生态水文学相关专集或著作；2001 年创办 *Ecohydrology & Hydrobiolog* 期刊；2000 年成立的英国沃林福德生态与水文学研究中心；2005 年组建 UNECSO 欧洲生态水文学中心；Hatton 等，Rodriguex、王根绪等、Nuttle、夏军、Naiman 等大量学者针对生态水文学不同领域进行的研究等
2008 年至今	生态水文学学科完善期	（UNESCO/IHP)-Ⅶ（2008—2013）主题 3 和（UNESCO/IHP)-Ⅷ（2014—2021）主题 5；2008 年《Ecohydrology》期刊创刊和 UNESCO 海滨生态水文学中心成立；2008 年 Wood 等、Harper 等、2010 年程国栋等、2012 年杨胜天等编著的生态水文学相关专集或著作；2014 年举办国际水文及应用生态大会；Chimire 等、Zalewski 等开展的更深入研究等

引自：夏军，左其亭，韩春辉. 生态水文学学科体系及学科发展战略 [J]. 地球科学进展，2018，33（7）：665－674.

1. 生态水文学萌芽期（1970 年左右至 1986 年）

"生态水文学"一词被提出之前，经历了一段时间的演化，也是生态学和水文学逐渐交叉在一起研究的伊始，目前很难考证和说清具体的起源时间。能找到的具有代表性的较早事件有：国际水文科学协会（International Association of Hydrological Sciences，IAHS）提出的国际水文十年计划（1965—1974），对水文过程的研究开始考虑来自生态环境及其他交叉学科的影响；1970 年 Hynes 出版的 *The Ecology of Running Water* 中初步对水文过程和生态过程的结合展开研究；1971 年联合国教科文组织（United Nations Educational, Scientific and Cultural Organization，UNESCO）倡议的人与生物圈计划（Man and Biosphere Programme，MAB），从生态学的角度对人与环境的关系进行了深入研究，并于 1986 年举办了第一阶段会议，讨论了陆地生态系统和水生生态系统之间的过渡带。此外，这一时期其他学科如生态水力学、土壤水文学、山坡水文学和河流生态学等的新理论和发现也有助于该学科的形成。总体来看，该时期学者们已经开始尝试对水文和生态的交叉过程的研究，为"生态水文学"概念的形成奠定了基础。

2. 生态水文学术语提出与初步探索期（1987—1991 年）

1987 年 Ingram 在研究中使用了"Ecohydrology"一词，随后被很多学者采用，并逐步成为生态水文学的代名词。此后几年，学者们围绕生态水文过程开展了大量工作，其中以湿地的生态水文过程研究居多，如 1991 年 Bragg 等和 Hensel 等所开展的研究；其他方面如 1990 年 Pedroli 和 Caspary 对生态水文参数、生态水文框架等也有少量研究。该时期还召开了几次与生态水文研究相关的代表性会议,如 1988 年 UNESCO 筹划的过渡带研究国际研讨会,并筹划了水陆过渡带功能方面的合作研究项目;1991 年荷兰景观生态协会组织的服务与政策和管理的水文生态预测方法会议。可以看出,自"Ecohydrology"一词提出之后,生态水文学学科已经初见雏形,学者们针对生态水文过程所展开的探索工作,为生态水文学的研究拉开了序幕。

3. 生态水文学学科建立与初步发展期(1992—1995 年)

1992 年联合国水和环境国际会议正式提出"生态水文学"概念。1993 年 Heathwaite 出版了以生态水文学为主题的专著 *Mires：Process，Exploitation and Conservation*。1995 年 Kloosterman 等从生态水文学的角度对荷兰南部近几十年来的植被格局和水文状况进行了分析,从而揭示了湿地和栖息地环境恶化的原因;Gieske 等应用生态水文学理论提出了一种定量描述地下水短缺或干枯对水生态和湿地生态系统影响的方法。我国在该阶段没有及时引入生态水文学概念,没有开展专门的研究,但是相关研究已有所涉及,如马雪华对森林水文生态的研究。可以看出,该阶段是生态水文学学科创立的初始时期,还处于摸索阶段。

4. 生态水文学学科快速发展期(1996—2007 年)

1996 年是生态水文学快速发展的起点。在这一年,Wassen 等给出生态水文学的明确定义;欧洲实验与代表性盆地网络(European Network of Experimental and Representative Basins,ERB)第 6 次研讨会出版了论文集 *Eco-hydrological Processes in Small Basins*;联合国教科文组织国际水文计划第五阶段(UNESCO/IHP)-V(1996—2001)启动,其中生态水文学首次被作为其中的重要研究内容之一。在接下来的几年里,生态水文学获得了长足发展,一直持续到(UNESCO/IHP)-VI(2002—2007)末期。在著作方面:如 1997 年 Zalewski 等,1999 年 Baird 等(2002 年由赵文智等译为中文)、刘昌明,2001 年 Acreman,2002 年 Eagleson(2008 年由杨大文等译为中文)编著的生态水文学相关专集和著作。在会议方面:如 1998 年召开的(UNESCO/IHP)-V(2.3-2.4)关于生态水文学的工作组会议、1998 年召开的 ERB 第 7 次会议"变化环境中流域的水文和生物地球化学过程"、2003 年举办的 UNESCOMAB/IHP 有关"生态水文学:从理论到实践"的联合讲习班。研究机构及期刊也发展起来,如 2000 年合并成立英国沃林福德生态与水文学研究中心、2001 年创办 Ecohydrology&Hydrobiology 学术期刊、2004 年成立英国生态与水文中心、2005 年组建 UNECSO 欧洲生态水文学中心。科学研究方面,也产生了大量代表性成果,如 Hatton 等、Rodriguez、Zalewski、王根绪等、严登华等、武强等、Nuttle、夏军等、崔保山等、Suschka、Naiman 等、Porporato 等、Kundzwicz、Bonnell 和 Hiwasaki 等的研究。可以说,这些丰富的研究成果极大地促进了生态水文学的发展。

5. 生态水文学学科完善期(2008 年至今)

从 2008 年开始,(UNESCO/IHP)-VII(2008—2013)的主题 3"面向可持续的生态水文学"、(UNESCO/IHP)-VIII(2014—2021)的主题 5"生态水文学——面向可持续世界的协调管理"中均将生态水文学作为一个独立的专题来进行研究。同年,Ecohydrology 期刊创刊和 UNESCO 海滨生态水文学中心成立。在著作方面,产生了如 2008 年 Wood 等(2009 年王浩等译为中文)、Harper 等(2012 年严登华等译为中文),2010 年程国栋等,2012 年杨胜天编著的生态水文学著作。在技术和应用方面,开展了较为系统的研究,特别是对生态水文模型的研究。在研究机构建设和会议召开方面又有突破,如 2009 年成立南京水利科学研究院生态水文实验中心，2014 年举办国际水文及应用生态大会。在科研成果方面，如 Ghimire 等、Zalewski 等和张琪琳等开展的研究，将生态水文学拓展到了更广阔的领域。可以说，生态水文学能取得今天的成就，是广大科研工作者共同努力的结果，但仍不完善，需不断深入和补充。

1.3 生态水文学的学科体系

1.3.1 生态水文学的学科体系构建

针对生态水文学学科体系的构建问题，可以从不同的角度和分类出发，形成不同的学科体系框架，但均应能够体现出学科的研究对象、特点、核心内容和分支任务，能够为学科的建设和可持续发展提供导向。

夏军院士根据研究，提出生态水文学学科体系的思路是：以生态水文学的研究对象为切入点，按照"理论—方法—应用—分支学科"的逻辑主线，构建了以"理论体系—方法论—应用实践"为核心内容支撑，以分支学科为导向的生态水文学学科体系框架（图 1.1）。该体系包括：

（1）生态水文学的研究对象。明确的研究对象是学科的立足之本，其涵盖的基本要素既能彰显出学科自身的特点和不可替代性，也能表现出与相关学科的联系及区别。

（2）生态水文学的核心内容（理论体系、方法论和应用实践）。理论、方法和实践三者

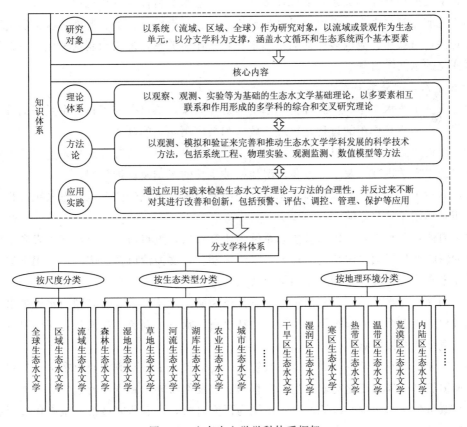

图 1.1　生态水文学学科体系框架

相辅相成，构成一个严密的系统，是学科的重要组成部分，也是学科发展的主要推动力。

（3）生态水文学的分支学科。按照研究对象、研究范围和手段的不同，可细分为不同的分支体系。

1.3.2 生态水文学的研究对象

生态水文学的研究对象可以是一个流域、区域甚至全球系统。在这个系统里，流域或景观可以被视为基本的生态单元，涵盖两个基本要素（水文循环和生态系统）。直观来看，与生态水文学密切相关的学科是水文学和生态学，它将两门学科中彼此独立而又存在联系的水文要素与生态过程有机地进行了结合，但又不仅仅局限于这两门学科，其研究内容的交叉和系统性需要综合运用多学科的相关知识，如水力学、土壤学、植物学和气象学等。

1.3.3 生态水文学的分支学科

生态水文学由众多分支学科组成，各分支学科间互有联系，有时又自成体系。本书按照尺度、生态类型和地理环境分类方法，对生态水文学各分支学科进行归类。

1. 按尺度分类

（1）全球生态水文学。以全球尺度的大生态系统作为研究对象，重点研究全球陆地和海洋的生态格局及其变化（地圈、生物圈、岩石圈、水圈、大气圈、人类圈等之间的相互作用）的水文学规律、机制和认识。

（2）区域生态水文学。以区域尺度的陆地、人类活动等生态系统为研究对象，重点研究区域生态水文的相互作用关系，区域环境变化的生态水文特征及变化规律。

（3）流域生态水文学。以流域尺度的河流、山川、湖泊、植被、湿地、城市等生态系统为研究对象，重点研究流域多要素的生态水文相互作用关系，形成和制约流域生态系统格局及过程变化的水文学机理。

2. 按生态类型分类

（1）森林生态水文学。以森林生态系统为研究对象，重点研究森林生态系统的分布、结构和功能与水的相互作用的过程、机理、效应和与应用相关的问题。

（2）湿地生态水文学。以湿地生态系统为研究对象，重点研究湿地景观生态格局和生态过程演变的水文学机理，及水文过程对湿地植被生长的影响及反馈机制。

（3）草地生态水文学。以草地生态系统为研究对象，重点研究草地生态系统过程与水文过程的相互作用关系与影响。

（4）河流生态水文学。以河流生态系统为研究对象，重点研究河流水文要素和变化过程所产生的影响及其反馈，包括河床形态、水流运动、水文泥沙以及河床冲淤作用下河流的生态格局和生态演变过程及其相互作用机理及关系等。

（5）湖库生态水文学。以湖泊水库生态系统为研究对象，重点研究湖泊水库中水文要素和变化过程对生态系统的影响及其反馈，包括水量、水位、湖流、波浪、光照和温度等对生态系统的直接和间接影响。

（6）农业生态水文学。以农业生态系统为研究对象，重点研究农业生态水文过程的相互作用和反馈机制、环境变化对农业生态过程的影响及作物耗水和产量的响应等。

（7）城市生态水文学。以城市生态系统为研究对象，重点研究城市、城市化过程和气候变化背景下日益突出的水灾害、水环境、水资源等生态水文问题。

3. 按地理环境分类

（1）干旱区生态水文学。

（2）湿润区生态水文学。

（3）寒区生态水文学。

（4）热带区生态水文学。

（5）温带区生态水文学。

（6）荒漠区生态水文学。

（7）内陆区生态水文学。

按地理环境分类的目的就是以某一特定地理环境区的生态系统为研究对象，重点研究特定环境下该区域生态系统水文生态的作用关系，及形成该特定地理环境区生态系统格局及过程变化的水文学机理。

1.4 生态水文学的主要研究内容

1. 干旱区生态水文过程

水是干旱区关键的生态因子，植被的组成和结构主要由水控制，同时在各种尺度上对水产生重要反馈。在较大的空间尺度上，干旱区地表的复杂性加剧了土壤—植被—大气传输之间联系的复杂性，目前对干旱区气候变化模式和边界层动态的研究程度要远低于草地和森林系统。掌握干旱区气候与地表特性间反馈的重要意义不仅在于深入理解所含过程，而且对了解荒漠化、土地退化等实际问题及其对区域和全球尺度的气候反馈具有重要作用。在较小尺度上，干旱区植被能够在所有时间尺度上以一系列复杂方式对气候变化进行响应。在区域尺度上，最近 40 年以来提出的"干旱区产流及沉积物迁移一般模型"具有显著的应用价值。然而，在小尺度上，详细描述各种植被群落、产流、侵蚀以及土壤营养成分之间的内部联系，对于获得可靠数据相对困难的干旱区生态水文过程而言，模拟是一种有利方式，最近建立起来的"PAT TERN 模型"就提供了能较好预测未来干旱区环境变化的途径。在长时间尺度上，研究区域植被群落演替过程与气候以及其他环境变化的关系是生态水文学关注的焦点问题之一。

2. 湿地生态水文过程

水生生态学以湿地水文与生态过程以及两者之间相互关系的模拟为其主要研究内容，以至于狭义的生态水文学就以这种关系为其内涵所在。湿地水位如何影响植物的生长和生存、湿地水文运动过程对植被群落结构与空间格局的影响是湿地生态水文学主要的研究领域。尽管有大量证据表明水分影响植物生长，但是关于水位或水分状况与植物组成的清晰定量关系仍未建立。近来的研究表明，决定植被组成和水位关系的因素不仅包括水源、养分状况，也包括水分对湿地土壤氧化还原位的影响。随着全球气候变化问题日益引起全社会广泛关注，湿地生态系统在排放温室气体方面的作用逐渐引起人们的重视，研究湿地生态系统排放温室气体的规律及其影响因素，分析这种规律对区域或全球气候变化的影响，成为湿地生态领域日渐活跃的学科领域，由此形成湿地泥炭研究、湿地碳循环研究。湿地因其水陆交替的地貌特征，具有特殊的生态水文特征、最丰富的生物多样性和较高的生物生产力，而且因其对气候变化与人类活动影响的异常敏感性，成为地球上生态系统演变最为剧烈的场所之一。

3. 森林生态水文过程

森林水文生态作用研究的主要内容是以不同的时空尺度来了解和认识森林植被变化与水分运动的作用关系以及与之相伴随的生物地球化学循环、能量转换。森林水文生态作用研究强调了树木如何影响地表水运输以及如何通过蒸散作用影响土壤水分状况。现状研究动态可集中划分为 3 个方面：

（1）集水区森林水文生态作用研究。集水区具有明确的水文边界，作为水文循环与水量平衡研究的天然场所，在森林水文生态作用研究中占有重要地位。自 20 世纪 70 年代以来，研究内容从森林覆盖对河川流量的影响研究，发展到森林生态系统与水文过程的相互作用机理及其对大尺度干扰的响应过程，包括植被生态演化、土壤、河流化学与生物地球化学过程的研究。

（2）水土保持森林水文生态作用研究。以研究森林对降水—汇流过程和土壤侵蚀过程的影响为主，从林冠截留、林地枯落物吸持水、林地土壤水分入渗与储水以及林地蒸散发等水文平衡要素出发，系统研究森林水文生态作用过程，包括对不同气候带典型森林植被类型水文过程及对比研究。

（3）森林水文生态效益研究。森林水文生态效益包括水源涵养效益、防洪效益、防止土壤侵蚀与减沙效益等。它是森林生态水文领域最早的研究问题之一。

4. 河湖生态水文过程

植物通过对河道粗糙度和对河流水的摩擦而影响河流水力特性，水流状况又对河道内植物生存和生长有深远的影响。河流的生态水文过程长期以来都是河流管理与区域生态与环境保护的核心问题。近年来，将理论生态学应用于河流管理以保护沿河生物群栖息场所的研究，营养物在河道、洪泛平原和河岸区内迁移规律研究，河流廊道对区域生物种群结构和空间生态结构的影响研究等都是十分重要的河流生态水文课题。干旱区内陆河流的开发利用引起的生态环境效应始终是人们关注的焦点，在这方面的研究中，已将河流水文过程、区域生态与环境过程和流域社会与经济发展过程紧密相联，从流域系统角度，建立目标决策模型，使生态、水文和经济相互耦合为统一的整体行为。在干旱内陆河流域，植被、土壤等的生态特征以及自然水环境随流域水分分布呈现显著的空间三向分异规律，这种规律可能对流域生态与环境的保护起着重要作用。

5. 生态水文学的尺度问题

在某一尺度上十分重要的参数和过程在另一尺度上往往并不重要或是可预见的，尺度转换往往导致时空数据信息丢失。这种情况对所有地理和生态科学，包括生态水文学都适用。事实上，尺度问题已成为日益壮大的环境科学研究的理论焦点，也被众多水文学家确定为首要研究的问题。根据 Dooge 的观点，水文学作为科学学科，其研究范围在理论上跨 9 个序列尺度（表 1.2），从水分子尺度（10^{-8} m）到全球水文循环的星球尺度（10^7 m）。实际上，水文研究习惯于流域尺度，或依 Dooge 定义的中尺度及大尺度中的低阶部分。同样地，生态学家偏好于在"网球场地大小"的现场进行生物相互作用的实验研究。无论生态学尺度还是水文学尺度都与气候学家所感兴趣的尺度截然不同，气候学家一般将 500km × 500km 网格用于他们的模型中。水文模型往往与较小空间尺度一次流域（甚至是高山-斜坡系统）尺度过程相联系，有时比一般循环模型（General Circulation Models，GCMs）所解决的空间尺度还要小。与之相反，GCMs 被熟练地用于解决陆面尺度上洪水动态问题，又同时用于区域和较小尺度过程的问题。研究发现，无论是 GCMs 还是水文模型，其大部分参数误差产生于气候和陆面相互影响模型的界面尺度，由于气候模型中不确定成分（如水蒸发和云雾反馈等）的影响更加剧了这种尺度敏感性和参数不确定性问题。另外，不匹配问题还有对气候变化模型输出的影响，尤其是潜在的人类活动对水文和生态循环的作用研究意义更大。为了在气候、水文和生态模型之间建立尺度联结"桥"，既需要调查与反映格网尺度上异质性的方法，也需要在不同尺度之间联结参数状态的方法。

6. 生态水文过程模拟与研究开发

广义地讲，生态水文模型就是任何可以用于生态水文研究的模型，比如以往就有研究利用地

表 1.2　水文学与生态系统研究的空间尺度

分类	系统	典型尺度大小/m
大尺度	全球	10^7
	陆面	10^6
	大型流域	10^5
中尺度	小流域	10^4
	次流域	10^3
	流域组成	10^2
小尺度	元素值	10^{-2}
	连续点集	10^{-5}
	分子集群	10^{-8}

注　引自 DoogeJCI. Hydrology in perspective [J]. Hydrological Sciences Journal-journal Des Sciences Hydrologiques，1988，33：61-85.

下水流模型（FlowNET 模型）来确定进入或流出沼泽地带的水运动通道以更好地认识湿地植物种类的分布规律。狭义地讲，在模型构建中，考虑生态-水文过程的一类模型就是生态水文模型，土壤-植被-大气传输模型（Soil - Vegetation - Atmosphere Transfer，SVAT）就符合生态-水文模型，因为这些模型直接揭示植物如何影响地表表面水分散失速率。然而，绝大多数生态水文模型都包含水文次级模型或原本就基于水文模型，因此上述对广义和狭义生态水文模型的定义纯粹是一种人为区分。MIKE - System Hydrological European （MIKE - SHE）模型可以处理流域水流过程所有方面的问题，该模型也可视作分布式水文模型，流域可分解为许多网格，对每一个网格，所涉及的上述过程都可被模拟。在数学模拟研究和模型开发研制中，由于生态水文过程的复杂性，数值法占据主导地位，由此产生的模拟与预报精度始终是需要解决的关键问题。另外，由于绝大多数水文和生态过程的数学方程或物理定律都具有高度的尺度依赖性，在小尺度实验研究中建立起来的模型能否推广应用到大尺度问题上，是生态水文模型应用过程中需要解决的又一重大问题。

1.5　生态水文学发展趋势

21 世纪地球环境的主要影响要素是气候变化和人类社会经济发展。在这样的大背景下，水生态环境原有的发展平衡被打破，呈现出许多严重问题。2017 年在波兰召开的国际生态水文学大会，提出旨在探索融合循环经济理念和基于自然生态系统的解决方案，推进全球气候变化下的国际生态水文学研究与实践。会上来自世界各国的相关学者讨论了生态水文学当下面临的问题及未来发展方向。在生态水文学发展展望中，大会提出以下 5 点内容，作为未来生态水文学主要的探索方向。

（1）健康河流的水文学基础。以生态水文学的方法理论为基础，着眼于流域水环境持续恶化、生物种群数量急剧减少、岸边生态恶化等河流突出问题，将生态水文学理论方法应用于河流健康建设。强调流域环境治理和生态治理并重，通过加强河流及水库的碳、氮循环控制，抑制水库温室气体排放，保证流域物种多样性、生态服务功能和应对气候变化的能力。

（2）面向循环经济的生态水文学研究。循环经济理念强调节能减排，即以最小的能源消耗得到最大的物质产出。水和生态环境是循环经济的重要组成部分，水资源的循环利用和生态产品的积极推广是重点研究内容。在区域经济发展实践中，将生态价值和整体发展利益最大化作为首要目标，以生态效率指标作为区域水资源开发和经济发展的评价指标，结合生态水文学知识，引导区域向循环经济和生态友好型方向发展，科学合理推进区域水生态文明建设。

（3）应对全球变化影响的生态水文学。在全球气候变化和人类社会经济发展的大背景下，有机结合生态水文学和湖沼学，寻求基于自然生态的系统解决方案，提高流域水资源适应气候变化能力是未来努力的方向。需要指出，研究和探索"气候—水文过程—生态格局变化"之间的相互作用机理，系统分析区域水生态变化的诱因和影响，是应对气候变化影响下的生态水文学重点关注的内容。

（4）针对已开发河流的生态修复。近年来国际社会对已开发河流的生态修复做了许多有益的探索。由于已开发河流受到大坝等水工建筑物的阻隔，在河流生态修复时，河道联通是首要任务，除此之外，水电开发区域植被修复、已开发河流的水质和水生态健康状况的实时监测、对大坝等水工建筑物统一规划与适应性管理等都是已开发河流生态修复亟待研究的课题。

（5）融合自然生态系统解决方案和循环经济的未来城市生态建设。城市作为人类社会的主要聚居地，由于人口密度高等特点，是水安全、水灾害、水生态恶化综合爆发的区域。基于此，城市生态水文学提出了融合自然生态系统解决方案和循环经济的未来城市建设理念，主要关注城市河流湖泊等水体的自我净化能力提高、城市污水隔离缓冲带建设以及城市自我调蓄洪水能力建设等。

思考题

1. 生态水文学是一门什么样的学科？
2. 生态水文学的研究对象和研究内容分别是什么？
3. 生态水文学与相关学科有哪些关系？
4. 生态水文学的发展方向有哪些？

第2章 生态学基础

从"征服自然""人定胜天"的豪言可以看到人们在自然环境面前的恣意。严酷的现实告诉我们，人类对大自然实在是知之甚少。认识自然、尊重自然，进而求得与自然的和谐，才是正确的态度。生态水文学是生态学与水文学的交叉学科，生态学则是生态水文学的理论基础。本章从生态学概述、生态因子及其作用、生物种群与生物群落、生态系统的基本概念及类型、生态系统的基本功能和生态平衡等方面阐述生态学的基础知识。

2.1 生态学概述

2.1.1 生态学的概念

生态学（Ecology）一词是由德国生物学家赫克尔（Ernst Haeckel）于1869年首次提出的。1869年，赫克尔创立了生态学学科。Ecology来自希腊语"oikos"与"logos"，前者意为"住所"，后者指"学科研究"。赫克尔把生态学定义为：研究有机体与环境之间相互关系的科学。

生态学是当今最为活跃的前沿学科之一，从"生态环境""生态问题""生态平衡""生态危机""生态意识"等使用频率很高的词汇中可以看到，生态学具有广泛的包容性和强烈的渗透性。

生态学研究的基本对象是两方面的关系，其一为生物之间的关系，其二为生物与环境之间的关系。对生态学的简明表述为：生态学是研究生物之间、生物与环境之间相互关系及其作用机理的科学。

2.1.2 生态学的起源

生态学是人们在认识自然界的过程中逐渐发展起来的。古希腊哲学家亚里士多德的著作《自然历史》中，曾描述了生物之间的竞争以及生物对环境的反应；我国春秋战国时期的思想家管仲、荀况等人的著作中也谈到动物之间、动植物之间的某些关系，都包含了朴素的生态学思想。欧洲文艺复兴之后，人类开始认识自己居住的星球，对生物科学的研究从叙述转为实际考察。马尔萨斯研究生物繁衍与土地及粮食资源的关系，并于1803年发表了《人口论》。达尔文于1859年出版了《物种起源》，对生态学的发展也做出了巨大贡献。赫克尔是在前人的基础上创立了生态学。

从学科上讲，生态学来源于生物学，是环境学科的基础学科之一。到目前为止，生态学的多数分支主要在生物学的基础上进行研究。但近年来，生态学迅速与地学、经济学以及其他学科相互渗透，出现了一系列新的交叉学科。生态问题已成为全世界关注的问题，生态学及研究的范围在不断扩大，应用也日益广泛和深入。

2.1.3 生态学的发展

第一阶段：从古代到19世纪，是生态学的初创阶段。简单朴素的生态学思想形成，人们通过观察和研究，于 19 世纪创立了生态学。

第二阶段：20 世纪前半叶，是生态学的形成阶段。这个时期，生态学的基础理论和方法都已经形成，并在许多方面有了发展。植物群落学、动物生态学等基本的生物生态学学科体系已经建立，尤其是 1935 年英国生态学家泰思利提出"生态系统"的概念，把生物与环境之间的研究全面地高度概括起来，标志着生态学的发展进入了一个新的阶段。他认为："只有我们从根本上认识到有机体不能与它们的环境分开，而与它们的环境形成一个系统，它们才会引起我们的重视。"在这个阶段，生态学还是隶属于生物学的一个分支学科。

第三阶段：20 世纪后半叶，是生态学的发展阶段。

工业发展、人口膨胀、环境污染和资源紧张等一系列世界性问题的出现，迫使人们寻求和协调人与自然的关系，探索可持续发展的途径，从而推动了生态学的发展。

近代系统科学、控制论、电脑技术和遥感技术的广泛应用，为生态学复杂系统机构的分析和模拟创造了条件，为深入探索复杂系统的功能和机理提供了更为科学先进的手段。另外一些相邻学科的"感召效应"也促进了生态学的高速发展。

这个时期，生态学的研究吸收了其他学科的理论、方法及成果，拓宽了生态学的研究范围和深度。同时生态学向其他学科领域扩散或渗透，促进了生态学时代的产生，生态学分支学科大量涌现。生态学和数学相结合，产生了系统生态学；生态学和物理学相结合，产生了能量生态学；用热力学解释生态系统产生了功能生态学；生态学和化学相结合，产生了化学生态学。

同时生态学的原理和原则在人类生产活动的许多方面得到了应用，并与其他一些应用学科及社会科学相互渗透，产生了许多应用科学。如农业生态学、森林生态学、污染生态学、环境生态学、人类生态学、社会生态学、人口生态学、城市生态学、经济生态学和生态工程学等。

生态学经历了向自然科学和社会人文科学交叉和渗透的发展过程，它的发展过程及其研究领域的拓宽，深刻反映了人类对环境不断关注、重视的过程。目前，生态学理论已与自然资源的利用及人类生存环境问题高度相关，可以认为，生态学已由生物学的分支学科发展成为生物学与环境学科的交叉学科。生态学已成为环境科学重要的理论基础。

生态学将朝着人和自然普遍的相互作用问题的研究层次发展，将影响人们认识世界的理论视野和思维方法，具有世界观、道德观和价值观的性质。

2.2　生 态 因 子 及 其 作 用

2.2.1　生态因子的概念

任何一种生物的生长与发育都离不开生活环境（也称生境）。生境（habitat）指在一定时间内对生命有机体生活、生长发育、繁殖以及有机体存活量具有重要影响的空间条件及其他条件的综合。在生境中对生物的生命活动起直接作用的那些环境要素称为生态因素，也称生态因子。生态因子影响了生物的生长、发育和分布，影响了种群的群落特征。

在生物学中，在一定时间范围内，占据某个特定空间的同种生物有机体的集合体，称为种群。生物群落是指在一定的历史阶段，在一定的区域范围内，所有生命部分的总和。

2.2.2 生态因子的分类

生态因子可分为物质和能量两大类，也可分为非生物因子和生物因子两类。

非生物因子也称自然因子，物理、化学因子属于非生物因子，如光、温度、湿度、大气、水、土壤等。

生物因子包括动物、植物与微生物，即对某一生物而言的其他生物。它们通过自身的活动直接或间接影响其他生物。现在有一种观点认为人对环境的影响太大，作为一种特殊的生物，人应该单列，即生态因子还应包括第三方面的因素——人为因素，例如，人类的砍伐、挖掘、采摘、引种、驯化以及环境污染等。

任何生物所接受的都是多个生态因子的综合作用，但其中总是有一个或少数几个生态因子起主导作用。

2.2.3 生态因子的一般特征

1. 综合作用

生物在一个地区生长发育，它所受到的环境影响不是单因子的，而是综合的、多因子的共同影响。如温度是一年、二年生植物春化阶段中起决定作用的因子，但如果空气不足、湿度不适，萌芽的种子仍不能通过春化阶段。这些因子彼此联系、互相促进、互相制约，任何一个因子的变化，必将引起其他因子不同程度的变化，只是这些因子中有主要的和次要的、直接的与间接的、重要的和不重要的区别。由于生态因子之间相互联系、相互影响、互为补充，所以在一定条件下是可以相互转化的，例如温度和湿度有明显的相关关系。

2. 主导因子作用

在对生物起作用的诸多因子中，有一个生态因子起决定性作用，称为主导因子（leading factor）。如以食物为主导因子，表现在动物食性方面可分为食草动物、食肉动物和杂食动物等。以土壤为主导因子，可将植物分成沙生植物、盐生植物、喜钙植物等。

3. 生态因子的不可替代性和补偿作用

生态因子对生物的作用各不相同，从总体上来说生态因子是不可替代的，但在局部可以作一定的补偿，例如光辐射因子和温度因子可以互相补充，但不能相互替代。在一定条件下的多个生态因子的综合作用过程中，由于某一因子在量上的不足，可由其他因子作一定的补偿。以植物的光合作用来说，如果光照不足，可以增加二氧化碳的量来补偿。但生态因子的补偿作用只能在一定的范围内作部分的补偿，而不能以一个因子替代另一个因子，而且因子之间的补偿作用也不是经常存在的。

4. 生态因子的直接作用和间接作用

生态因子对生物的生长、发育、繁殖及分布的作用可分为直接作用和间接作用。例如，光、温度和水，对生物的生长、分布以及类型起直接作用；而地形因子，如起伏、坡度、海拔高度及经纬度等对生物的作用则不是直接的，但它们能影响光照、温度、雨水等因子，因而对生物起间接作用。

5. 因子作用的阶段性

生物生长发育有其自身的规律，不同阶段对环境因子的需求是不同的，所以生态因子对生物的作用又具有阶段性。例如，有些鱼类不是终生定居在固定的环境中，而是根据其生活史的不同阶段，对生存条件有不同的要求，进行长距离的洄游，大马哈鱼生活在海洋中，生殖季节就成群结队洄游到淡水河中产卵。农作物在不同的生长阶段，对水分的需求量和对养分的需求量及对养分种类的需求是不同的。

2.2.4　生态因子作用的规律

1. 限制因子规律

在环境诸因子中，某个因子限制了生物的生长、发育、繁殖或生存，就称这个因子为限制因子。如温度升高到上限时会导致许多动物死亡，温度上限是动物生存的限制因子。干旱区的水、寒冷地区的温度都是生物发育、生殖、活动的限制因子。

2. 最低量（最小因子）定律

最低量定律是德国化学家利必希（Liebig）于 1840 年提出的。他在研究各种化学元素对植物生长的影响时发现，硼、镁、铁等微量元素是不可缺少的，当某种元素降到最小值时，别的养分再多，该植物也不能正常生长。他认识到，作物的产量常常不是被需要量大的营养物质所限制，而是受某些微量元素所限制，这就是利必希最低量定律，与系统论中"水桶原理"的涵义是一致的。

利必希最低量定律适用于物资和能量的输入与输出处于平衡状态时。利用该定律考察环境的时候，必须注意因子间的相互作用。在生态系统中，某些因子之间有一定程度的相互替代性，如某些物质的高浓度，可以改变最小限制因子的利用率或临界限制值，有些生物能够以一种化学上非常相近的物质代替另一种自然环境中欠缺的所需物质，至少可以替代一部分。例如，在锶丰富的地方，软体动物可以在贝壳中用锶代替一部分钙。有些植物生长在阴暗处比生长在阳光下需要的锌少些，所以锌对处在阴暗处的植物所起的限制作用会小些。

3. 耐受性定律

耐受性定律是美国生态学家谢尔福德（Shelford）提出的，他认为因子在最低量时可以成为限制因子，但如果因子量超过生物体的耐受程度时也会成为限制因子。每种生物对一种环境因子都有一个生态上的适应范围，都有一个最适点及最低点和最高点，其最高点到最低点之间的宽度称为生态幅。在生态幅的范围内，有一个最适点，生物在最适点或接近最适点时才能很好地生活，趋向两端时，就会被抑制，就会引起有机体的衰减或死亡，此即为耐受性定律。一种生物如果经常处于极限条件下，生存就会受到严重危害。

根据生物对各种因子适应的幅度，可将生物分为多种类型，即对该因子的窄适性类和广适性类。生态幅表示某种生物对环境的适应能力，生态幅宽的称为广适性生物。广适性生物比窄适性生物对环境有更强的适应能力，窄适性生物很容易受到环境条件的淘汰。一些濒于灭绝的生物多是窄适性生物。

不同生物对同一个因子会有不同的耐受极限，同一种生物在不同的生长阶段对同一个因子也有不同的耐受极限。如原生动物一般能耐受高温 50℃，形成孢囊时耐受性更高；家蝇在 44.6℃ 左右出现热瘫痪，到 45～48℃ 就开始死亡；玉米生长发育所需的温度最低不能低于 9.4℃，最高不超过 46.1℃，其耐受限度为 9.4～46.1℃。

关于耐受性定律还有以下几种情况。

（1）生物对各种生态因子的耐受幅度有较大差异，生物可能对一种因子的耐受性很广，而对另一种因子耐受性很窄。

（2）在自然界中，生物不一定都在最适环境因子范围内生活，一般来说对所有因子耐受范围很广的生物，分布较广。

（3）当一个物种的某个生态因子不是处在最适度状态时，另一些生态因子的耐受限度将会下降。例如，当土壤含氮量下降时，草的耐旱能力将会下降。

（4）自然界中生物之所以并不都在某一特定因子的最适范围内生活，其原因是种群的相互作用（如竞争、天敌等）和其他因素常常妨碍生物利用最适宜的环境。

（5）繁殖期通常是一个临界期，环境因子最可能起限制作用。繁殖期的个体、种子、胚胎、幼体的耐受限度一般要狭窄得多，较适宜的环境对它们的生存是必要的。

（6）生物的耐受性是可以改变的。生物对环境的适应和对环境因子的耐受并不是完全被动的。生物进化可使它们积极地适应环境，从而减轻环境因子的限制作用，生物的这种能力称为因子补偿作用。在生物种内，经常可以发现，地理范围分布较广的物种与地方性的物种有所不同。动物，尤其是运动能力发达和个体较大的动物，则常常通过进化形成适应性行为，产生补偿作用以回避不利的地方性环境因子。

在生物群落层次中，通过群落中各种不同种类的互相调节和适应作用，结成一个整体，从而产生对环境因子的补偿作用，这就是所谓的群落优势。例如，自然界实地观察到的生态系统的代谢率-温度曲线总比单个种的曲线平坦，也就是说，生态系统的代谢率在外界温度变化时能够保持相对稳定，这就是群落稳定的一个具体例子。在外界因素干扰下生态系统的稳定性是有利于生物生存的。

限制因子和耐受性限度的概念为生态学家研究复杂环境建立了一个出发点。在研究某个特定环境时，经常可以发现可能存在的薄弱环节或关键环节，首先应集中考察那些很可能接近临界的或者"限制性的"环境条件。

2.3　生物种群与生物群落

2.3.1　生物种群

地球上任何一种动物或植物都是由许多个体组成的，这些个体在地表总是占据着一定的地区。通常把占据着一定环境空间的同一种生物的个体集群称为种群。换句话说，种群就是在一定空间中同种生物的个体群。种群是由个体组成的，但是当生命组织进入到种群水平时，生物的个体已成为较大和较复杂生物体系中的一部分，此时，作为整体的种群出现了许多不为个体所具有的新属性，如出生率、死亡率、年龄结构、分布格局和某些动物种群独有的社群结构等特征。在自然界，种群是物种存在、物种进化和表达种内关系的基本单位，是生物群落或生态系统的基本组成部分，同时也是生物资源开发、利用和保护的具体对象。因此，种群已成为当前生态学中一个重要研究对象。

种群的基本特征有以下几个。

（1）种群的大小和密度。某种生物在一定空间中个体数目的多少称为种群的大小；在单位空间中的个体数目，则称为密度。它们的变动范围很大，因物种与环境条件不同而异。通过测定密度可获知种群的动态、种群与其环境资源和生态条件的关系以及用于估算生物量和生产力。

（2）种群的年龄结构和性比。种群是由不同年龄的个体组成的。各年龄的个体数目因种群发展状况而有改变。如果按龄级（如1～5龄，5～10龄等）分组，统计各龄级个体数占总数的百分比，并从幼龄到老龄顺序作图，就得到年龄金字塔（图2.1）。根据生育年龄和其他各龄级个体的多少可将年龄结构区分为增长型、稳定型和衰退型3类。增长型的结构表示种群中有大量幼体和极少数的老年个体，其出生率大于死亡率，是一个迅速增长的种群；反之，则是一个个体数量下降的衰退种群。研究种群的年龄结构，对于了解种群的密度、预测未来发展趋势和采取相应管理措施等具有很重要的意义。一个种群全部个体中或某一龄级中雌雄性个体的比例称为性比，它是与种群动态有关的重要结构特征之一。

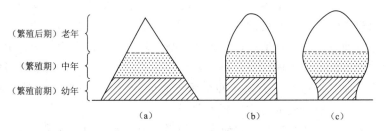

图 2.1　种群年龄结构类型（转自：伍光和等，2008）
(a) 增长型　(b) 稳定型　(c) 衰退型

（3）在种群个体水平分布格局中，种群的密度只是表示一定空间内生物个体的多少，未能表示出个体的分布状况，因为个体数目相同的种群，它们的分布可能极不一致。一般把种群个体的水平分布归纳为 3 种基本类型：随机分布、成群分布和均匀分布（图 2.2）。在自然界，个体均匀分布的现象是极少见的，只有在农田或人工林中出现这种分布格局。成群分布的形式较为普遍，如森林中各个树种或林下植物多呈小簇丛或团片状分布。影响个体水平分布形式的因素是很多的，主要决定于物种的生态-生物学特性和环境条件的状况。

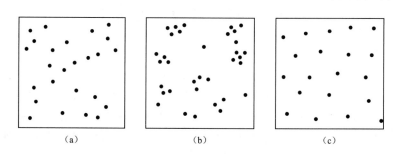

图 2.2　种群个体的水平分布
(a) 随机分布　(b) 成群分布　(c) 均匀分布

（4）种群增长。种群增长是种群动态的主要表现形式之一，它是指随着时间的变化，一个种群个体数目的增加。这是一个复杂的问题，我们先从比较简单的情况说起。如果一个单独的种群（在自然界，常常是若干种群的个体生长在一起）在食物和空间充足，并无天敌与疾病和个体的迁入与迁出等因素存在时，按恒定的瞬时增长率（r）连续地增殖，即世代是重叠时，该种群便表现为指数式地增长，即 $dN/dt = rN$。其积分就得到经过时间 t 后种群的总个体数。如用图表示，则得到一条个体数目不断增加的 J 形曲线（图 2.3）。种群如按此方式增长，那么一个细菌经过 36h，完成 108 个世代后，将繁殖出 2107 个细菌，可以布满全球一尺❶厚。达尔文也曾计算过繁殖缓慢的大象的个体。一对大象任其自由繁殖，后代

---

❶　1 尺 ≈ 33.33cm。

都能成活，750 年之后将会有 19000000 头大象的存在。这些显然是一种推算。实际上，这种按生物内在增长能力（即生物潜力）呈几何级数或指数方式的增长，在自然界是不可能实现的。因为限制生物增长的生物因素和非生物因素（即环境阻力的存在，如有限的生存空间和食物、种内和种间竞争、天敌的捕食、疾病和不良气候条件等）和生物的年龄变化等必然影

响到种群的出生率和存活数目，从而降低种群的实际增长率，使个体数目不可能无限地增长下去。相反，通常是当种群侵入到一个新地区后，开始时数量增长较快，随后逐渐变慢，最后稳定在一定水平上，或者在这一水平上下波动。此时个体数目接近或达到环境所能支持的最大容量或环境的最大负荷量（K）。在这种有限制的环境条件下，种群的增长可用逻辑斯谛方程表示：$dN/dt = rN(K-N)/K = rN(1-N)/K$，$1-N/K$ 代表环境阻力。增长曲线表现为 S 形（图 2.3）。一般认为，这种增长动态是自然种群最普遍的形式。

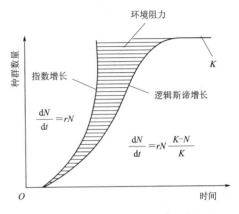

图 2.3 种群增长型（转自：伍光和等，2008）

如上所述，在自然情况下，种群的数量一般稳定在一定的范围内，除人为作用外正常种群很少出现长时间的数量过多或过少的情况。这是由于环境阻力的存在，特别是与种群密度有关的种内限制因素作用的结果。例如，当种群密度增大时，空间和资源减少，种内竞争加强；或因密度大，疾病容易传染和某些生物的性机能失调等原因，使个体数量下降。森林的自疏现象和作物过分密植时部分植株死亡都是常见例子。当密度减小之后，生存条件又变得比较充裕，加上非密度制约因素的作用，个体数目又趋于增长，从而使种群大小和密度被控制在一定水平上。由此可见，种群也是一个控制系统，即通过环境阻力的负反馈机制使促进种群潜在增长力发展的正反馈受到限制而实现自我调节，使种群数量维持在某种平衡状态（图 2.4）。自然，种群数量的平衡又会由于环境变化而受到干扰，如不超出一定限度，随后又得到恢复。种群动态与调节机能的研究，对于管理种群，利用和保护生物资源，以及对于了解自然界的生态平衡都具有重要意义。

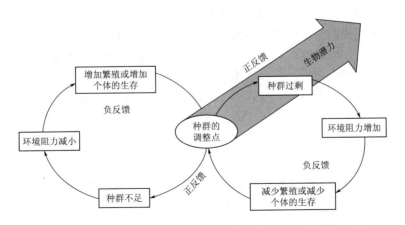

图 2.4 种群增长调节与自我调节示意图（转自：伍光和等，2008）

2.3.2　生物群落

在自然界，任何生物种都不是孤立地生存的，总有许多其他生物种与之同群共居，形成一个完整的生物群体。正如种群是个体的集合体一样，群落是种群的集合体，是一个比种群更复杂、更高一级的生命组织层次。群落因其组成成分中生物类别不同而有不同名称。如果在一定地段上，共同生活在一起的植物种以多种多样的方式彼此发生作用，形成一种有规律的组合，这种多植物种的组合就称为植物群落。它是不同种类植物松散地组织起来的单位。河漫滩上的一块草地，山坡上的一片松林，湖岸浅水处的一片芦苇丛，乃至一块人工管育的稻田都是植物群落。其类型繁杂多样，其面积差别很大，彼此之间的边界明显或不明显。

动物同植物一样，也常常是以群落的形式组合在一起共同生活着。只是由于动物的流动性很大，群落的组合更松散，在科学研究上多以种群为对象而很少应用"动物群落"一词。

植物群落是动物的食物资源库、隐蔽所和繁殖生息的地方。所以地球上没有毫无动物栖居的植物群落，也没有不与植物群落发生关系的动物群落。在动植物生活的地方，甚至其躯体上都布满着微生物的群体。因此，在一定地段的自然环境条件下，由彼此在发展中有密切联系的动物、植物和微生物有规律地组合成的生物群体，称为生物群落。每个生物群落都是自然界真实存在的一个整体单位，占据着生物圈的一定地区，具有一定的组成和结构，在物质和能量交换中执行着独特的功能。

地球上存在的各种自然群落，如森林、草原、荒漠、沼泽等，都是亿万年来地球历史发展的产物，是通过长期自然选择在一定地区产生的最合理、最有效的生物群体。人们研究它，可从中得到启示，以便更合理地创造人工群落，改造自然群落。生物群落虽是真正存在于自然界的实体，但其中以植物群落的外貌最为突出，在生物群落的结构和功能中所起作用最大，尤以陆地植物群落为著。一个地区全部植物群落的总体，称为该地区的植被。如北京的植被、秦岭山地的植被都是指该地区范围内分布的全部植物群落。

1. 植物群落的外貌与植物的生活型

植物群落的外貌是群落长期适应自然环境的一种外部表象。环境不同或群落类型不同，它的外貌特征也不同。群落的外貌是识别和区分植物群落类型的重要特征之一。如森林、草原、灌丛的外貌迥然不同；而森林中，常绿阔叶林与落叶阔叶林或针叶林的外貌又有明显的差别。

植物群落的外貌主要决定于植物的生活型（生长型）。生活型是植物对一定生活环境长期适应的结果所表现出的生长形式。例如乔木、灌木、草本植物、藤本植物、附生植物、苔藓植物和藻菌植物等，它们又可进一步划分成较小的生活型类型。如乔木被划分成针叶树、常绿阔叶乔木和落叶阔叶乔木；草本植物被划分成一年生草本植物和多年生草本植物等。

在天然状况下，每一类植物群落都是由几种生活型的植物所组成的，而不同类型的植物群落其生活型的组成不一样，群落的外貌也因之有所不同。

2. 群落的种类组成

每一个相对稳定的群落都是由一定的生物种所组成的。不同类型的群落必然具有不同的种类组成，它是鉴别群落类型的基本依据之一。在地球上，不同地区的不同群落中所包含的生物种数在一个相当大的范围内变动，其种数的多少决定于生物和非生物的许多因素。一般来说，环境条件越优越，群落发育的时间越长，生物种的数目越多，群落的结构也越复杂。例如在美洲大陆上，从热带到极地生物种数逐渐减少。以营巢鸟的组成为例，在哥伦比亚有

1395 种，巴拿马有 1100 种，佛罗里达有 143 种，纽芬兰有 118 种，而格陵兰仅有 56 种。高等动物也呈现一样的变化趋势，在佛罗里达有 2500 种，马萨诸塞有 1650 种，拉布拉多有390 种，而巴芬岛仅有 218 种。

此外，平原的生物种类一般比山地的少，草地的生物种类比林地的少，远离大陆的岛屿比靠近大陆的岛屿生物种类少。但在两个或多个群落间的过渡地带，即群落交错区，如海陆交界的潮间带、河口湾，森林与草地或农田交界的地带，生物的种类和数量常比相邻群落中多，这种现象称为边缘效应。

群落中生物种类的多少对群落的生活有很大意义。种类多样性越大，群落中生物间的营养关系越复杂，每个生物种在这样的食物网络中就具有更加自由和宽广的食物选择范围，即食物来源越丰富，生物生存的可能性也越大；同时群落中的反馈系统也更为复杂，一部分要素失调不致破坏群落的整体特征，保证了群落的稳定性和抵抗外力干扰的程度。这就是生态学中的种类多样性导致群落稳定性原则。混交林内植物种类多，空气湿度大，为鸟类和有益动物的生存繁殖创造了条件，可形成较复杂的食物关系，阻止害虫的发生和蔓延，即使有虫害也不易成灾，比纯林稳定得多。

生物群落中每个物种都占据着独特的小生境，并且在建造群落、改造环境条件和利用环境资源方面也都具有一定的作用。群落中每一个生物种所占据的小生境（住所）和它所执行的机能（职业）结合起来就称为生态位（niche）。不同生物种的生态位常常不同，据此可以把群落中的生物种划分成不同的群落成员型。凡是个体数量多、生物量大、覆盖地面的程度也大的生物就称为优势种；优势种中的最优势者，即盖度最大、生物量也最大、占有空间最大，并在建造群落、改造环境和在物质与能量交换中作用最突出的生物种称为建群种。群落中其他次要的种类称作附属种。在对群落调查时，首先应注意对建群种和优势种的深入了解，以便认识群落的基本特征。群落的名称也是以它们来命名的。如分布在华北地区的"油松、二色胡枝子、羊胡子草群落"中的油松为建群种，其他植物为优势种。

3. 生物群落的结构

生物群落的结构包括垂直结构和水平结构。

（1）群落的垂直结构。大多数群落的内部都有垂直分化现象，即不同的生物种出现于地面以上不同的高度和地面以下不同的深度，从而使整个群落在垂直方向上有上下层次的出现，即成层现象。群落的垂直结构主要就是指成层现象。以陆生群落为例，成层现象包括地面以上的层次和地面以下的分层（图 2.5）。层的数目依群落类型的不同有很大变动。森林的层次比草本植物群落的层次多，表现也最清楚。大多数温带森林至少有 3～4 个层。最上层是由高大的树种构成的乔木层；乔木层之下尚有灌木层、草本层和由苔藓地衣构成的地被层。在地面以下，由于各种植物根系所穿越的土壤深度不同，形成了与地上层相应的地下层。热带雨林的种类成分十分复杂，群落的层数也最多。多数农业植物群落仅有 1 个层。

正如群落中植物有分层现象一样，各种动物也因生态位不同而占据着不同的层。例如鸟类经常只在一定高度的林层做巢和取食。在珠穆朗玛峰的河谷森林里，白翅拟腊嘴雀总是成群地在森林的最上层活动，吃食大量的滇藏方枝柏的种子。而血雉和棕尾虹雉是典型的森林底层鸟类，吃食地面的苔藓和昆虫。煤山雀、黄腰柳莺和橙胸则喜欢在森林中层作巢。群落成层现象的出现使生物群落在单位面积上容纳更多的生物种类和数量，最充分地利用空间和营养物质，产生更多的生物物质。农业生产中的间作、套种和多层楼等，就是劳动人民模拟

图 2.5　森林群落的垂直结构（转自：伍光和等，2008）

天然植物群落的成层现象，在生产实践中的一种创造性的应用。

在水域环境中，水生生物群落也具有成层现象。

群落的垂直分层结构不是群落内部生物种在空间上的简单排列，而是各种生物通过竞争、自然选择和彼此相互适应的结果，是群落由无序走向有序的一种表现。层的出现使群落在一定的面积上容纳更多的生物种类和个体数量，最充分地利用环境空间和资源，产生更多的有机物质。农业生产中的间作、套种和混作就是人们模拟天然植物群落的成层现象，将高、矮秆作物或深、浅根系作物合理搭配而创造的，目的是充分利用土地资源和光能，提高农业生产量的多层人工植物群落。

（2）群落的水平结构。在野外，常常可以观察到由于小地形、土壤条件或光照状况的不同，以及由于动物的活动，群落内部的环境在水平方向上出现不一致的现象，形成许多小环境，或者由于植物依靠根蘖和根茎繁殖的结果，便在群落内部分化出许多由一种或若干种植物所构成的小斑块，即小群落。它们或多或少均匀地分布于整个群落中，形成所谓镶嵌现象，这就是群落在水平方向的主要结构——镶嵌性。例如分布于内蒙古草原地区的锦鸡儿针茅草原中，大片地面被针茅和双子叶杂类草形成的草被层覆盖着，其中比较均匀地散布着一些高出草被层的锦鸡儿植丛，它们的基部因风沙受阻而堆积成直径 0.5～2m、高出地面约 0.5m 的小土丘，其上生长一些草本植物，与锦鸡儿共同形成小群落，补缀在草原草群背景上，景象独特，为群落镶嵌性的典型例子。

4. 生物群落环境

植物群落不仅受外界环境的支配，同时它本身也影响着外部环境。每一株植物在其生命活动的过程中，不断地影响着其周围环境的物理和化学性质，由许多植物共同生活在一起构成的植物群落对环境的改造更加显著。经过群落对各种自然条件的改造而形成的植物群落内部环境与群落外部环境有很大差别，并具有一系列特点。例如，投射到群落上的光照由于上层植物的吸收、反射，到达下层和地面的强度已大大减弱，光质也有所改变。群落内部的温度在白天和夏季比空旷地区低，夜间和冬季比空旷地区高，即群落内温度的日变化和年变化都比较缓和。由于植物枝叶的截留，只有一部分降水到达地面，也因枝叶的阻挡，群落内空气湿度通常较高。风遇到像森林这样的障碍以后，速度大为降低（图 2.6）。营造防护林就是利用这个作用保护农田、道路等。植物群落的枯枝落叶以及死亡的根系经微生物分解后都直接加入到土壤中，改变土壤的物理性质和化学性质。

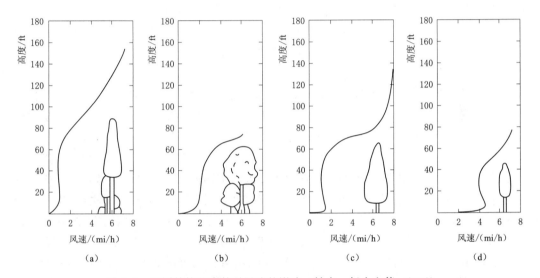

图 2.6　不同结构的森林对风速的影响（转自：伍光和等，2008）

(1mi＝1.6093km；1ft＝0.3048m)

（a）下层有灌木的针叶密林；（b）下层有灌木的阔叶密林；

（c）下层无灌木的针叶密林；（d）无下木的针叶孤立林分

由于植物群落具有如此明显的改造外界环境的作用，因此，在生产实践中，常用于防风固沙、护堤固岸、涵养水源、保持水土和净化环境。

5. 生物群落的动态

生物群落同其他自然现象一样是一个动态系统，处在不断发展变化之中。生物群落作为一个由多种有机体构成的生命系统，其变化更是多方面的，既有季节性变化和年际变化，又有群落的演替和演化等。其中以群落的季节性变化和演替比较重要。

在气候季节变化明显的地区，植物的生命活动随着气候表现出季节性的周期变化。即在不同季节植物通过发芽、展叶、开花、结果和休眠等不同的物候阶段，使整个群落在各季表现出不同的外貌，这称为群落的季相。不同气候带群落季相的表现很不一致。热带雨林的季相变化很不明显，反映了那里的气候终年炎热多雨，比较稳定；温带地区四季分明，季相变化最为突出。以我国内蒙古东部典型草原的季相变化为例。

内蒙古东部草原的春天来得比较晚，5月初覆雪刚刚融化，草原植物迅速生长，柔嫩的幼苗从干枯的草丛间露出头来。中间还夹杂着蒲公英、白头翁、鸢尾、黄花菜等，在黄褐色的草原上构成杂色斑点。夏初 6 月间，野草已普遍舒展在大地上，丛生的新叶好像给大地铺上天鹅绒般的绿色地毯。盛夏 7—8 月间，草茂花繁，五彩缤纷。马蔺的天蓝色花、桔梗的紫色花、防风的白色花、野百合的绛红色花、黄花菜的金黄色花点缀在广阔的绿色草丛之上。秋季 9 月间，风清气爽，野草茁壮，针茅飘拂。草原的色调开始由浓绿转为灰黄。秋末 10 月中旬，寒霜遍染草原，野草开始凋零，地面一片黄色，个别地方还有菊科及桔梗科植物傲然开花。入冬 11 月初开始降雪，水面结上薄冰。再后，皑皑白雪笼罩大地，无边的草原披上银装，野草进入休眠状态。

群落外貌的这种顺序变化的过程，称为季相更替，或时间上的层性。一般地说，季相更替并不导致群落发生根本性质的改变。群落的季节性变化除季相更替外，群落的生产力、植物的营养成分和群落内部环境也都相应地发生周期性变化。由此可见，群落的季节性变化是地理环境变化的反映。通过对这种动态特征的观察，可以了解地理环境在一年中变化的梗概。同时，还可为确定植被资源的合理利用季节提供依据。

6. 群落的演替

由于气候变迁、洪水、火烧、山崩、动物的活动和植物繁殖体的迁移散布，以及群落本身的活动改变了内部环境等自然原因，或者由于人类活动的结果，群落发生根本性质的变化的现象也是普遍存在的。这种在一定地段上一个群落被性质不同的另一个群落所替代的现象称为演替。例如，在某一林区，一片土地上的树木被砍伐后辟为农田，种植作物；以后这块农田被废弃，在无外来因素干扰下，就发育出一系列植物群落，并且依次替代。首先出现的是一年生杂草群落；然后是多年生杂类草与禾草组成的群落；再后是灌木群落和乔木的出现，直到一片森林再度形成，替代现象基本结束。在这里，原来的森林群落被农业植物群落代替，就其发生原因而论是一种人为演替。此后，在撂荒地上一系列天然植物群落相继出现，主要是由于植物之间和植物与环境之间的相互作用，以及这种相互作用的不断变化而引起的自然演替过程。

群落的演替按发生的基质状况可分为两类。发生于以前没有植被覆盖过的原生裸地上的群落演替称为原生演替。原来有过植被覆盖，以后由于某种原因原有植被消灭了，这样的裸地称为次生裸地。土壤中常常还保留着植物的种子或其他繁殖体，发生在这种裸地上的演替称为次生演替。上述出现于撂荒地上的演替即属此类。次生演替在自然界几乎到处可见。原生演替又可分为发生于干燥地面的旱生演替系列和发生于水域里的水生演替系列。旱生演替系列如果是发生在森林气候环境下，其演替系列可概括为：裸岩→地衣群落→苔藓群落→草本群落→灌木群落→乔木群落。水生演替系列如果发生在湖泊淡水湖泊里，其演替系列为：开敞水体→沉水植物群落→浮叶植物群落→挺水植物群落→湿生植物群落→陆地中生或旱生植物群落（图 2.7）。

群落的演替还因其发展方向不同分为顺行演替与逆行演替。发生于裸露地面或撂荒地面的群落经过一系列发展变化，总趋势朝向逐渐符合于当地主要生态环境条件（如气候和土壤）的演替过程，称为顺行演替。顺行演替的结果，群落的特征一般表现为生物种类由少到多，结构由简单到复杂，由不稳定变得比较稳定，同时群落越来越能够充分地利用环境资源。群落由于受到干扰破坏而驱使演替过程倒退，即逆行演替的现象也是常见的。过度放牧下的草原，因适口性强的牧草逐渐减少或消失，代之以品质低劣或有毒和有刺的植物得以繁生蔓延，草群总盖度下降，甚至出现裸露地面。草原发生的这种退化现象即是逆行演替。河

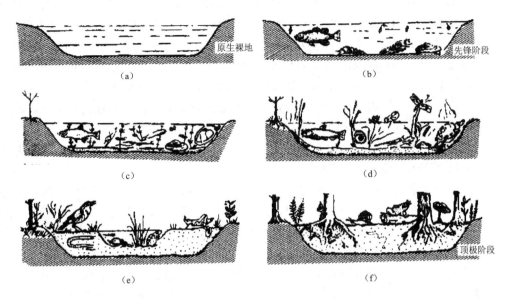

图 2.7　水生演替系列（转自：伍光和等，2008）

(a) 开敞水体；(b) 浮游植物；(c) 沉水植物出现；(d) 浮叶与挺水植物；

(e) 草地与灌木出现；(f) 枫-榉树林

流中上游地区的森林或其他类型的植被被过度砍伐，如遇大雨、河水暴涨造成危害，就是植被逆行演替带来的恶果。

　　一个地区的植物群落，若没有外来因素的干扰，通过顺行演替，最后会发展成为与当地环境条件相适应的、结构稳定的群落，这种演替到最后阶段的群落称为"演替顶极"或顶极群落。在一定的自然地理区域里，主要受气候、土壤、地形和动物等因素分别控制，相应地可以出现许多顶极群落。其中发育在排水良好、土壤非沙质和非盐渍化的平地和坡地上的、分布面积较广而与当地气候水热条件最相适应的、稳定的植物群落即气候顶极，通常也称为显域植被或地带性植被。"顶极"并不意味着群落停止了发展，只是表示群落发展到与所在地区环境条件协调一致，其种群和结构相对稳定，整个群落的物质与能量的输入和输出保持相对平衡的状态。

　　研究群落的演替对于认识它们的性质，预测未来发展的趋向，以及合理利用、改造和保护等方面都有重要意义。

2.4　生态系统的基本概念及类型

2.4.1　生态系统的概念

　　生态系统（Ecosystem）一词最早是由英国植物群落学家 A. G. 坦斯利（A. G. Tansley）于 1935 年首先提出的。他根据前人和他本人对森林动态的研究，把物理学中的"系统"引入生态学，提出了生态系统的概念。他认为：整个系统"不仅包含生物复合体，而且还包括了人们称之为环境的各种自然因素的复合体。我们不能把生物与其特定的自然环境分开，生物与环境形成一个自然系统。正是这种系统构成了地球表面上的基本单位，它们有不同的大小和类型，这就是生态系统。"生态系统概念的提出，对生态学的发展产生了巨大的影响。在生态学的发展史中有过三次大的飞跃：从个体生态学到种群生态学是一次飞跃；从种群生态学到群落生态学是第二次飞跃；20 世纪 60 年代开始的以生态系统为中心的生态学，从群落生态学过渡到生态系统生态学是第三次飞跃，是比前两次更为深刻的变革。

生态系统是指在一定的时间和空间内，生物和非生物成分之间，通过物质循环、能量流动和信息传递，而相互作用、相互依存所构成的统一体，是生态学的基本单位。生态系统也就是生命系统与环境系统在特定空间的组合。有的学者把生态系统简明地概括为：生态系统＝生命系统＋环境条件。

生态系统是一个广泛的概念，根据这一概念任何生命系统及其环境都可以看作是生态系统。一个生态系统在空间边界上是模糊的，其空间范围在很大程度上是依据人们所研究的对象、研究内容、研究目的或地理条件等因素而确定的。从结构和功能完整性角度来看，它可小到含有藻类的一滴水，大到整个生物圈。

生态系统可以是一个很具体的概念，一片森林、一片草地、一个小池塘、一个培养皿都是一个生态系统；同时，它又是空间范围上抽象的概念。生态系统和生物圈只是研究的空间范围及其复杂程度不同。小的生态系统组成大的生态系统，简单的生态系统组成复杂的生态系统，而最大、最复杂的生态系统就是生物圈。生物圈就是一个滋生万物的、最大的、封闭性的生态系统，由许多大小不同的开放性系统组合而成。

以一个小池塘为例，在池塘里有水、植物、微生物和鱼类。它们相互联系、相互制约，在一定条件下，保持着自然的、暂时的相对平衡，形成一个非常精巧而又复杂的生态系统。

实际上，自然界或人类社会存在的各类生态系统都是由微、小、中、大等多级分层的子系统组成的，它们都有空间上的联系顺序和时间上的持续发展，构成完整而复杂的生态综合体。生态系统概念的提出，为研究生物与环境的关系提供了新的基础、观点及角度。目前，生态系统已经成为生态学中最活跃的领域，在理论上得到了发展，在实践中得到了应用。

2.4.2　生态系统的组成

生态系统的成分，无论是陆地还是水域，或大或小，都可以概括为非生物和生物两大部分。如果没有非生物环境，生物就没有生存的场所和空间，也就得不到能量和物质，生物就无法生存；仅有环境而没有生物也谈不上生态系统。生态系统可以分为非生物环境、生产者、消费者与分解者 4 种基本成分。

1. 非生物环境

非生物环境包括 3 个部分：①太阳能和其他能源、水分、空气、气候和其他物理因子；②参与物质循环的无机元素（如碳、氢、氧、氮、磷、钾等）与化合物；③有机物（如蛋白质、脂肪、碳水化合物和腐殖质等）。

2. 生产者

生产者是指能利用太阳能，将简单的无机物合成为复杂的有机物的自养生物。生产者主要指绿色植物，包括水生藻类，另外还有光合细菌和化学合成细菌。

生产者在生态系统中的作用是通过光合作用将太阳光能转变为化学能，以简单的无机物为原料制造各种有机物，保证自然界二氧化碳与氧气的平衡。生产者不仅供给自身生长发育的能量需要，也是其他生物类群及人类食物和能量的来源，并且是生态系统所需一切能量的基础。生产者在生态系统中处于最重要的地位。

3. 消费者

消费者是指直接或间接依赖并消耗生产者而获取生存能量的异养生物，主要是各种动物。它们不能利用太阳能制造有机物，只能直接或间接地从植物所制造的现成的有机物质中获得营养和能量。它们虽不是有机物的最初生产者，但可将初级产品作为原料，制造各种次级产品，因此它们也是生态系统中十分重要的环节。

消费者包括的范围很广。直接以植物为食的，如牛、马、兔、食草鱼以及许多陆生昆虫等，这些食草动物称为初级消费者。以食草动物为食的，如食昆虫鸟类、青蛙、蛇等，这些食肉动物称为次级消费者。以这些食肉的次级消费者为食的食肉动物，可进一步分为三级消费者、四级消费者，这些消费者通常都是生物群落中体形较大、性情凶猛的种类，如虎、狮、豹、鲨鱼等，这些消费者数量较少。消费者中最常见的是杂食性消费者，如池塘中的鲤鱼、兽类中的熊、狐狸，以及人类等。杂食消费者的食性很杂，食物成分还随季节变化。生态系统中正是杂食消费者的这种营养特点，构成了极其复杂的营养网络关系。

4. 分解者

分解者又称还原者，都属于异养生物，主要指微生物（如细菌、真菌、放射菌、土壤原生动物）和一些小型无脊椎动物等。分解者体形微小，但数量大得惊人，分布广泛，存在于生物圈的每个部分。它们具有把复杂的有机物分解还原为简单的无机物（化合物和单质）并将其释放归还到环境中去供生产者再利用的能力。生态系统中正是有了分解者，物质循环才得以运行，生态系统才得以维持。

2.4.3 生态系统的基本特征

生态系统和其他系统一样，都具有一定的结构，各组成成分之间相互关联并执行一定功能的有序整体。从这个意义上讲，生态系统与物理系统是相同的。但生态系统是一个有生命的系统，具有不同于机械系统的许多特征，主要表现在以下几个方面。

1. 生态系统具有生物学特征

生态系统具有生命有机体的一系列生物化学特性，如发育、代谢、繁殖、生长与衰老等。这就意味着生态系统具有内在的动态变化能力。任何一个生态系统都是处于不断发展、进化和演变之中，根据发育状况可将生态系统分为幼年期、成长期、成熟期等不同发育阶段。

2. 生态系统具有一定的区域特征

生态系统都与特定的空间相联系，这种空间都存在不同的生态条件。生命系统与环境系统的相互作用以及生物对环境长期适应的结果，使生态系统的结构和功能反映了一定的地区特征。同是森林生态系统，寒带的针叶林与热带雨林有着明显的差异，这种差异是区域自然环境不同的反映，也是生命成分在长期进化过程中对各自空间环境适应和相互作用的结果。

3. 生态系统是开放的自律系统

机械系统是在人们的管理和操纵下完成其功能的，而自然生态系统则不同，它具有代谢机能，这种机能是通过系统内的生产者、消费者和分解者3个不同营养水平的生物种群来完成的，它们是生态系统自我维持的结构基础。在生态系统中，不断地进行着能量和物质的交换、转移，保证生态系统发生功能并输出系统内生物过程所制造的产品或剩余物质和能量。自然系统不需要人的管理和操纵，是开放的自律系统。

4. 生态系统是一种反馈系统

反馈指系统的输出端通过一定通道，即反馈返送到输入端，变成了决定整个系统未来功能的输入。生态系统就是一种反馈系统，能自动调节并维持自身正常功能。系统内不断通过（正、负）反馈进行调整，使系统达到和维持稳定。自然系统在没有受到人类或其他因素的严重干扰和破坏时，其结构和功能是非常和谐的，因为生态系统具有这种自动调节的功能。在生态系统受到外来干扰而使稳定状态改变时，系统靠自身反馈系统的调节机制再返回稳定、协调状态。应该指出的是，生态系统的自动调节功能是有一定限度的，超过这个限度，会对生态系统造成破坏。

2.4.4　生态系统的结构

构成生态系统的各组成部分，环境及各种生物种类、数量的空间配置，在一定时期处于相对稳定的状态，使生态系统能够保持一个相对稳定的结构。对生态系统结构的研究目前主要着眼于形态结构和营养结构。

1. 形态结构

生态系统的形态结构是生物种类、数量的空间配置和时间变化，也就是生态系统的空间与时间结构。例如，一个森林生态系统，其植物、动物和微生物的种类和数量基本上是稳定的，它们在空间分布上有明显的成层和垂直分布现象。在地上分布，自上而下有乔木层、灌木层、草本植物和苔藓地衣层；在地下部分，有浅根系、深根系及根际微生物。动物的空间分布也有明显的分层现象，最上层是能飞行的鸟类和昆虫；地面附近是兽类；最下层是蚂蚁、蚯蚓等，许多鼠类在地下打洞。在水平分布上，林缘、林内植物和动物的分布也有明显不同。

各生态系统在结构的布局上有一致性。上层阳光充足，集中分布着绿色植物的树冠或藻类，有利于光合作用，故上层又称为绿带或光合作用层。在绿带以下为异养层或分解层，又称褐带。生态系统中的分层有利于生物充分利用阳光、水分、养料和空间。

形态结构的另一种表现形式是时间变化，这反映出生态系统在时间上的动态。一般可以从 3 个时间度量上来考察：一是长时间度量，以生态系统进化为主要内容，如现在森林生态系统自古代时期以来的变化；二是中等时间度量，以群落演替为主要内容，如草原的退化；三是以年份、季节和昼夜等短时间度量的周期性变化，如一个森林生态系统，冬季满山白雪覆盖，一片林海雪原；春季冰雪融化，绿草如茵；夏季鲜花遍野，五彩缤纷；秋季果实累累，气象万千。不仅有季相变化，而且昼夜也有明显的变化，如绿色植物白天在阳光下进行光合作用，在夜间只进行呼吸作用。短时间周期性变化在生态系统中是较为普遍的现象。

生态系统短时间结构的变化，反映了植物、动物等为适应环境因素的周期性变化，而引起整个生态系统外貌上的变化，这种生态系统短时间结构的变化往往反映了环境质量高低的变化。所以对生态系统短时间结构变化的研究具有重要的意义。

2. 营养结构

生态系统各组成部分之间，通过营养联系构成了生态系统的营养结构。

（1）食物链。生态系统中各种成分之间最本质的联系是通过营养来实现的，即通过食物链（food chain）把生物与非生物、生产者与消费者、消费者与消费者连成一个整体。食物链在自然系统中主要有牧食性食物链和腐生性食物链两大类型，它们在生态系统中往往是同时存在的。如森林的树叶、草、池塘的藻类，当其活体被消费者取食时，它们是牧食性食物链的起点；当树叶、枯叶落在地上，藻类死亡后沉入水底，很快被微生物分解，这时又成为腐生性食物链的起点。

（2）食物网。在生态系统中，一种生物一般不是固定在一条食物链上，往往同时属于数条食物链，生产者如此，消费者也是这样。如牛、羊、兔和鼠都可能吃同一种草，这样这种草就与 4 条食物链相连。再如，黄鼠狼可以捕食鼠、鸟、青蛙等，它本身又可能被狐狸和狼捕食，黄鼠狼就同时处于数条食物链上。实际上，生态系统中的食物链很少是单链，它们往往相互交叉，形成复杂的网格式结构，即食物网（food web）。食物网形象地反映了生态系统内各生物有机体之间的营养位置和相互关系。

生态系各生物之间，正是通过食物网发生直接和间接的联系，保持着生态系统结构和功能的相对稳定性。应该指出的是，生态系统内部营养结构不是固定不变的，而是不断发生变化的。如果食物网中的某一条食物链发生了障碍，可以通过其他食物链来进行必要的调整和补偿。有时，营养结构网上某一环节发生了变化，其影响会波及整个生态系统。

食物链和食物网的概念是很重要的。正是通过食物营养，生物与生物、生物与非生物环境才能有机地结合成一个整体。食物链（网）概念的重要性还在于它揭示了环境中有毒污染物转移、积累的原理和规律。通过食物链（网）可以把有毒物质在环境中扩散，增大其危害范围。生物还可以在食物链上使有毒物质浓度逐渐增大千倍、万倍，甚至百万倍。

所以，食物链（网）不仅是生态环境的物质循环、能量和信息传递的渠道，而且当环境受到污染时，其又是污染物扩散和富集的渠道。

2.4.5 生态系统的类型

自然界中的生态系统是多种多样的。为研究方便起见，人们从不同的角度，把生态系统分成若干个类型。如可以按生态系统的能量来源特点、按生态系统能量内所含成分的复杂程度、按生态系统的等级等来划分。常见的划分方法有以下几种。

1. 按人类对生态系统的干预程度划分

（1）自然生态系统，指没有或基本没有受到人为干预的生态系统，如原始森林生态系统、未经人工放牧的草原生态系统、荒漠生态系统和极地生态系统。

（2）半自然生态系统，指受到人为干预，但其环境仍保持一定的自然状态的生态系统，如半人工抚育的森林、经过放牧的草原、养殖湖泊和农田等。

（3）人工生态系统，指完全按照人类的意愿，有目的、有计划地建立起来的生态系统，如城市生态系统等。

2. 按生态系统空间环境性质划分

（1）陆地生态系统，包括森林、草原、荒漠、极地等生态系统。

（2）淡水生态系统，可再分为流水生态系统（如河流）、静水生态系统（如湖泊、水库）。

（3）海洋生态系统，可再分为海岸生态系统、浅海生态系统、远洋生态系统。

2.5 生态系统的基本功能

生态系统的结构及其特征决定了它的基本功能，主要表现在生物生产、能量流动、物质循环与信息传递几个方面。

2.5.1 生物生产

生态系统不断运转，生物有机体在能量代谢过程中将能量、物质重新组合，形成新的产品的过程，称为生态系统的生物生产。生态系统的生物生产可分为初级生产和次级生产两个过程。前者是生产者把太阳能转变为化学能的过程，又称为植物性生产。后者是消费者的生命活动将初级产品转化为动物能，故称之为动物性生产。

1. 初级生产

初级生产是指绿色植物的生产，即植物通过光合作用，吸收和固定光能，把无机物转化为有机物的过程。初级生产的过程可用下列化学方程式概述：

$$6CO_2 + 12H_2O \xrightarrow{\text{光能}(2.8 \times 10^6 \text{J}) \text{叶绿素}} C_6H_{12}O_6 + 6O_2 + 6H_2O \tag{2.1}$$

式中：CO_2 和 H_2O 是原料，糖类（$C_6H_{12}O_6$）是光合作用的主要产物，如蔗糖、淀粉和纤维素等。实际上光合作用是一个非常复杂的过程，人类至今对它的机理还没有完全搞清楚。毫无疑问，光合作用是自然界最为重要的化学反应。

植物在单位面积、单位时间内，通过光合作用固定太阳能的量或生成有机物的量称为总初级生产量（GPP），常用单位：$J/(m^2 \cdot a)$ 或 $g/(m^2 \cdot a)$。植物的总初级生产量减去呼吸作用消耗的量（R），余下的有机物质即为净初级生产量（NPP），总初级生产量与净初级生产量之间的关系，可以用下式表示：

$$NPP = GPP - R \tag{2.2}$$

生态系统初级生产的能源来自太阳辐射能。如果把照射在植物叶面上的太阳光能作 100% 计算，除叶面蒸腾、反射、吸收等消耗外，用于光合作用的太阳能约为 0.5% ~ 3.5%，这就是光合作用能量的全部来源。生产过程的结果是太阳能转变为化学能，简单的无机物转变为复杂的有机物。

在一个时间范围内，生态系统的物质储存量，称为生物量。不同的生态系统，不同水热条件下的不同生物群落，太阳能的固定数及其速率、其总初级生产量和生物量都有很大差异。全球初级生产量分布有以下特点。

（1）陆地比水域的初级生产量大。其主因是占海洋面积最大的大洋区域缺乏营养物质，其生产力很低，平均仅 $125g/(m^2 \cdot a)$，有海洋荒漠之称。

（2）陆地上初级生产量有随纬度的增加而逐渐降低的趋势。陆地生态系统中热带雨林的初级生产量最高，由热带雨林向温带常绿林、落叶林、北方针叶林、稀树草原、温带草原、荒漠而依次减少。初级生产量从热带向亚热带、温带、寒带逐渐降低。

（3）海洋中初级生产量有由河口湾向大陆架和大洋区逐渐降低的趋势。河口湾由于有大陆河流所携带的营养物质输入，其净初级生产量平均为 $1500g/(m^2 \cdot a)$，大陆架次之，大洋区最低。

（4）全球初级生产量可划分为 3 个等级。

生产量极低的区域：生产量为 2.09×10^6 ~ $4.19 \times 10^6 J/(m^2 \cdot a)$ 或者更少。大部分海洋和荒漠属于这类区域。

中等生产量区域：生产量为 2.90×10^6 ~ $1.26 \times 10^7 J/(m^2 \cdot a)$。许多草地、沿海区域、深湖和一些农田属于这类区域。

高生产量区域：生产量为 4.19×10^7 ~ $1.05 \times 10^8 J/(m^2 \cdot a)$。大部分湿地生态系统、

河口湾、珊瑚礁、热带雨林和精耕细作的农田、冲积平原上植物群落等属于这类区域。

2. 次级生产

生态系统的次级生产是指消费者和分解者利用初级生产物质进行同化作用建造自己和繁衍后代的过程。次级生产所形成的有机物（增加的体重和繁衍的后代）的量称为次级生产量。

生态系统净初级生产量只有一部分被食草动物所利用，而大部分未被采食和触及。真正被食草动物所摄取利用的这一部分，称为消耗量。消耗量中大部分被消化吸收，这一部分为同化量，剩余部分经消化道排出体外。被动物所固化的能量，一部分用于呼吸而被消耗掉，剩余部分被用于个体成长和繁殖。生态系统次级生产量可用下式表示：

$$PS = C - Fu - R \tag{2.3}$$

式中：PS 为初级生产量；C 为摄入的能量；Fu 为排泄中的能量；R 为呼吸所消耗的能量。

生态系统中各种消费者的营养层次虽不相同，但它们的次级生产过程基本上都遵循上述途径。

2.5.2 能量流动

1. 生态系统的能量和能量流动

能量是做功的能力。在生态系统中，能量是基础，一切生命活动都存在着能量的流动和转化。没有能量的流动，就没有生命，没有生态系统。生态系统内的能量流动与转化是服从于热力学定律的。

生态系统的能量流动是指能量通过食物网络在系统内的传递和耗散过程。它始于生产者的初级生产，止于还原者功能的完成，整个过程包括能量形式的转变，能量的转移、利用和耗散。生态系统中的能量包括动能和潜能两种形式，潜能也即势能。生物与环境之间以传递和对流的形式相互传递与转化的能量是动能，包括热能和光能；通过食物链在生物之间传递与转化的能量是势能。生态系统的能量流动也可以看作是动能和势能在系统内的传递与转化的过程。

2. 生态系统能量流动的基本模式

（1）能量形式的转变。在生态系统中能量形式是可以转变的，例如在光合作用中就是由太阳能转变为化学能；化学能在生物间的转移过程中总有一部分能量被耗散，转变为热能耗散到环境中。

（2）能量的转移。在生态系统中，化学能形式的初级生产产品是系统内的基本能源。这些初级生产产品主要有两个去向：一部分为各种食草动物所采食；一部分作为凋落物质的枯枝败叶成为分解者的食物来源。在这个过程中能量由植物转移到动物与微生物身上。

（3）能量的利用。能量在生态系统的流动中，总有一部分被生物所利用，这些能量是各类生物的成长、繁衍之需。

（4）能量的耗散。无论是初级生产还是次级生产过程，能量在传递或转变过程中总有一部分被耗散掉，即生物的呼吸及排泄耗去了总能量的一部分。生产者呼吸消耗的能量约占生物总初级生产量的50%。能量在动物之间传递也是这样，两个营养层次间的能量利用率一般只有10%。

3. 生态系统能量流动的渠道

生态系统是通过食物关系而使能量在生物间流动的。食草动物取食植物，食肉动物捕食食草动物，即植物→食草动物→食肉动物，从而实现了能量在生态系统的流动。所以生态系统能量流动的渠道就是食物链和食物网。图 2.8 是某简化食物网。

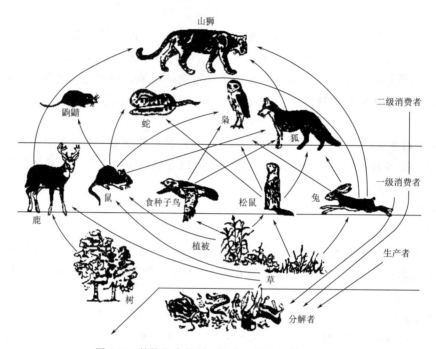

图 2.8　某简化食物网（转自：伍光和等，2008）

在分析生态系统的能量流动或食物关系时，要认识到食物链不是固定不变的，某一环节的变化将会影响到整个链条，甚至生态系统的结构。但在人为的干扰不是很严重的自然生态系统中，食物链又是相对稳定的。

生态学中把具有相同营养方式和食性的生物归为同一营养层次，把食物链中的每一个营养层次称为营养级，或者说营养级是食物链上的一个环节。如生产者称为第一营养级，它们都是自养生物；食草动物为第二营养级，它们是异养生物并具有以植物为食的共同食性；食肉动物为第三、第四等营养级。但有些动物可能同时占据多个营养层次，如杂食动物。

根据生物之间的食物联系方式和环境特点，可以把生态系统的能量流动（简称能流）分为以下几种类型。

（1）第一能流：指生态系统中牧食性食物链传递的能量。牧食性食物链是生物间因捕食关系而构成的食物链。如小麦→麦蚜虫→肉食性瓢虫→食虫小鸟→猛兽。

（2）第二能流：指生态系统中腐生性食物链传递的能量。腐生性食物链是从死亡的生物有机体被微生物利用开始的一种食物链。如动植物残体→微生物→土壤动物；有机碎屑→浮游动物→鱼类。

（3）第三能流：指在生态系统能量传递过程中，储存和矿化的能量。生态系统中常有相当一部分物质和能量没有被消耗，而是转入了储存和矿化过程，如森林蓄积的大量木材、植物纤维等，都可以储存相当长的一段时间。但这部分能量最终还是要腐化，被分解而还原于环境，完成生态系统的能流过程。矿化过程是指在地质年代中大量的植物和动物被埋藏在地层中，形成了化石燃料（煤、石油等）。

4. 生态系统能量流动的特点

生态系统中能量传递和转换时遵循热力学第一、第二定律。热力学第一定律也就是能量守恒定律，即能量可由一种形式转化为其他形式。能量既不能被消灭，也不能凭空产生。热力学第二定律阐述了任何形式的能（除了热）转到另一种形式能的自发转换中，不可能100％被利用，总有一些能量以热的形式被耗散出去，这时熵就增加了。热力学第二定律又称熵律。

生态系统是开放的不可逆的热力学系统，把热力学定律应用于生态系统能量流动是十分重要的。生态系统能量流动有以下特点。

（1）能流是变化着的。能流在生态系统中和在物理系统中是有所不同的。非生命的物理系统（电、热、机械）是遵循物理学规律的，可以用数学形式来表达，对于一定的系统来说变化是一个常数。例如，在电压和温度都稳定的情况下，铜导线中的电流是一个常数。而在生态系统中，能流是变化的，且变化常是非线性的。在生态系统中的能流，无论是短期行为，还是长期进化都是变化的。

（2）能流的不可逆性。在生态系统中能量只能朝一个方向流动，即只能是单向流动，是不可逆的。其流动方向为：太阳能→绿色植物→食草动物→食肉动物→微生物。太阳的辐射能以光能的形式输入生态系统后，通过光合作用被植物所固定，此后不能再以光能的形式返回；自养生物被异养生物摄取后，能量就由自养生物留到异养生物，也不能再返回；对总的能流途径而言，能量只能一次性流经生态系统，是不可逆的。热力学第二定律注意到宇宙在每一个地方都趋向于均匀的熵，它只能向自由能减少的方向进行，而不能逆转。所以，从宏观上看，熵总是日益增加的。

（3）能量的耗散。根据热力学第二定律，在封闭的系统中，一切过程都伴随着能量的改变，在这种能量的传递与转化过程中，除了一部分可继续传递和做功的自由能以外，还有一部分不能传递和做功的能，这种能以热的形式耗散。

在生态系统中，从太阳辐射能被生产者固定开始，能量沿营养级转移，每次转移都必然有损失，能量在流动中逐渐减少，每经过一个营养级都有能量以热的形式散失掉。图2.9是以各营养级所含能量为依据而绘制的，其形似塔，所以称为生态学金字塔。

（4）能量利用率低。首先，生产者（绿色植物）对太阳能的利用率就很低，只有1.2％。其次，能量通过食物营养关系从一个营养级转移到下一个营养级，每经过一个营养级，能量大约减少90％，通常只剩下4.5％～17％，平均约10％转移到下一个营养级，即能量转移率约为10％，这就是生态学中的十分之一定律，也称林德曼效率，由美国生态学家林德曼（R. L. Lindeman）于1942年提出。这一定律证明了生态系统的能量转化效率是很低的，因而食物链的营养级不可能无限增加。国外有学者先后对100多个食物链进行了分析，结果表明大多数食物链有3个或4个营养级，而有5个或6个的食物链的比例很小。

2.5.3 物质循环

1. 物质循环的基本概念

（1）物质处于不断地循环之中。宇宙是由物质构成的，运动是物质存在的形式。物质循

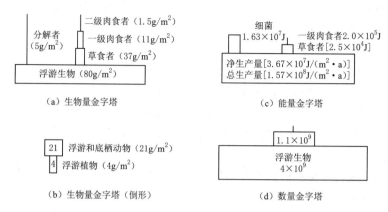

图 2.9　生态学金字塔

环是生态系统的重要功能之一。生态系统中生物的生命活动，除了需要能量外，还需要有物质基础，物质在地球上是循环使用的。生态系统中各种营养物质经过分解者分解成为可被生产者利用的形式归还环境中重复利用，周而复始地循环，这个过程叫物质循环。

生态系统的物质循环是闭路循环，在系统内的环境、生产者、消费者、还原者之间进行。植物根系吸收土壤中的营养元素通过光合作用于植物本身，消费者和分解者直接或间接以植物为食，植物的枯枝败叶、动物的尸体，经过分解者的分解，又归还到土壤中重新利用。

（2）生态系统物质循环研究常用的几个概念。

1）库（pool）是指某一物质在生物或非生物环境暂时滞留（被固定或储存）的数量。例如，在一个湖泊生态系统中，磷在水体中的数量是一个库；磷在浮游生物中的含量又是一个库，磷在这两个库之间的动态变化就是磷这一营养物质的流动。生态系统的物质循环实际上就是物质在库与库之间的转移。库可以分为两类：①储存库，其库容量大，元素在库中滞留的时间长，流动速率小，多属非生物成分，如岩石或沉积物。②交换库或循环库，是指元素在生物和其环境之间进行迅速交换的较小而又非常活跃的部分。如植物库、动物库、土壤库等。

2）流通率，指物质在生态系统中单位时间、单位面积（或体积）内物质移动的量。

3）周转率，指某物质出入一个库的流通率与库量之比，即

$$周转率 = \frac{流通率}{库中该物质的量} \tag{2.4}$$

4）周转时间，是周转率的倒数。周转率越大，周转的时间就越短。例如，二氧化碳的周转时间是一年多一点（主要指光合作用从大气圈移走的二氧化碳）。大气圈中氮的周转时间近 100 万年（某些细菌和蓝藻的固氮作用）。大气圈中水的周转时间只有 10.5 天，即大气圈中所含水分一年要更新 34 次。海洋中主要物质的周转时间，硅最短，约 8000 年；钠最长，约 2.06 亿年。

（3）生态系统中的物质。

生物的生命过程中，需要 30～40 种化学元素，这些元素大致可分为以下 3 类。

1）能量元素，也称结构元素，是构成生命蛋白质所必需的基本元素，包括碳、氢、

氧、氮。

2）大量元素，是生命过程大量需要的元素，包括钙、镁、磷、钾、硫、钠等。

3）微量元素。以人体为例，上述两类元素约占 99.95％。而微量元素，在人体中只占 0.05％，包括铜、锌、硼、锰、钼、钴、铁、氟、碘、硒、硅、锶等。微量元素的需要量很小，但也是不可少的。在人体中，铁元素是血红素的主要成分，钴是维生素 B_{12} 不可缺少的元素，钼、锌、锰是多种酶的组成元素。这些物质存在于大气、水域及土壤中。

2. 生态系统的能量流动与物质循环的关系

（1）生态系统中生命的生存和繁衍，既需要能量，也需要营养物质。没有物质，生态系统就会解体；没有能量，物质也没有能力在生态系统中进行循环，生态系统也不可能存在。

（2）物质是能量的载体。没有物质，能量就不可能沿着食物链传递。物质是生命的基础，也是储存、运载能量的载体。

（3）生态系统的能量流和物质流紧密结合，维持着生态系统的生长、发育和进化，如图 2.10 所示。生态系统的能量来自太阳；物质来自地球，即地球上的大气圈、水圈、岩石圈和土壤圈。一个来自天，一个来自地，正是这天与地的结合，才有了生命，才有了生态系统。

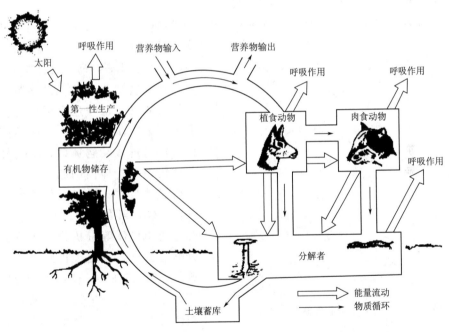

图 2.10 生态系统中能量流动与物质循环的关系（转自：伍光和等，2008）

3. 生态系统物质循环的分类

（1）从物质循环的层次上分，可以分为：生物个体层次的物质循环、生态系统层次的物质循环和生物圈层次的物质循环。

生物个体层次的物质循环主要指生物个体吸收营养物质建造自身的同时，还经过新陈代谢活动，把体内产生的废物排出体外，经过分解者的作用归还于环境。

生态系统层次的物质循环是在一个具体范围内进行的（某一生态系统内），在初级生产者代谢的基础上，通过各级消费者和分解者把营养物质归还环境之中，又称营养物质循环。

生物圈层次的物质循环是营养物质在各生态系统之间的输入与输出，以及它们在大气圈、水圈和土壤圈之间的交换，又称生物地球化学循环或生物地质化学循环。

（2）根据物质参与循环的形式，可以将循环分为气相循环、液相循环和固相循环 3 类。气相循环物质为气态，以这种形式进行循环的主要营养物质有碳、氮、氧等。液相循环指水循环，是水在太阳能的驱动下，由一种形式转变为另一种形式，并在气流和海流的推动下在生物圈内循环。固相循环又称沉积型循环，参与循环的物质中有一部分通过沉积作用进入地壳而暂时或长期离开循环，这是一种不完全循环，属于这种循环方式的有磷、钙、钾和硫等。

4. 主要的生物地球化学循环

（1）水循环。水资源的主要蓄库在水圈。水循环是水分子从水体和陆地表面通过蒸发进入到大气，然后遇冷凝结，以雨、雪等形式又回到地球表面的运动。水循环的生态学意义在于通过它的循环为陆地生物、淡水生物和人类提供淡水来源。水还是很好的溶剂，绝大多数物质都是先溶于水，才能迁移并被生物利用。因此其他物质的循环都是与水循环结合在一起进行的。可以说，水循环是地球上太阳能所推动的各种循环中的一个中心循环。没有水循环，生命就不能维持，生态系统也无法开动起来。

（2）碳循环。碳循环是生物圈中的一个很重要的物质循环。碳是构成有机物的必需元素，含碳化合物可以说是有机化合物的同义词。生物体干重的 $40\%\sim50\%$ 为碳元素。碳还以二氧化碳的形式存在于大气中。绿色植物从空气中取得二氧化碳，通过光合作用，把二氧

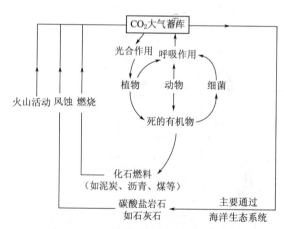

图 2.11 生态系统中的碳循环示意图
（源自：李博，2000）

化碳和水转变为葡萄糖及多糖类，同时释放出氧气。这一过程可视为自然界碳循环的第一步。植物本身的新陈代谢或作为食物进入动物体内，植物性碳一部分转化为动物体内的脂肪等，一部分在动植物呼吸时，以二氧化碳形式排入大气，是碳循环的第二步。最后，枯枝败叶、动物尸体等有机物，又被微生物所分解，生成二氧化碳排入大气，从而完成了一次完整的碳循环（图 2.11）。

另外还有一些碳的支循环，例如碳酸盐岩石从大气中吸取二氧化碳，溶于水中，在水中形成的碳酸氢钙在一定条件下转变为碳酸钙沉积于海底。而水中的碳酸钙又被鱼类、甲壳类动物摄取并构成它们的贝壳、骨骼等组织，转移到陆地上来，这是碳循环的又一条途径。还有一条途径是，在地质年代，动植物尸体长期埋藏在地层中，形成各种化石燃料，人类在燃烧这些化石燃料时，燃料中的碳氧化成二氧化碳，重新回到大气中，完成碳的循环。

陆地和大气之间的碳循环原来基本上是平衡的，但人类的生产活动却不断地破坏着这种平衡。目前碳循环出现的主要问题表现在两个方面：一方面是人为活动向大气中输送的二氧化碳大大增加；另一方面是人们的砍伐破坏使森林面积不断缩小，大气中被植物吸收利用的

二氧化碳量减少。结果是大气中二氧化碳的浓度显著增加，即在碳循环过程中，二氧化碳在大气中停滞和聚集，其温室效应的加强，将导致全球气候变暖。

（3）氮循环。氮是生物细胞的基本元素之一，无论是原生质还是蛋白质和氨基酸，都是含氮物质。大气的 78% 都是氮气，但绝大多数生物无法直接利用，氮只有从游离态变成含氮化合物时，才能成为生物的营养物质。

氮循环主要是在大气、生物、土壤和海洋之间进行。大气中的氮进入生物有机体主要有 4 种途径：一是生物固氮，某些物质（豆科植物）的根瘤菌和一些蓝藻能把空气中的惰性氮变为硝酸盐，供植物利用；二是工业固氮，是人类通过工业手段，将大气中的氮合成为氨或铵盐，即农业上使用的氮肥；三是岩浆固氮，火山爆发时喷出的岩浆可以固定一部分氮；四是大气固氮，雷雨天气发生的闪电现象而产生的电离作用，可以使大气中的氮与氧化合生成硝酸盐，经雨水淋洗进入土壤。植物从土壤中吸收硝酸盐、铵盐等含氮分子，在植物体内与复杂的含碳分子结合成各种氨基酸，氨基酸联结在一起形成蛋白质。动物直接或间接从植物中摄取植物性蛋白，作为自己蛋白质组成的来源，并在新陈代谢过程中将一部分蛋白质分解成氨、尿素和尿酸等排出体外，进入土壤。动植物死后，体内的蛋白质被微生物分解成硝酸盐或铵盐回到土壤中，重新被植物吸收利用。土壤中的一部分硝酸盐，在反硝化细菌作用下，变成氮回到大气中。所有这些过程总合起来构成氮的循环（图 2.12）。

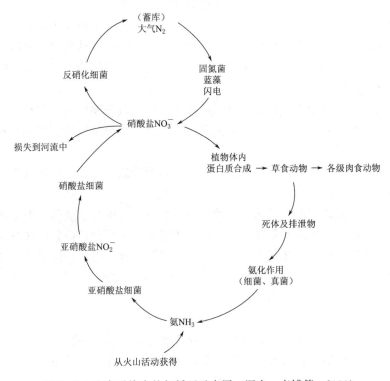

图 2.12 生态系统中的氮循环示意图（源自：李博等，2000）

人类的活动使氮循环出现了问题。现在在氮循环中，工业固氮量已占很大比例。据统计，在 20 世纪 70 年代，全世界工业固氮总量已与全部陆生生态系统的固氮量基本相等。这种人为干扰使氮循环的平衡被破坏，每年被固定的氮超过了返回大气的氮。大量的氮进入江河、湖泊和海洋，使水体出现富营养化，使蓝藻和其他浮游生物极度增殖，鱼类等难以生存。这种现象在江河湖泊中称为水华，在海洋中称为赤潮，是水域富营养化所造成的环境问题。另外，大气中被固定的氮，不能以相应数量的分子氮返回大气，而是形成一部分氮氧化物进入大气，是造成现在大气污染的主要原因之一。

（4）硫循环。硫是构成氨基酸和蛋白质的基本成分，它以硫键的形式把蛋白质连接起来，对蛋白质的构型起着重要作用。硫循环兼有气相循环和固相循环的双重特征。二氧化硫和硫化氢是硫循环中的重要组成部分，属于气相循环；硫酸盐被长期束缚在有机或无机沉积物中，释放十分缓慢，属于固相循环。

大气中的二氧化硫和硫化氢主要来自化石燃料和动植物废物及残体的燃烧，它们经雨水的淋洗，进入土壤，形成硫酸盐。土壤中的硫酸盐一部分供植物直接吸收利用，另一部分则沉积海底，形成岩石。人类对硫循环的干扰，主要是燃烧化石燃料，向大气排放了大量的二氧化硫。这不仅直接危害生物和人体健康，而且还会形成酸雨，使地表水和土壤酸化对生物和人类的生存造成更大的威胁。

2.5.4　信息传递

生态系统中包含着大量复杂的信息，既有系统内要素间关系的"内信息"，又存在着与外部环境关系的"外信息"。信息是生态系统的基础之一，没有信息，就不存在生态系统。系统科学理论和技术极大地促进了生态系统信息研究的发展。

生态系统信息传递又称信息流，指生态系统中各生命成分之间及生命成分与环境之间的信息流动与反馈过程，是它们之间相互作用、相互影响的一种特殊形式。可以认为整个生态系统中的能流和物质流的行为由信息决定，而信息又寓于物质和能量的流动之间，物质流的能量流是信息流的载体。

信息流与物质流、能量流相比有其自身的特点。物质流是循环的，能量流是单向的、不可逆的，而信息流却是有来有往的、双向流动的。正是由于信息流的存在，自然生态系统的自动调节机制才得以实现。

信息流从生态学角度来分，主要有营养信息、物理信息、化学信息和行为信息。

1. 营养信息

通过营养传递的形式，把信息从一个种群传递给另一个种群，或从一个个体传递给另一个个体，即为营养信息。实际上食物链、食物网就可视为一种营养信息传递系统。例如，在英国，牛的饲料是三叶草，三叶草传粉靠土蜂，土蜂的天敌是田鼠，田鼠的天敌是猫，猫的多少会影响到牛饲料的丰欠，这就是一个营养信息传递的过程。食物链中任一环节出现变化，都会发出一个营养信息，对别的环节产生影响。

2. 物理信息

通过声音、光、色彩等物理现象传递的信息，都是生态系统的物理信息。这些信息对于生物而言，有的表示吸引，有的表示排斥，有的表示友好，有的表示恐吓。

与植物有关的物理信息主要是光和色彩。植物与光的信息联系是非常紧密的，植物和动物之间的信息常是非常鲜艳的色彩。例如，很多被子植物依赖动物为其授粉，而很多动物依靠花粉取得食物，被子植物产生鲜艳的花色，就是给传粉的动物一个醒目的标志，是以色彩形式传递的物理信息。

动物间的物理信息十分活跃、复杂，它们更多的是使用声音信息。昆虫是用声音信号进行种内通信的第一批陆生动物。用摩擦发出声音信号，是昆虫中最常见的声信号通信方式。鸟类的鸣、兽类的吼叫，可以表达惊恐、安全、恫吓、警告、嫌恶、有无食物和要求配偶等各种信息。这些实际上就是动物自己的语言。

鸟类以用声音通信而著称。动物世界中还没有一类动物像鸟类那样善于使用声音通信。已知9000种左右的鸟类中，几乎都能发出声音信号，这是鸟类进化的标志。它们丰富而复杂的声音信号更增加了生态系统中信息的多样性，使整个自然界充满了生气和活力。

鸟类声音信号可分为3类，即机械声、叫声和歌声。机械声如啄木鸟的敲击声，在繁衍期以此信号招引异性。叫声常称叙鸣，指鸟类的日常叫声，一般表示高兴、烦恼、取食、惊恐、进攻和保卫领域等。歌声常称鸣啭，常与配偶有关。鸟类的声音信号中变化最多的是歌声。

动物间使用光信号的有萤火虫和发光的鱼类等。

3. 化学信息

生物在某些特定条件下或某个生长发育阶段，分泌出某些特殊化学物质，这些分泌物不是提供营养，而是在生物的个体或种群之间传递某种信息，这就是化学信息，这些分泌物称为化学信息素，也称为生态激素。生物代谢产生的一些物质，尤其是各类激素，都属于传递信息的化学信息素。

化学生态学发展迅速，发现了多种化学信息素。这些物质制约着生态系统内各种生物的相互关系，使它们之间相互吸引、促进，或相互排斥、克制，在种间和种内发生作用。例如，有的植物体可以分泌某些有毒化学物质，用于抑制或灭杀其他个体的生长。有的生物个体可以分泌某种激素，用以识别、吸引、报警、防卫，或者引起兴奋等。这些生态激素在生物体内含量极少，但是一旦进入生态系统，就会作为信息传递物质而使物种间关系发生显著变化。

4. 行为信息

许多动物的不同个体相遇时，常会表现出有趣的行为，即所谓的行为信息。这些信息有的表示识别，有的表示威胁、挑战，有的向对方炫耀自己的优势，有的则表示从属。例如，燕子在求偶时，雄燕会围绕雌燕在空中做出特殊的飞行形式。社会性昆虫如蜜蜂、白蚁等生活中基本的特点是信息的频繁传递。蜜蜂除采用光、声、化学信号通信外，舞蹈行为是它们信息传递的又一方面。

对于生态系统的信息传递，人类还了解较少。生态系统的信息比任何其他系统都要复杂，所以在生态系统中才形成了自我调节、自我建造、自我选择的特殊功能。生态系统信息传递是生态学研究中的一个薄弱环节，同时也是一个颇具吸引力的研究领域。另外，通过对生物信息传递的研究，还可获得其他生态信息。

2.6 生 态 平 衡

2.6.1 生态平衡的概念

广义的生态平衡是指生命各个层次上，主体与环境的综合协调。在个体层次上，人缺铁造成贫血，铁多又会引起中毒，这就是铁离子失衡；在种群层次上，由于各种原因造成的种群不稳定，都属于生态失衡。而狭义的生态平衡是指生态系统的平衡，简称生态平衡。本节所讨论的是后者。

生态平衡是生态系统在一定时间内结构与功能的相对稳定状态，其物质和能量的输入、输出接近相等，在外来干扰下，能通过自我调节恢复到原初稳定状态，则这种状态可称为生态平衡。也就是说，生态平衡应包括 3 个方面的平衡，即结构、功能以及输入和输出物质数量上的平衡。

生态平衡是相对的平衡。任何生态系统都不是孤立的，都会与外界发生联系，会经常受到外界的干扰和冲击。生态系统的某一部分或某一环节，经常会在一定的限度内有所变化，但是由于生物对环境的适应性，以及整个生态系统的自我调节机制，生态系统保持相对稳定状态。所以，生态系统的平衡是相对的，不平衡是绝对的。而当外来干扰超过生态系统自我调节能力，不能恢复到原初状态时谓之生态失调或生态平衡的破坏。

生态平衡是动态平衡。生态系统各组成部分不断地按照一定的规律运动或变化，能量在不断地流动，物质在不断地循环，整个生态系统都处于动态变化之中。维护生态系统平衡不是为保持原初状态，生态系统在人为有益的影响下，可以建立新的平衡，达到更合理的结构、更高效的功能和更好的生态效益。

2.6.2　保持生态平衡的因素

生态系统有很强的自我调节能力。例如，在森林生态系统中，若由于某种原因发生大规模虫害，在一般情况下，不会发生生态平衡的毁灭性破坏。因为害虫大规模发生时，以这种害虫为食的鸟类可获得更多的食物，促进了鸟类的繁殖，从而会抑制害虫发展。这就是生态系统的自我调节。但是任何一个生态系统的调节能力都是有限的，外部干扰或内部变化超过了这个限度，生态系统就会遭到破坏，这个限度称为生态阈值。

生态系统的自我调节能力，与下列因素有关。

1. 结构的多样性

生态系统的结构越复杂，自我调节能力就越强；结构越简单，自我调节能力越弱。例如，一个草原生态系统，若只有草、野兔和狼构成简单的食物链，那么，一旦某一个环节出现了问题，如野兔被消灭，这个生态系统就会崩溃。如果这个生态系统中的食草动物不限于野兔，还有山羊和鹿等，那么，在野兔不足时，狼会去捕食山羊或鹿，野兔又可以得到恢复，生态系统仍会处于平衡。同样是森林，热带雨林的结构要比温带的人工林复杂得多，所以，热带雨林就不会发生人工雨林那样毁灭性的害虫。生态系统的自我调节能力与其结构的复杂程度有着密切的关系。

2. 功能的完整性

功能的完整性是指生态系统的能量流动和物质循环在生物生理机能的控制下能得到合理运转。运转越合理，自我调节能力就越强。例如，北方的河流就没有南方的河流对污染的承受能力强，河流对污染的自我净化能力与稀释水量、温度、生物降解所需要的微生物等因素有关，而南方河流水量大、水温高，可以进行生物降解的微生物数量和种类以及微生物生长的条件都比北方优越，所以南方河流抗污染、进行自我调节的能力就比北方河流强。

2.6.3　生态失衡的原因

生态平衡的破坏，有自然因素和人为因素。

1. 自然因素

自然因素主要是指自然界发生的异常变化或自然界本来就存在的对人类和生物有害的因素，例如，火山爆发、海啸、水旱灾害、地震、台风、流行病等自然灾害，都会使生态平衡遭到破坏。自然因素对生态系统的破坏是严重的，甚至是毁灭性的，并具有突发性的特点。但这类自然因素一般是局部的，出现的频率不高。由自然因素引起的生态平衡的破坏称为第一环境问题。

2. 人为因素

人为因素主要指由于人类对自然资源的不合理利用，以及人类生产和社会活动产生的有害因素。人为因素是引起生态平衡失调的主要原因。由人为因素引起的生态平衡破坏，又称为第二环境问题，主要表现在以下 3 个方面。

（1）物种改变引起生态失衡。人类有意或无意地使生态系统中某一生物消失或引进某一物种，都可能对整个生态系统造成影响。

在一个稳定的生态系统中，如果人们引进某个生物物种，这个物种在原来的生态系统中由于环境阻力，其种群密度被控制在一个生物学常数的水平上，但在一个新迁入的生态系统中，开始阶段这个物种也有一个适应新环境的过程，到一定阶段，因为没有天敌，可能会急剧增加，引起"生态爆炸"，打破生态平衡。如 1859 年一个名叫托马斯·奥斯京的澳大利亚人，从英国带回 24 只兔子，放养在自己的庄园里。在几乎没有天敌限制的情况下，欧洲兔子大量繁殖，短时间内繁殖的数量极为惊人。该地区原来的青草和灌木全被吃光，田野一片光秃，造成水土流失，生态系统受到严重破坏。澳大利亚政府曾鼓励大量捕杀，但不见效果。直到 1950 年引进野兔的天敌——一种黏液瘤病，才控制住了野兔的蔓延。非洲杀人蜂也是一个典型的例子。1956 年非洲蜜蜂被引进巴西，与当地的蜜蜂交配，产生的杂种具有极强的毒性且主动对人攻击。这些杀人蜂在南美洲森林中，因没有天敌而迅速繁殖，每年以 200~300km 的速度扩散，后来甚至达到美国南方几个州，对人和家畜的生命构成极大威胁。我国 20 世纪 50 年代曾全民齐动员消灭麻雀，致使许多地方出现了严重的虫害，麻雀减少造成的影响一直延续到今天。2001 年我国把麻雀列为国家保护鸟类，这是我国在生态环境意识上的重大进步。

从这个意义上讲，用基因工程技术研制的新种类，也是没有天敌的，应慎之又慎。目前，国际上对基因食品的态度是比较谨慎的。

（2）环境因素改变引起生态失衡。人类活动的迅猛发展，大大改变了生态系统的环境因素，甚至破坏了生态平衡。由于人类而造成的环境因素改变，主要有以下几类。

1）对生态系统的直接破坏。例如，森林被称为"地球之肺"，森林生态系统是陆地上最稳定、最复杂、最大的生态系统，是人类赖以生存的基础，具有一系列的生态效益。而人类已砍伐了地球上一半以上的森林，并仍以森林生长速度 10~20 倍的速度继续砍伐。这样势必会破坏整个地球生物圈生态系统的平衡。

2）大规模建设引起的环境因素改变。例如，埃及的阿斯旺水坝，由于修建之前论证不充分，没有把尼罗河的入海口、地下水、生物群落等当成一个统一的整体来充分考虑生态系统的多方面的影响，只为发电和灌溉之利，结果导致了农田盐渍化、红海海岸侵蚀、捕食鱼量锐减、寄生血吸虫的蜗牛和传播疟疾的蚊子增加等不良后果。这是大规模建设引起的生态失衡的突出例子。

3）人类的生活和生产使大量的污染物质进入环境，也极大地改变了生态系统的环境因素，破坏了生态系统的平衡。

（3）信息系统的破坏引起的生态失衡。各种生物种群必须依靠彼此的信息传递，才能保持其集群性，才能正常繁殖，而由于人类对环境的破坏和污染，破坏了某些信息，就可能使生态平衡遭到破坏。例如，噪声会影响鸟类、鱼类的信息传递，造成它们迷失方向或繁殖受阻。有些雌性昆虫在繁殖期，将一种体外激素排放到大气中，有引诱雄性昆虫的作用。如果人们向大气中排放的污染物与这种激素发生化学反应，性激素失去作用，昆虫的繁殖就会受到影响，种群数量就会减少甚至消失。

2.6.4　生态系统平衡的调节机制

生态系统平衡的调节主要是通过系统的反馈机制、抵抗力和恢复力实现的。

1. 反馈机制

自然生态系统的反馈机制可以看作是一个反馈控制系统，其方框图如图 2.13 所示。

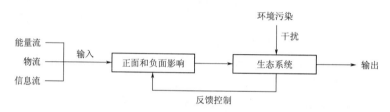

图 2.13　反馈控制方框图

系统中，正常的输入有能流（如太阳能）、物流、信息流，而环境污染则是使生态系统产生偏离的干扰，反馈控制系统的输出端的结果对生态系统的干扰输入再产生影响，有正的影响（如污染），有负的影响（如绿色植物的生态效应）两种情况。如果反馈是倾向于反抗系统偏离目标的运动，最终使系统趋于稳定状态，实现动态平衡，这就是负反馈。一般而言，正常的自然系统具有负反馈调节能力。当然，物质系统没有绝对的稳定，负反馈系统也是相对的。

2. 抵抗力

抵抗力是自然生态系统具有抵抗外来感染并维持系统内部结构和功能原状的能力，是维持生态平衡的重要途径之一。这种抵抗力和自我调节能力与系统发育阶段及状况有关，那些生物种类复杂的、由生物网组成的、物流及能流复杂的、多样性的生态系统，比那些简单的、单纯的生态系统，其抵抗干扰和自我调节能力也要强得多，因而要稳定得多。环境容量、自净作用等都是系统抵抗力的表现形式。

生态系统的抵抗干扰和自我调节能力是有限的。当干扰超过某一临界值时，系统的平衡就会遭到破坏，甚至产生不可逆转的解体或崩溃，这一临界值在生态学中称为生态阈值，在环境科学上称作环境容量，其值大小与生态系统的类型有关，还与外界干扰的性质、作用方式及作用持续时间等因素密切相关。

3. 恢复力

恢复力是指生态系统遭受到外界干扰破坏后，系统恢复到原状的能力。一般来说，恢复力强的生态系统，生物的生活世代短，结构比较简单。如杂草生态系统遭受到破坏后的恢复速度要比森林生态系统快得多。生物成分生活世代长、结构复杂的生态系统，一旦遭到破坏则长期难以恢复。

　　抵抗力和恢复力是生态系统稳定性的两个方面，两者正好相反，抵抗力强的生态系统其恢复力一般较弱，反之亦然。森林生态系统对干扰的抵抗性很强，然而，一旦遭到破坏，恢复起来则十分困难。

　　在自然生态系统中，能量与物质的输入与输出基本上保持动态平衡，生产者、消费者、还原者在种类和数量上保持相对稳定，组成完善的食物链与能量流动的金字塔营养结构。自然生态系统在演变发展过程中，逐渐形成了一种相对稳定的自律系统。

　　生态系统平衡的条件，至少应包括：生态系统结构的平衡、功能的平衡、物质与能量在输入与输出上的平衡、信息的畅通，以及外干扰小于临界值。

思考题

1. 生态因子的作用特征有哪些？
2. 生物群落的结构包括哪些？成层现象的生态学意义是什么？
3. 试述生态系统的组成、结构和功能。
4. 从生态系统物质循环的角度，阐述你对全球气候变化的认识。
5. 试述生态系统中物质循环与能量流动的关系。
6. 试述生态平衡的反馈调节机理。

第3章 生态水文学原理

生态水文学研究的核心在于陆地生态系统和水的关系，即生态系统变化对水文过程的影响、水文过程对生态系统的影响、水-生态-社会耦合与流域水管理和陆-气耦合中的生态水文过程。这些研究内容中，都离不开水、热、能的变化与平衡，这些平衡原理构成了生态水文学的基本理论基础。本章从水分收支与水量平衡、蒸散发及其物理机制以及蒸发和蒸腾界面上的能量交换三部分阐述生态水文学的水热耦合基本原理。

3.1 水分收支与水量平衡

水分收支包括水分输入、输出和储存 3 部分，可以用下面的水分收支公式简单表示：

$$输入项 = 输出项 \pm 储存项 \tag{3.1}$$

式中：输入项为给水系统的不同部分输入的水量；输出项为带出水系统的水量；储存项为滞留在水系统中的水量。

3.1.1 水量平衡原理

根据物质不灭定律，在水分循环过程中，任何一个地区（或任一水体）在给定的时间段内，输入的水量与输出的水量之差等于蓄水量的变化量。水量平衡的对象可以是全球、区域、流域或某单元的水体（如河段、湖泊、沼泽、海洋等）。研究的时段可以为分、小时、日、月、年或者更长的时间尺度。

水量平衡是水循环和水资源转化过程中的基本定律，就某一个地区在某一段时期内的水量平衡来说，水分收入和支出差额等于该地区的储水量的变化量。因此，水量平衡的一般公式为

$$P + I = ET + RO + \Delta G' + \Delta W + L \tag{3.2}$$

式中：P 为降水量，mm；I 为灌溉水量，mm；ET 为蒸散发量，mm；RO 为地表径流量，mm；$\Delta G'$ 为地下水储量的变化，mm；ΔW 为土壤含水量的变化，mm；L 为渗入或渗出的水量，mm。

3.1.2 全球的水分收支与水量平衡

如果研究对象是地球上的全部海洋，则其一年内的水量平衡方程为

$$P_洋 + R - ET_洋 = \Delta W_S \tag{3.3}$$

式中：$P_洋$ 为海洋上的降水量，mm；R 为大陆流入海洋的径流量，mm；$ET_洋$ 为海洋上的蒸散发量，mm；ΔW_S 为海洋蓄水量的变化量，mm。

对于多年平均情况而言，ΔW_S 接近于 0，故海洋多年平均的水量平衡方程为

$$\overline{ET_洋} = \overline{P_洋} + \overline{R} \tag{3.4}$$

式中：$\overline{ET_洋}$ 为海洋上多年平均蒸散发量；$\overline{P_洋}$ 为海洋上多年平均降水量；$\overline{R}$ 为大陆多年平均流入海洋的径流量。各变量单位均为 mm。

根据以上原理，同样可得到陆地多年平均情况下的水量平衡方程式为

$$\overline{ET_陆}=\overline{P_陆}-\overline{R} \tag{3.5}$$

式中：$\overline{ET_陆}$ 为大陆多年平均蒸散发量；$\overline{P_陆}$ 为大陆多年平均降水量；$\overline{R}$ 为大陆多年平均流入海洋的径流量。各变量单位均为 mm。

对于大陆的内陆河流域而言，$\overline{R}=0$，$\overline{ET}=\overline{P}$，即多年平均降水量 $\overline{P}$ 等于多年的平均蒸散发量 $\overline{ET}$。

将上面两式相加得到全球水量平衡方程为

$$\overline{ET_洋}+\overline{ET_陆}=\overline{P_洋}+\overline{P_陆} \tag{3.6}$$

即

$$\overline{ET}=\overline{P} \tag{3.7}$$

式中：$\overline{ET}$ 为全球多年平均蒸散发量，mm；$\overline{P}$ 为全球多年平均降水量，mm。

从全球水分循环角度看，在太阳辐射的作用下，海水蒸发为水汽进入大气，在一定的条件下，以降水的形式返回地球表面，一部分降入海洋，另一部分降落到陆地，或者聚集在低洼地面，或者渗入地下形成地下径流，最终汇入海洋，或者存储于土壤，供植被吸收，但最后都以蒸发或蒸腾的形式返回大气（图 3.1）。

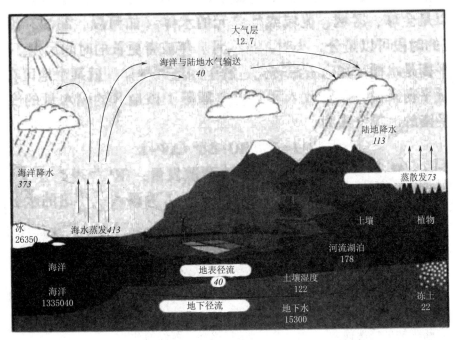

图 3.1 全球水分循环与水量平衡示意图（引自：邱国玉等，2014）

注：图中斜体数字部分指年尺度的水循环量（$10^3 km^3/a$）；非斜体数字部分为水的储量（$10^3 km^3$）。

如图 3.2 所示，地球上水的储量和年水分通量都相当巨大。地球上总储水量为 $1.3 \times 10^9 km^3$，其中，陆地淡水只占总水量的 2.53%。这一部分水量不大，但是对于生物圈极其重要。

一方面，淡水资源在地球上总量不大，比较稀缺；另一方面，淡水资源在地球上的分布也不均匀。其中最主要的表现就是降水的不均匀。全球 2/3 的降水量落在北纬 30°至南纬 30°范围内，因为这些地区太阳辐射量和蒸发量更大。海洋的每天蒸发量从赤道的 0.4cm 变化到极地地区小于 0.1cm。由于降水量的差异，地球上的径流量差异也很大。如图 3.2 所示，

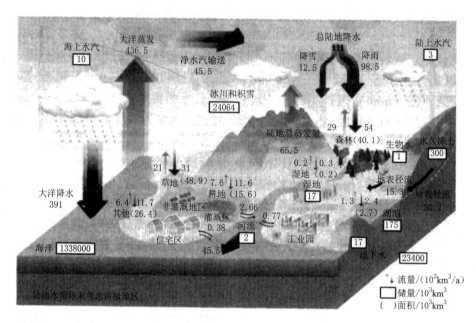

图 3.2　全球及其主要地被类型的水分储量和年水分通量（引自：邱国玉等，2014）

注：方框内的数字是水的储量（$10^3 km^3$）；箭头旁边的数字是水分通量（$10^3 km^3/a$）。

低纬度地区的径流较大。热带雨林中大约一半的降水变成了径流。沙漠中由于高蒸发需求和低降水量，径流量很低。例如，亚马孙河承载了全球 15% 返回海洋的水量。相反，科罗拉多河排出水量仅为亚马孙河的 1/10。在大陆范围内这种变化趋势也很相似。澳大利亚平均径流深仅为 4cm/a，是北美的 1/8。这些结果均表明全球范围内可获得的水量变化很大。

3.1.3　陆地的水分收支和水量平衡

一般陆地生态系统的水文过程包括降水、植被的截留、土壤表面的吸收和截留、土壤表层的渗透和蒸发、经土壤层向地下水的输出、植物的蒸腾、水汽向系统外部的输出以及径流等过程。水量平衡法是计算陆面蒸散发的最基本方法之一。在一个闭合流域内，如不考虑相邻区域的水量调入和调出，其水量平衡方程可写为

$$ET = P - R \pm \Delta W \tag{3.8}$$

式中：ET 为陆面蒸散发量，mm；P 为降水量，mm；R 为径流量，mm；ΔW 为蓄水变化量，mm。

对于多年平均的情况而言，$\Delta W = 0$，则式（3.8）可以简化为

$$ET = P - R \tag{3.9}$$

因此，只要知道多年平均降水量和径流量，就可以求得出多年平均陆面蒸发量。由于降水量和径流量都可以实测，所以水量平衡法是计算区域多年平均陆面蒸发量较为可靠的方法。

根据研究对象的具体情况，陆地水分收支方程式可以有不同的写法，例如

$$\Delta S = P - ET - Q \tag{3.10}$$

式中：ΔS 为储存量的变化，mm；P 为降水量，mm；ET 为蒸散发量，mm；Q 为系统向外部的排水量，mm。

如果要强调蒸散发量时，平衡方程式可以写为

$$ET = P - R - TWSC \tag{3.11}$$

式中：ET 为蒸散发量，mm；P 为降水量，mm；R 为地表径流量，mm；$TWSC$ 为陆地水储存量的变化，mm。

图 3.3 是模拟陆地生态系统水分收支时所需的变量和参数分解。水分的收入项是降雨和降雪。降水遇到树冠层时被截留，被树冠截留的水分分为 3 部分：①以雨滴的形式落到地面；②通过枝叶汇集到树干，以树干流（stem flow）的形式流到地面；③留到枝叶上，以蒸发的形式返回大气。没有被树冠截留的那部分降水穿过树冠直接到达地面。到达地面的水分一部分以地表径流的形式流出；另一部分通过土壤下渗往深层土壤。入渗到土壤的水分又分为 3 部分：①以地下径流的形式流出；②以土壤蒸发的形式返回大气；③被植物的根系吸收，顺送到树冠后以植物蒸腾的形式返回大气。植物根系吸收的水分只有不到 1% 参与光合作用，其余部分均被蒸腾。

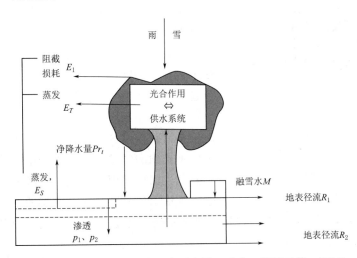

图 3.3　陆地生态系统水分收支示意图（引自：邱国玉等，2014）

不同陆地生态系统由于其水分收入项与支出项的特征各自不同，水分平衡方程各有特色。这里以流域和农田生态系统为例，说明陆地生态系统的水分收支特征。

1. 流域的水分收支和水量平衡

对于一个天然流域，计算时段内的水量平衡方程式为

$$P + W_{入} = R + ET + W_{出} + \Delta W \tag{3.12}$$

式中：P 为降水量，mm；$W_{入}$ 为从外流域流入本流域的水量，mm；R 为径流量，mm；ET 为蒸散发量，mm；$W_{出}$ 为从本流域流入外流域的水量，mm；ΔW 为流域地面及地下储水量的变化量，mm，增为正。

对于无跨流域调水的闭合流域（地面分水线与地下分水线一致），$W_{入}$ 与 $W_{出}$ 均为 0。因此，一般常用的流域年内水量平衡方程为

$$P = R + ET + \Delta W \tag{3.13}$$

对于长期而言，ΔW 各年有正有负，其多年平均值一般为 0。因此，闭合流域多年的水量平衡方程为

$$P = R + ET \tag{3.14}$$

式（3.14）表明，对于闭合流域，多年平均降水量 P 等于多年平均径流量 R 与多年平均蒸散发量 ET 之和。由此可见，降水、蒸散发和径流是水量平衡中的 3 个基本要素。由于降水和径流可以通过观测取得比较可靠的数据，而流域蒸散发是流域水面蒸发、土壤蒸发和植物蒸腾的综合值，一般难以直接观测。已知流域平均降水量和径流量时，可以通过式（3.14）来反推流域多年的平均蒸散发量。

内陆河流域由山区和山前平原盆地组成。按垂直景观带划分，前者基本上可划分为高山冰雪冻土带和山区植被带（包括水源涵养林带），其水量平衡特征为降水量大于蒸散发量，这里孕育着庞大的冰川和积雪固体水库，还有冻土和水源；涵养林也起着重要的山区水库的作用，是人类活动和经济发展赖以生存的水资源形成区。而后者基本上可划分为山前绿洲带和荒漠带，其水量平衡特征则是蒸散发量大于降水量，是径流散失区。

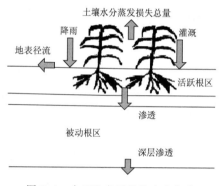

图 3.4　农田生态系统的水分收支
（源自：Gassmann 等，2011）

2. 农田生态系统的水分收支和水量平衡

土壤水分是影响农业产量的主要因素。对于农田生态系统，土壤水分的主要影响因素是灌溉、降水和蒸散发。降水量取决于天气因素，同时天气因素也会很大程度的影响蒸散发。种植系统中土壤水分丧失的最大组分是蒸散发。

农田生态系统的土壤可划分为两层（图 3.4），上层是活跃根系区，范围是活跃根层的底部以及根可以生长到的区域。上层水分平衡的输入项有降水和灌溉，输出项则是径流、蒸散发和下渗。下层的输入和输出项分别是来自上层的下渗和往下的深层渗漏。对于大多数地下水位较深的农田，地下水通过毛管上升的作用可以忽略不计（Gassmann et al.，2011）。

3.2　蒸散发及其物理机制

3.2.1　蒸发

3.2.1.1　蒸发的概念

蒸发是液态水或固态水表面的水分子速度足以超过分子间的吸力时，不断地从液态水表面逸出的现象，即水分从液态变为气态的过程。蒸发是水循环和水量平衡的基本要素，在研究一定地区的水量平衡、能量平衡和水资源估算中有着重要作用。单位时间从单位面积蒸发面逸散到大气中的水分子数与从大气中返回到蒸发面的水分子数的差值称为蒸发速度，通常以 mm/h、mm/d、mm/a 表示。在充分供水条件下，蒸发速度可以反映环境的蒸发能力。

自然界蒸发面的形态多种多样。发生在海洋、江河、湖库等水体表面的蒸发，称为水面蒸发。发生在土壤表面或岩体表面的蒸发，通常称为土壤蒸发。

3.2.1.2　水面蒸发

1. 水面蒸发的物理过程

对于自由水面而言，进入水体的能量增加了水分子的动能，当一些水分子所获得的动能大于水分子之间的内聚力时，就能突破水面进入空中，这就是水面蒸发。因此，只有那些动能大的水分子才能逸出水面。剩下水分子的平均动能减少，水温因而降低。相反，水面上空气中的一些水汽分子由于受到水面水分子的吸力作用或本身受冷的作用从空中返回水面，称为凝结。

对于一个封闭系统，水分子运动的能量来自热能。当一个水分子获得足够的能量时，就会离开水体，进入空中。当继续供给热能时，汽化作用就能不断地进行，结果水分子在水面上积累起来。水面温度越高，其中水分子运动越活跃，从水面跃入空中的水分子也就越多，以致水面上空气中的水汽含量也越多。

2. 影响水面蒸发的因素

影响水面蒸发的因素有很多，主要因素分为两类：即可获得的能量（主要包括太阳辐射）和蒸发后的水分子扩散离开水面的难易程度（主要包括湿度和风速）。因为自然条件下水汽化时需要的能量主要来自太阳辐射，所以蒸发过程受太阳辐射的影响最大，且随时刻、季节、纬度及天气条件而变。

水汽的扩散主要受空气干湿程度和风速的影响。饱和水汽压差是反映空气干湿程度的指标，它是水面的饱和水汽压与水面上空一定高度的实际水汽压之差。饱和水汽压差越大，空气相对越干，水分子越容易扩散，蒸发速度也就越快。但当上层水汽压升高，大气分子密度大时，水分子的扩散受到抑制，蒸发就会变得缓慢。在同样的温度下，空气湿度较小时的水面蒸发量要比空气湿度较大时的水面蒸发量大。

风速是影响蒸发速度的另外一个重要因素。风可以增加水汽的扩散，移走水面上的水分子，促进水汽交换，使水面上水汽饱和层变薄并保持持续强大的输送能力。因而风速越大，水面的蒸发速度就越高。当风速超过一定限度时，水层表面的水汽分子随时被风完全吹走，此后风速再大也不会影响蒸发强度。

除了上述主要因素外，蒸发还受到气温、水质、蒸发表面情况等因素的影响。气温决定空气中水汽含量的能力和水汽分子扩散的速度。气温高时，蒸发面上的饱和水汽压比较大，易于蒸发；水温反映了水分子运动能量的大小，水温高时，水分子运动能量大，逸出水面的水分多，蒸发强。当风速等其他因素变化不大时，蒸发量随气温的变化一般呈指数关系。

水质也会影响蒸发过程。水中的溶解质增加后会减少蒸发。混浊度（含沙量）会影响反射率，因而影响热量平衡和水温，间接影响蒸发。由于废水的颜色不同，吸收太阳辐射的热量也不一样。深色污水蒸发量往往比清水大 15%～20%。

蒸发表面是水分子在汽化时必须经过的通道，若表面积大，则蒸发面大，蒸发作用进行得快。此外，水体的深浅对蒸发也有一定的影响，浅水水温变化较快，对蒸发的影响比较显著。深水水体则因水面受冷热影响时会产生对流作用，使整个水体的水温变化缓慢，落后于气温时间较长，深水水体中蕴藏的热量较多，对水温起一定的调节作用，因而蒸发量在时间上的变化比较稳定。不同的地理位置、地形情况都对水面蒸发过程有影响。

综上所述，影响水面蒸发的因素分为气象因素（如太阳辐射、湿度、风速等）、水体自身及自然地理因素（如水面大小及形状、水深、水质和地形等）。

3.2.1.3 土壤蒸发

1. 土壤蒸发的条件

要使土壤蒸发持续不断地发生，必须满足下面的 3 个条件：第一，有持续不断的能量供给；第二，蒸发面和大气之间有水汽压梯度并且蒸发后的水汽能被源源不断地运走；第三，持续不断的土壤水分供给（邱国玉等，2014）。

2. 土壤蒸发的 3 个阶段

如图 3.5 所示，土壤的水分蒸发过程一般可分为 3 个阶段。土壤蒸发的第一阶段为稳定蒸发阶段。当土壤含水量大于田间持水量时，蒸发过程发生在土壤表面，蒸发速度与同样气象条件下水面的蒸发速度接近，而与土壤湿度无关。土壤的水分可以通过毛管作用源源不断的供给土壤蒸发，从土壤表面逸散到大气中的水分与从土壤内部输送至表面补充的水分相当，这种情况属于充分条件下的土壤蒸发。在这一阶段中，蒸发速率主要受气象条件的影响。土壤蒸发的第二阶段为蒸发速度显著下降阶段。当土壤表面水分含量减小到临界含水量（田间持水量）以下时，蒸发速度随着表层土壤含水量的变小而变小。土壤中毛管连续状态将逐步遭到破坏，通过毛管输送到土壤表面的水分也因此而不断减少。在这种情况下，由土壤含水量不断减小，供给土壤蒸发的水分也会越来越少，以致土壤蒸发将随着土壤含水量的减小而减小，这一阶段要持续到土壤含水量减至毛管断裂含水量为止。第二阶段的蒸发速度主要与土壤含水量有关，而气象因素对它的影响逐渐减小。土壤蒸发的第三阶段是微弱蒸发阶段。由于沿土壤内毛细管上升的水分不能达到土壤的表层，因此，在地面形成一个干土壤层，蒸发过程发生在土壤的深层中。蒸发形成的水汽由于扩散作用通过干土壤层逸入空气中，土壤中的毛管水不再呈连续状态存在于土壤中，依靠毛管作用向土壤表面输送水分的机制将遭到完全破坏。土壤水分只能以膜状水或气态水的形式向土壤表面移动。由于这种仅依靠分子扩散而进行水分输移的速度十分缓慢，数量也很小，故在土壤含水量小于毛管断裂含水量以后，土壤蒸发量必然很小而且比较稳定。在这阶段内，气象因素对蒸发速率的影响微弱。

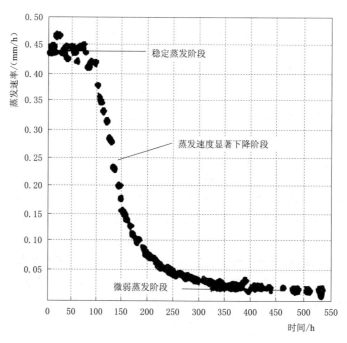

图 3.5　土壤蒸发过程的 3 个阶段

注：纵轴是土壤蒸发速度，横轴是蒸发开始后的时间。

3. 影响土壤蒸发的因素

与影响水面蒸发的因素相同，能量的可获得性（太阳辐射等）和水汽的扩散条件（空气湿度、风速等），也是影响土壤蒸发的关键因素，其影响机理也与水面蒸发相似。除此以外，另一个影响土壤蒸发的关键因素是土壤的供水能力。影响土壤供水能力的因素有土壤含水量和影响有效水分运动的土壤孔隙性、地下水位的高低、毛管上升高度、地表干土层厚度等。土壤的孔隙性一般指孔隙的形状、大小和数量。土壤孔隙性是通过影响土壤水分存在形态和连续性来影响土壤蒸发的。土壤孔隙性与土壤质地、结构和层次均有密切关系。在层次性土壤中，土层交界处的孔隙状况明显低于均质土壤。孔隙状态不同也会影响毛管水的上升高度。

3.2.2 植物蒸腾

植物蒸腾指植物体中的水分以水蒸气状态散失到大气中的过程。通过植物表面（主要是通过叶片的气孔）汽化到大气中的那部分水分被定义为植物的蒸腾量。

3.2.2.1 蒸腾过程

植物蒸腾是陆地生态系统水分散失的主要途径，也是陆地蒸散的重要组成部分。如图 3.6 所示，植物根毛从土壤中吸取水分，经过位于根系的皮质部和内皮部的水分通道，进入木质部的导管。进入导管后，水分移动的阻力较小，可以比较容易地从地下输送到地上叶片的叶肉细胞，进入表皮的气孔。在气孔腔内，水分汽化，在气孔开放时扩散到大气之中。

进入植物体的水分，只有很小一部分（少于1%）留在植物体内参与植物的物质合成，99%以上的水分用于植物温度环境和生存环境的调节，从叶片逸散到空气中。因此，蒸腾可以直接影响植物的生物量（邱国玉，2008）。由于蒸腾是主要发生在植物茎叶上的一种现象，受到植物种类特别是气孔开闭的调节。因此，植物蒸腾比水面蒸发和土壤蒸发要复杂得多。蒸腾是植物水分吸收和运

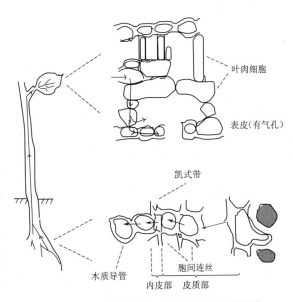

图 3.6 从土壤到植物叶片的水分运动通道
（源自：Jones, 1992）
注：水分的输送可以通过相互平行的细胞壁或通过共质体。

输，降低植物体温，是植物热量调节和热代谢的主要方式。因为植物蒸腾过程与土壤环境、植物生理特征和大气环境之间存在密切关系，所以植物蒸腾是地球表层中能量循环和物质转化最为强烈的过程之一。

3.2.2.2 影响植物蒸腾的因素

除了能量的可获得性（太阳辐射等）、水汽的扩散条件（空气湿度、风速等）和土壤供水能力（土壤干湿状态）外，植物蒸腾还受到植物生理状态，尤其是气孔开闭的影响。以下因素对植物蒸腾影响明显。

1．温度

当气温在 1.5℃ 以下时，几乎所有的植物都会停止生长，蒸腾极少。当气温超过 1.5℃ 时，蒸腾速率随气温的升高而增大。土壤湿度对植物的蒸腾有明显影响，当土壤温度较高时，根系从土壤中吸收的水分增多，蒸腾加强，土壤温度较低时，这种作用减弱，蒸腾减小。

2．土壤含水量

土壤中能被植物吸收的水是重力水、毛管水和一部分膜状水。当土壤含水量大于一定值时，植物根系就可以从周围土壤中吸取尽可能多的水分以满足蒸腾需要。当土壤含水量减小时，植物蒸腾也随之减小，直至土壤含水量减小到凋萎系数时，植物就会因不能从土壤中吸取水分来维持正常生长而逐渐枯死，植物蒸腾也因此趋于 0。

3．植物特性

在土壤水分有限的条件下，植物的特性就成为影响蒸腾的重要因素。例如，当上层土壤干燥，浅根树种得不到水而枯萎，深根树种则继续吸收较深层土壤水分继续蒸散。因此，深根植被在持续干旱期间比浅根植被要蒸腾更多的水分。另外，很多农作物和荒漠植被在中午太阳辐射强烈时，会关闭气孔，以减少蒸腾。

3.2.3　蒸散发

在自然界中，地表通常都有植被的覆盖，这些地方蒸发和蒸腾同时发生，因此通常把两者统称为蒸散发。发生在一个流域或区域内的水面蒸发、土壤蒸发和植物蒸腾的总和称为流域蒸散发。一般而言，流域内水面占的比重不大，所以土壤蒸发和植被蒸腾是流域蒸散发的决定性部分。关于蒸散发，常用的几个概念有潜在蒸散发量、参考蒸散发量和实际蒸散发量。蒸散发的计量单位都以水深表示，单位为 mm；或用一定时段内的单位时间平均值表示，单位为 mm/d、mm/h 等。

潜在蒸散发量（potential evapotranspiration，ET_p）为水分供应不受限制时的蒸散发量。潜在蒸散发量受可获得的能量和水汽扩散条件的控制。因此，潜在蒸散发量有时也称为蒸散发能力，如自由水面的蒸发和水分充分供应的植被覆盖区域的蒸散发等。

参考蒸散发量（potential evapotranspiration，ET_p）为一种假想参考植物的蒸散发速度，假想作物的高度为 0.12m，固定的叶面阻力位为 70s/m，反射率位为 0.23。非常类似于表面开阔、高度一致、生长旺盛、完全覆盖地面且不缺水的绿色草地蒸散量。

3.3　蒸发和蒸腾界面上的能量交换

3.3.1　能量平衡原理及一般方程

太阳辐射是地球生态系统能量的源泉，太阳辐射进入地球时，30% 以短波辐射形式被大气和地表反射回太空，余下的 70% 在地表与大气之间经过辐射、显热和潜热的相互复杂转化与循环，最终以长波辐射的形式再度辐射回太空。长时间内能量的收入和支出基本保持平衡。地球的能量收支示意图如图 3.7 所示。

在地球生态系统的能量循环过程中，水分的三态转换和水分的输送起着至关重要的作用，大气传输的潜热（水汽）作为一条联系全球能量平衡的纽带，贯穿于整个水循环过程中。进入到地球表面的太阳能除了很少一部分供植物功能作用需求以外，约有一半能量消耗

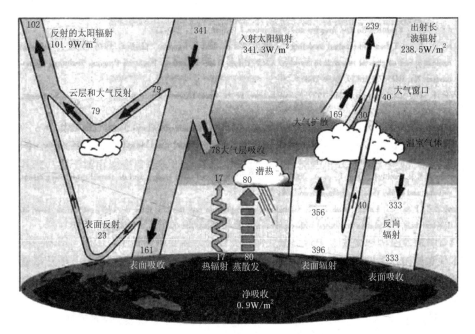

图 3.7　地球的能量收支示意图

（引自：邱国玉等，2014）

注：图中数字代表 2000 年 3 月至 2004 年 5 月全球能量收支的年均值（W/m²），宽箭头表示的是
能量流，箭头宽窄取决于能量流的大小。

于海洋表面和陆地表面的蒸散发。由于地球围绕太阳公转的角度、地球海陆分布等原因，在
不同维度以及海洋和陆地之间，存在着太阳辐射的亏损与盈余。只有当能量从盈余的地区向
亏空的地区输送后，才能达到全球的能量平衡。而这种能量输送，主要靠水循环过程来完
成。地球规模的能量输送保持了全球的能量平衡和温和的温度环境，它使得辐射的亏空区不
至于太冷，辐射的过剩区不至于太热，为生物提供了一种适宜的生存环境。

对于某一个地区或者生态系统来说，地表能量平衡的一般方程可以写为

$$R_n + A_e = LE + H + G + P_0 + A_d \qquad (3.15)$$

式中：R_n 为净辐射，W/m²，其值为达到地面的总辐射，包括短波辐射和长波辐射减去返
回大气的辐射；LE 为潜热通量，W/m²，其中 E 为垂直方向上的水汽通量（蒸发量），
mm/d，L 为水的汽化潜热系数，MJ/kg；H 为显热通量，W/m²，代表与大气的热量交
换；G 为地中热传导，W/m²，代表通过地表的能量传输；P_0 为植物光合作用的能量转化；
A_e 为人工辐射热量（燃料等消耗对地表产生的能量释放）；A_d 为移流项（因空气或者水的
水平流动引起的能量静损失）。

在不考虑人类能量释放和水平方向能量输送的情况下，地表能量平衡的一般方程表示为

$$R_n = LE + H + G + P_0$$

植物光合作用的能量转化所占的比例往往很小，很多场合可以忽略，因此地表能量平衡
的一般方程式可以表示为

$$R_n = LE + H + G \qquad (3.16)$$

一般认为，G 所占的比例不会超过 R_n 的 10%，但是由于 G 昼夜变化大，在短时间尺
度（日、月、季）的陆地能量收支中作用较大。H 和 LE 对气候的影响很大。地表释放的

显热提升空气温度，抬高边界层。潜热通量 LE 就是土壤蒸发和植物蒸腾。蒸发的水蒸气通过对流作用被抬升到较远的地方，在凝聚过程中将能量释放到高空，之后形成云并产生降水，这一过程对大气能量收支作用极其巨大。

3.3.2　显热

显热是物体或热系统之间的热量交换，它唯一的结果是引起温度变化。地面与大气间，在单位时间内，沿铅直方向通过单位面积流过的热量称为显热通量，单位为 W/m^2 或 $J/(cm^2 \cdot s)$。由于地面和大气间热量输送主要通过湍流扩散完成，故也称为地面与大气间湍流热交换。显热通量的变化主要取决于净辐射量以及下垫面的热力状况等因素，其日变化规律也基本与净辐射的日变化规律相一致。白天，在强烈日射下，地温高于气温，显热通量由地面传送给上面较冷的空气并促其增热；夜间，地面辐射冷却，气温高于地温，显热通量为负值，热量由空气传送给地面并促使空气冷却。在空气层之间热量传送，也总是由暖的流向冷的气层。因此，在近地层，空气的增热与冷却的主要方式是地面与大气间的湍流热交换。即日出后，随着太阳辐射的增强，近地层温度逐渐升高，湍流活动开始加强，显热输送量逐渐变大，至中午前后达到极值，而后随着太阳辐射的逐渐减弱，显热输送量又趋于变小，夜间出现了负值。在晴朗的白天，净辐射朝向地表，土壤热通量从地表向土壤深处传输，显热和潜热都是离开地表向上传输；夜间，净辐射为向上的长波辐射，土壤热通量从土壤层往地表传输，显热为向下的热通量，露和霜的形成也使潜热为向下的热通量。

显热通量（H）可用类似于分子热传导的公式来描述，即

$$H = -\rho C_P K_T \frac{\partial T}{\partial Z} \tag{3.17}$$

式中：ρ 是空气的密度，标准状态下 $\rho = 0.001293 g/cm^3$；C_P 为大气的定压比热容，$C_P = 1.0 \times 10^3 J/(kg \cdot ℃)$；$\frac{\partial T}{\partial Z}$ 为铅直空气温度梯度，$℃/m$；K_T 为乱流交换系数，m^2/s。

定压比热容是指等压情况下，单位质量空气温度升高 1℃ 所需要吸收热量。水的定压比热容（specific heat of water）是 $4182 J/(kg \cdot K)$，即 1kg 的水温度升高 1℃ 需要 4182J 的能量，空气的定压比热容是 $1005 J/(kg \cdot K)$（在 20℃ 时）。K_T 表示近地层湍流发展的强烈程度，它随高度的增加而增大。因为在近地层，高度越高，下垫面对湍流减弱影响越小，有利于湍流混合的加强。K_T 可理解为当温度梯度为 1℃ 时，单位时间、单位质量空气中所含热量，因湍流作用而沿铅直方向转移的数量。K_T 的单位为 cm^2/s 或者 m^2/s。

地表与大气之间的显热输送，有以下几个特点：

（1）无论是陆面还是洋面，显热交换结果是由地表面向大气输送能量。在大陆上显热输送平均由高纬向低纬增加，干旱和潮湿地区差异很大，最大值出现在热带的沙漠地区。

（2）显热输送强度随气候湿润程度的增加而减小。

（3）我国年平均显热通量分布呈北高南低分布。塔里木盆地和内蒙古高原为高值区，这里干旱、少云、多日照。低值区出现在四川、贵州一带。

3.3.3　潜热

潜热是物质或热系统在不改变温度的前提下吸收或释放的能量。最典型的例子是物质发生相变，如冰的融化和水的沸腾。物质由低能状态转变为高能状态时吸收潜热，反之则放出

潜热。例如，液体沸腾时吸收的潜热一部分用来克服分子间的引力，另一部分用来在膨胀过程中反抗大气压强做功。熔解热、汽化热、升华热都是潜热。潜热的量值常用每单位质量的物质或用每摩尔物质在相变时所吸收或放出的热量来表示。水在20℃时汽化的潜热是2.454MJ/kg，即1kg的水汽化时需要2.454MJ的能量。与其他常见的物质相比，水的比热容和潜热都非常大，对维护稳定的温度环境极其有利。

潜热通量是指地面和大气之间的潜热交换量，一般是由蒸发和蒸腾引起的，所以潜热通量等于蒸散发量。潜热通量的大小主要取决于净辐射、湍流交换条件和湿度的铅直梯度。根据气体扩散公式，潜热通量可表示为

$$LE = -\frac{\rho C_P}{\gamma} k_v \frac{\partial e}{\partial z} \tag{3.18}$$

式中：ρ 为空气密度，kg/m^3；C_P 为空气定压比热容，$MJ/(kg \cdot ℃)$；k_v 为潜热交换系数，m^2/s；γ 为湿度计常数，$kPa/℃$；$\frac{\partial e}{\partial z}$ 为垂直空气湿度梯度，kPa/m。

从区域尺度来看，潜热通量的地域分布有以下特点：

（1）海陆差异：洋面和陆面的潜热通量相差很大。由于陆地受水分供给的限制，潜热通量比海洋小。

（2）在充分湿润地区，潜热通量随净辐射自高纬向赤道增大而增大；在干旱地区，潜热通量随干旱程度的增加而减少。

（3）大洋上潜热通量年总量的分布与洋面净辐射的分布基本相似，随纬度上升而下降。但是，暖流所经处使潜热明显加大，而冷洋流作用的地区，潜热输送偏低。

3.3.4 土壤热通量

土壤热通量指单位时间、单位面积的地表土壤与下层土壤之间传导的热量，单位为 W/m^2、$J/(cm^2 \cdot s)$ 或 kW/m^2。通常，土壤热通量的大小与热流方向的温度梯度及土壤热导率成正比，可用下式表示为

$$G = \lambda \frac{\partial T}{\partial Z} = \rho c k \frac{\partial T}{\partial z} \tag{3.19}$$

式中：λ 为土壤热导率，$J/(m \cdot s \cdot ℃)$；ρ 为空气密度，kg/m^3；c 为土壤比热容，$MJ/(kg \cdot ℃)$；k 为土壤温导率，m^2/s；$\frac{\partial T}{\partial z}$ 为垂直方向的土壤温度梯度，$℃/m$。

白天，土壤表面在吸收辐射后，一部分能量用于潜热，一部分用于显热（与大气湍流热交换），只有一部分作为土壤热通量，向深层土壤传输热量。夜间，地表由于辐射冷却，大气中的潜热和显热向地表输送，土壤中的热量也从土中向土表传播。

思考题

1. 不同尺度水量平衡如何表达？
2. 植物蒸腾的生态意义及其影响因素有哪些？
3. 土壤蒸发分为哪3个阶段？
4. 简单描述地表能量的再分配过程。

第4章 湿地生态系统的生态水文过程

湿地生态系统所特有的水文特征是研究湿地水文过程的基础。湿地中的植被影响水文过程，对于水文过程的入渗、蒸发以及土壤水分交换都具有显著影响，继而影响流域产流过程。湿地水文过程制约着湿地土壤的诸多生物化学特征，从而影响到湿地生物区系的类型、湿地生态系统结构和功能等；湿地水文过程还直接制约着湿地的地下水补给、径流调蓄和气候调节等水文功能；同时湿地生态系统中的植物、动物又影响了水文过程。这是一个相互影响、互馈的过程。本章从湿地生态系统水文特征、湿地水文生态作用及反馈机制、环境变化对湿地水文的影响这3个方面对湿地生态水文过程进行概述。

4.1 湿地生态系统的结构与功能

4.1.1 湿地的概念

湿地一词最早出现于1956年美国鱼和野生动物管理局《39号通告》，通告将湿地定义为"被间歇的或永久的浅水层覆盖的土地。"1979年，为了对湿地和深水生态环境进行分类，该局对湿地内涵进行了重新界定，认为"湿地是陆地生态系统和水生生态系统之间过渡的土地，该土地水位经常存在或接近地表，或者为浅水所覆盖"。1971年来自18个国家的代表在伊朗南部的拉姆萨尔通过了《关于特别是作为水禽栖息地的国际重要湿地公约》（简称《湿地公约》）。该公约将湿地定义为："不问其为天然或人工、永久的或暂时的沼泽地、湿原、泥炭地或水域地带，带有静止或流动、或为淡水、半咸水或咸水水体者，包括低潮时水深不超过6m的水域。"

我国湿地面积占世界湿地的10%，约为6600万hm²，位居亚洲第一位，世界第四位。在我国境内，从温带到热带、从沿海到内陆、从平原到高原山区都有湿地分布，一个地区内常常有多种湿地类型，一种湿地类型又常常分布于多个地区。我国1992年加入《湿地公约》，国家林业局专门成立了"湿地公约履约办公室"，负责推动湿地保护和执行工作。截至2017年11月，列入国际重要湿地名录的湿地已达57处。其实我国独特的湿地类型有37处，但许多湿地因为"养在深闺无人识"，至今仍无人问津。

湿地最富有生物的多样性，仅我国有记载的湿地植物就有2760余种，其中湿地高等植物156科437属1380多种。湿地植物从生长环境看，可分为水生、沼生、湿生3类；从植物生活类型看，有挺水型、浮叶型、沉水型和飘浮型等；从植物种类看，有的是细弱小草，有的是粗大草本，有的是矮小灌木，有的是高大乔木。湿地动物的种类也异常丰富，我国已记录到的湿地动物有1500种左右（不含昆虫、无脊椎动物、真菌和微生物），鱼类约1040种。鱼类中淡水鱼有500种左右，占世界上淡水鱼类总数的80%以上。因此，无论从经济学还是生态学的观点看，湿地都是最具有价值和生产力最高的生态系统。

4.1.2　湿地的生态系统服务功能

生态系统服务功能是指生态系统与生态过程所形成及所维持的人类赖以生存的自然环境条件与效用。湿地的生态系统服务功能是多方面的，它既能作为直接利用的水源或补充地下水，又能有效控制洪水和防止土壤沙化，还能滞留沉积物、有毒物、营养物质，从而改善环境污染；它能以有机质的形式储存碳元素，减少温室效应，保护海岸不受风浪侵蚀，提供清洁方便的运输方式。它因有如此众多而有益的功能而被人们称为"地球之肾"。湿地还是众多植物、动物特别是水禽生长的乐园，同时又向人类提供食物（水产品、禽畜产品、谷物）、能源（水能、泥炭、薪柴）、原材料（芦苇、木材、药用植物）和旅游场所，是人类赖以生存和持续发展的重要基础。湿地生态系统的主要功能有以下几个方面。

1. 物质生产

湿地具有强大的物质生产功能，它蕴藏着丰富的动植物资源。七里海沼泽湿地是天津沿海地区的重要饵料基地和初级生产力来源。据初步调查，七里海在 20 世纪 70 年代以前，水生、湿生植物群落 100 多种，其中具有生态价值的约 40 种。哺乳动物约 10 种，鱼蟹类 30余种。芦苇作为七里海湿地最典型的植物，苇地面积达 $7186hm^2$，具有很高的经济价值和生态价值，不仅是重要的造纸工业原料，又是农业、盐业、渔业、养殖业、编织业的重要生产资料，还能起到防风抗洪、改善环境、改良土壤、净化水质、防治污染、调节生态平衡的作用。另外，七里海可利用水面达 $670hm^2$，年产河蟹 2000t，是著名的七里海河蟹的产地。

2. 净化空气

湿地内丰富的植物群落，能够吸收大量的二氧化碳气体，并放出氧气，湿地中的一些植物还具有吸收空气中有害气体的功能，能有效调节大气组分。但同时也必须注意到，湿地生境也会排放出甲烷、氨气等温室气体。沼泽有很大的生物生产效能，植物在有机质形成过程中，不断吸收二氧化碳和其他气体，特别是一些有害的气体。沼泽地上的氧气则很少消耗于死亡植物残体的分解。沼泽还能吸收空气中粉尘及携带的各种菌，从而起到净化空气的作用。另外，沼泽堆积物具有很大的吸附能力，污水或含重金属的工业废水，通过沼泽能吸附金属离子和有害成分。

3. 水分调节

湿地在蓄水、调节河川径流、补给地下水和维持区域水平衡中发挥着重要作用，是蓄水防洪的天然"海绵"，在时空上分配不均的降水，可通过湿地的吞吐调节，避免水旱灾害。七里海湿地是天津滨海平原重要的蓄滞洪区，安全蓄洪深度为 3.5～4m。

4. 净化水质

沼泽湿地像天然的过滤器，它有助于减缓水流的速度，当含有毒物和杂质（农药、生活污水和工业排放物）的流水经过湿地时，流速减慢有利于毒物和杂质的沉淀和排除。一些湿地植物能有效地吸收水中的有毒物质，净化水质。

沼泽湿地能够分解、净化环境物，起到"排毒""解毒"的功能，因此被人们喻为"地球之肾"。如氮、磷、钾及其他一些有机物质，通过复杂的物理、化学变化被生物体储存起来，或者通过生物的转移（如收割植物、捕鱼等）等途径，永久的脱离湿地，参与更大范围的循环。

沼泽湿地中有相当一部分的水生植物包括挺水性、浮水性和沉水性的植物，具有很强的清除毒物的能力，是毒物的克星。据测定，在湿地植物组织内富集的重金属浓度比周围水中的浓度高出 10 万倍以上。正因为如此，人们常常利用湿地植物的这一生态功能来净化污染物中的病毒，有效地清除了污水中的"毒素"，达到净化水质的目的。

例如，水葫芦、香蒲和芦苇等被广泛地用来处理污水，用来吸收污水中浓度很高的重金属镉、铜、锌等。在美国的佛罗里达州，有人做了如下试验：将废水排入河流之前，先让它流经一片柏树沼泽地（湿地中的一种）。经过测定发现，大约有 98% 的氮和 97% 的磷被净化排除了，湿地惊人的清除污染物的能力由此可见一斑。印度卡尔库塔市（Calcutta）没有一座污水处理厂，该城所有的生活污水都被排入东郊的一个经过改造的湿地复合体中。这些污水被用来养鱼，鱼产量每年每公顷可达 2.4t；也可用来灌溉稻田，每公顷年产水稻 2t 左右。另外，还在倾倒固体垃圾的地方种植蔬菜，并用这些污水来浇灌。大量的营养物以食物形式从污水中排除出去。卡尔库塔城东的湿地成为一个低费用处理生活污水并能同时获得食物的世界性典范。

5. 动物栖息地

湿地复杂多样的植物群落，为野生动物尤其是一些珍稀或濒危野生动物提供了良好的栖息地，是鸟类、两栖类动物的繁殖、栖息、迁徙、越冬的场所。

沼泽湿地特殊的自然环境虽有利于一些植物的生长，却不是哺乳动物种群的理想家园，只是鸟类能在这里获得特殊的享受。因为水草丛生的沼泽环境，为各种鸟类提供了丰富的食物来源和营巢、避敌的良好条件。

在湿地内常年栖息和出没的鸟类有天鹅、白鹤、鹈鹕、大雁、白鹭、苍鹰、浮鸥、银鸥、燕鸥、苇莺、掠鸟等约 200 种。而且该湿地是西伯利亚和东北地区鸟类南迁越冬的中途站。

6. 调节局部小气候

沼泽湿地具有湿润气候的功能，是生态系统的重要组成部分。湿地大部分发育在负地貌类型中，长期积水，生长了茂密的植物，其下根茎交织，残体堆积。潜育沼泽一般也有几十厘米的草根层。草根层疏松多孔，具有很强的持水能力，它能保持大于本身绝对干重 3~15 倍的水量。不仅能储蓄大量水分，还能通过植物蒸腾和水分蒸发，把水分源源不断地送回大气中，从而增加了空气湿度，调节降水，在水的自然循环中起着良好的作用。据实验研究，1hm² 的沼泽在生长季节可蒸发掉 7415t 水分，可见其调节气候的巨大功能。以天津市东北部的宁河县为例：湿地水分通过蒸发成为水蒸气，然后又以降水的形式降到周围地区，保持当地的湿度和降水量，使宁河县成为天津市气候较为湿润的地区之一。

4.1.3　湿地的生物地球化学循环及其发展前沿

水是湿地形成的基础，水文动力条件和水化学性质是湿地类型和湿地过程建立和维持的首要因子。水文条件是湿地形成、发育的决定因素，赋予了湿地生态系统区别于陆地生态系统和水生生态系统的独特物理化学属性，而且湿地水是湿地物质循环的介质，很多养分都是随水分运动输入到湿地中。因此，湿地水化学性质在一定程度上反映了湿地生态系统物质流动的特点。

1. 湿地的养分输入

湿地的物质输入是通过与其他生态系统的物理、生物和水文相互作用进行的。裸露岩石风化的输入是一些湿地很重要的物理输入。生物输入包括对碳的光合吸收、氮的固定和鸟类等动物的搬运。此外，湿地的物质与元素的收入通常以水文输入为主。大气降水是湿地物质输入的主要来源，尤其对于具有较低生产力且依赖于养分的系统内循环的湿地类型，其养分主要靠降水进行补给。江河湖泊湿地的养分输入主要依靠洪水脉冲相关作用。河口湾湿地，例如盐沼湿地和红树林等湿地，主要依靠与河口或者连续的潮水交换进行物质交换。河口水体在咸淡水交汇时也会发生一系列的化学反应，包括粒子物质的溶解、絮凝、化学沉淀以及黏土、有机质和污泥粒子对化学物质的吸附与吸收。

2. 湿地养分迁移与输出

对于湿地土壤，不论是矿质土还是有机土，注入水后常形成还原环境。在完全淹水的条件下，缺氧出现在土壤表层，土壤水中的氧气并不一定被完全耗尽。在水土界面上，土壤表层常有氧化薄层，有时仅几毫米厚。当湿地深层土壤完全处于还原环境时，这一薄层对湿地中的化学转化和养分循环起着重要的作用。在还原条件下，土壤生物中最先发生的反应之一是 NO_3^- 还原成为 N_2O 和 N_2。而不论是天然湿地还是人工湿地，氮素往往是最主要的限制性养分。湿地土壤中氮的转化包含几个微生物过程，有些过程会降低植物所需养分的有效性。尽管氮在有机土壤中能以有机氮的形成存在，但是在诸多淹水湿地的土壤中，矿化氮主要以 NH_4^+ 的形式存在，还原区之上的氧化层对一些转化过程也非常关键。因此，这些转化过程可能包括含氮优化物质的矿化、氮向上的输送、硝化过程、硝酸盐向下输送和反硝化过程等。湿地中氮固定和氨挥发是两个重要的过程。氮的矿化作用是指在有机物质降解时有机合成的氮降解为氨氮的生物转化过程，也称为氨化过程，在氧化与还原条件下均可发生。氮素在湿地中的迁移转化如图 4.1 所示。

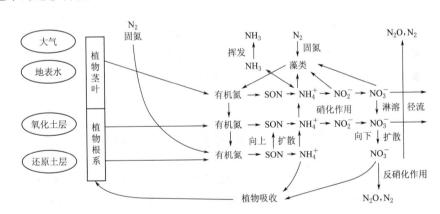

图 4.1 氮素在湿地中的迁移转化过程（源自：于洪贤等，2011）

一个简单的有机氮化合物-尿素矿质化的典型方程式为

$$NH_2CONH_2 + H_2O \rightleftharpoons 2NH_3 + CO_2 \tag{4.1}$$

$$NH_3 + H_2O \rightleftharpoons NH_4^+ + OH^- \tag{4.2}$$

NH_4^+ 一旦形成，它能通过几条途径进行转化，可被植物根系或者还原性微生物所吸收并重新转化为有机物质，也能通过离子交换固定在带负电荷的土壤颗粒表面。由于湿地土壤处于还原环境，若无薄氧化层的存在，将会抑制氨的进一步氧化而使其过量积累。还原性土壤中高浓度的氨与氧化层中低浓度的氨之间存在着浓度梯度，使氨由还原层向氧化层输送（尽管速度很慢）。氨氮此时可由一些化学自养细菌通过硝化作用来氧化，由微生物在还原环境下进行的反硝化反应以及硝酸盐获得电子都导致了硝酸盐的减少。反硝化反应已证明是沼泽湿地和水稻耕地脱硝酸盐的一条重要途径。氨固定过程是 N_2 在固氮酶的参与下通过某些有机物的活动被转化为有机氮。对许多湿地而言，这可能是一个重要的氮源。

3. 发展前沿

目前关于湿地生物化学循环过程的研究主要集中在与湿地营养元素循环、湿地温室气体排放、重金属污染和有机污染物去除 4 个方面。

湿地营养元素的研究主要集中在湿地对氮、磷等营养元素的净化作用、湿地营养元素的循环、自然因素及人类活动的变化对湿地营养元素的扰动、营养元素循环机制的研究。国内外在湿地对于氮、磷净化作用方面的研究较多，也较为成熟，相对于自然湿地，学者们对人工湿地方面的研究较多。对营养元素的循环研究又主要表现在对营养元素含量的时空分布特征、营养元素在湿地生态系统中的不同形态及相互间关系的研究。

湿地温室气体研究方面，湿地温室气体研究主要分为湿地 CO_2、湿地 CH_4、湿地 N_2O 三个方面。围绕三个方面研究的主要内容是湿地温室气体排放通量的研究、气体排放的影响因子及人类活动对温室气体的影响、温室气体排放过程模拟与机制研究等。我国黄河三角洲沿海湿地生态系统的农业用地对释放的影响。目前沿海湿地大部分已经被开垦为农业用地，湿地到农田的改变，造成生态系统的生产力和呼吸作用发生变化，沿海湿地土地的农业利用通过改变主要植被类型和生态系统的自然发展，而使 CO_2 释放发生改变。

湿地重金属研究方面，湿地重金属的研究主要集中在湿地重金属的分布特征、生态风险评价、重金属的修复等方面。重金属的分布特征主要是研究其在水平方向和垂直方向不同土层间的含量变化，尤其是重金属有效态分布特征的研究。

湿地有机污染物研究方面，在湿地有机污染物方面的研究较多地集中在对人工湿地的研究，对天然湿地的研究较少，尤其在人工湿地对有机污染物的去除效果的研究、去除有机污染物的细菌和植物筛选方面的研究较多。

4.2　湿地生态系统的水文特征

湿地作为陆地生态系统与水域生态系统之间的交错地带，不仅在空间上具有过渡带的特点，而且在水的储存、处理以及其他由水主导的生态过程中都具有过渡性的特点。正是由于湿地独特的水文过程，创造了不同排水良好的陆地生态系统及水生生态系统环境条件，进而影响湿地的生物多样性特征。水文过程甚至被认为是决定各种湿地类型形成与维持，以及湿地过程的唯一最重要的因素。

水文过程对湿地生态系统功能的影响及反馈机制如图 4.2 所示。湿地水文过程取决于气候条件和地形条件。在其他条件相同的情况下，湿地在凉爽或湿润气候条件下的分布比炎热或干旱气候下更为普遍。因为在凉爽的气候条件下，陆地蒸发损失的水量少，而湿润气候则有较多的降水；陡峭的地形通常比平坦或缓坡地形条件下的湿地分布少，分隔的低洼地形与潮汐补给或河流补给环境形成湿地的特殊水文地貌。湿地水文过程可直接改变湿地环境的理化性质，特别是氧的可获性及相关化学性质，如营养盐的可获性、pH 值和硫化氢等物质的产生；同时，水文过程也包括向湿地输入和从湿地输出各种物质，包括沉积物、营养物质以及有毒物质等，进而影响湿地的理化环境。而理化环境的改变，如沉积物的聚积，会造成湿地形态以及水流输入与输出条件的变化，进而影响湿地水文过程，形成理化环境对水文过程的反馈控制，如图 4.2 中路径 A 所示。

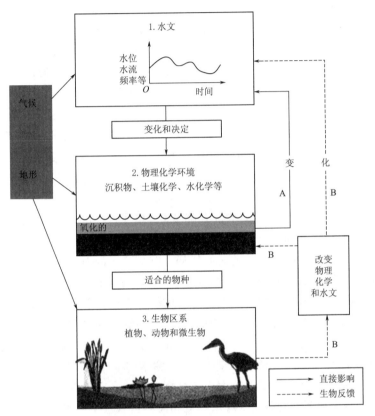

图 4.2　水文过程对湿地生态系统功能的影响和反馈机制

（源自：陆健健等，2006）

注：图中 A 和 B 表示系统的反馈控制路径。

　　而理化环境条件直接影响湿地的生物类群。湿地挺水植物能适应沉积物厌氧环境，而沉积物的营养水平则决定了植物的生产力及相应的优势种类。如在长江口地区，随着高程的增加，潮间带湿地淹水条件改变而表现出明显的植被成带状分布。在近口门地区从高程较低的藻类盐渍带逐渐过渡为海三棱藨草带、芦苇带。在湿地中繁衍、生存的动物主要是适应浅水环境以及相应植被条件的生物类群。在还原性沉积物中，厌氧微生物占优势，而好氧微生物则生活在沉积物表面薄薄的氧化层中，以及富氧的水体中。水文条件的改变，影响理化环境条件，进而会导致湿地生物类群在物种组成、丰富度以及生态系统生产力等方面发生很大的变化。但如果湿地水文特征年际间非常相似，湿地生物结构和功能的完整性就能持续较长的时间。

　　与其他的许多生态系统一样，湿地生物类群对湿地水文过程及理化环境具有反馈控制作用，如图 4.2 中的路径 B 所示。它们通常通过改变湿地生态系统的水文条件以及其他的理化特征，维持自身的生存，影响其他生物的生存和消失。特别是微生物，催化了湿地土壤中的所有化学反应，进而控制植物营养的可获得性和植物毒素如硫化氢的产生。而植物通过泥炭形成、沉积物持留、营养物吸收、阻挡水流和蒸腾水分等过程，改变湿地理化环境，控制湿地水文过程。

湿地动物通过自己的行为，对湿地理化环境以及水文过程也产生重要的影响。如北美洲的美洲河狸，它们会在溪流上建设大坝，大范围蓄水并创造湿地。北美洲的另外一种湿地动物麝鼠，通常会在湿地上挖洞，从而改变水流格局，有时直接改变水位。它们通常会收获大量挺水植物作为食物和营建越冬巢穴的材料，从而使湿地的开放度增加，影响水文过程。而许多的雁鸭类，如在长江口越冬的小天鹅，会大量取食海三蔗草，导致部分区域的海三蔗草被去除。由于原来湿地植被的去除，湿地演替状态将发生明显变化，包括其中生物类群的组成、丰富度等，进而影响湿地水文过程。目前，湿地水文的研究将水文学和生态学相融合，在考虑湿地水文过程的同时，探讨水文过程与湿地的各种生物与环境组分的相互作用特征。

4.2.1　湿地生态系统水文周期

湿地水文周期指湿地地表和表层水位升降变化的时间模式。任何一个湿地都有水文周期，取决于该湿地水分进入和输出综合作用，同时该变化受到湿地本身特征及临近其他水体的影响。湿地水文周期是指湿地水位的时间格局，它综合了湿地水量平衡的所有方面。

不同湿地具有特定的水文周期，年际间的稳定格局决定了湿地的稳定性。湿地水文周期是地形与邻近水体影响下水流的输入与输出过程的综合表征。非永久性淹水湿地中，湿地处于静水的持续时间称为淹水历时。在给定时间内的平均淹水次数称为淹水频度。不同湿地类型或不同水分补给条件的淹水历时可能有较大差异。生物生产力最高的湿地实际是有脉动水位的湿地，旱涝交替能为动植物提供多样性的生境和食物。

海岸滨海湿地通常具有半日潮以及大小潮交替出现的水文周期［图 4.3 (a)、(b)］，其他海岸淡水湿地的水文周期则通常反映淡水径流和海洋自身水文的季节性变化［图 4.3 (c)］。而受控水体周边湿地的水文周期，则通常取决于泵站的使用以及响应水体的管理措施，如劳伦斯湖沿岸的湿地水文周期变化［图 4.3 (d)］。

内陆湿地水文周期通常受气候条件以及地下水位的影响。如北美洲草洼湿地由于受气候变化的影响，不同年份水位存在明显差异［图 4.3 (e)］，而受地下水补给的湿地，其水文的季节性变化较小［图 4.3 (f)］；加利福尼亚中部的春季池塘，由于受地中海式气候的影响，一年中除四五月外，地表水完全干涸［图 4.3 (g)］；佛罗里达中部的柏树沼泽在湿润的夏季有静水持留，但是在晚秋及早春却是干旱期，水位下降［图 4.3 (h)］；美国东南部小型河滨的冲积平原沼泽则主要受当地降水条件的影响，而不是一般的季节性变化模式［图 4.3 (i)］；而在较冷气候条件下河滨低洼有林湿地，由于受冰雪的影响，冬季和早春地表淹水特征截然不同，而且通常水位保持在地下 1m 或者更深［图 4.3 (j)、(k)］；在较为凉爽气候条件下的北威尔士泥炭沼泽，湿地水文周期的季节性被动非常小［图 4.3 (l)］；但是在具有温暖夏季的北卡罗来纳州，泥炭湿地的水位就会出现明显的季节性变化［图 4.3 (m)］。而大型河流，其水文特征更多是受大流域降水而不是局部区域降水的影响，相应湿地水文周期具有明显的季节性特征。如亚马孙河沿岸的热带泛红平原有林湿地由于受上游洪水的影响，水位具有 5～10m 的季节性波动［图 4.3 (n)］。

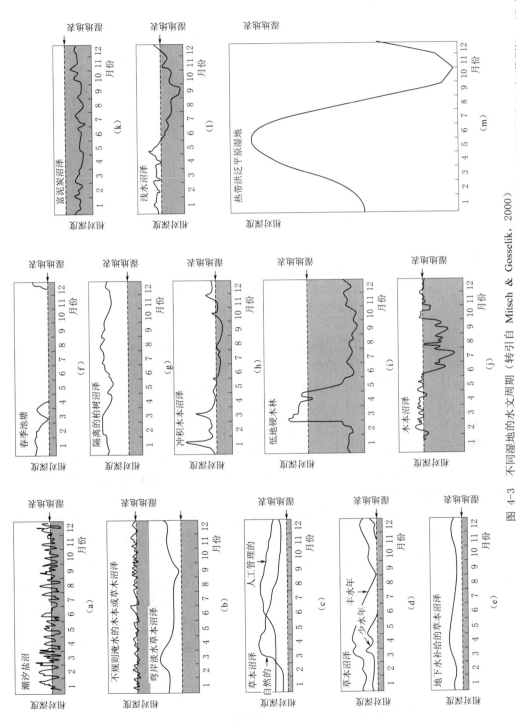

图 4-3 不同湿地的水文周期（转引自 Mitsch & Gosselik，2000）

(a) 潮汐盐沼，美国罗得岛；(b) 不规则盐水的潮汐沼泽（红树林或盐沼）；(c) 海湾淡水沼泽，美国路易斯安那州；(d) 几乎没有地下水流的草注沼泽（干旱和潮湿的年份）；(e) 地下水补给的草本沼泽，美国伊利诺伊州北部（人工管理的）；(f) 春季池塘，美国北加利福尼亚；(g) 亚热带柏树林湿地，美国佛罗里达州；(h) 冲积沼泽，美国佛罗里达州；(i) 浅沼泽或者卡罗来纳湾，北卡罗来纳州；(j) 泥炭沼泽，加拿大安大略省；(k) 富泥炭沼泽，美国北加利福尼亚；(l) 浅水沼泽，美国北泛滥平原有林湿地，巴西马瑙斯湿地，美国伊利诺伊州北部；(m) 亚马孙河热带洪泛平原有林湿地，巴西马瑙斯

61

当然，湿地的水文周期也并不是每年都相同，而是随着气候变化和区域先前条件发生改变。如加拿大的草洼湿地具有 10～20 年干湿变化周期，春季总是比秋季湿润，但水文每年都有显著变化［图 4.4 (a)］，而在大柏树沼泽 1957—1958 年期间，均匀的季节性降水使其水文周期相对稳定，但是 1970—1971 年的干旱则导致了约 1.5m 的水位变化［图 4.4 (b)］。

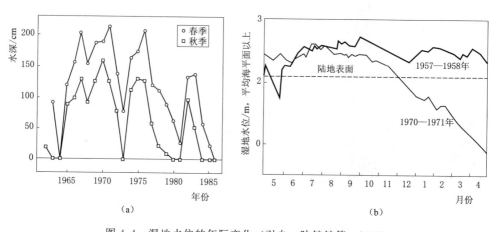

图 4.4　湿地水位的年际变化（引自：陆健健等，2006）
(a) 加拿大萨斯喀彻温省西南部的草洼开放浅水湿地 1962—1986 年春秋季水深；
(b) 美国佛罗里达西南部永乐大柏树沼泽地区的干湿季水位

近年来水文和生态学者还认识到水流扰动在水文周期刻画中的重要性。洪水可以通过洪峰流量、强度、平均循环间隔、空间范围、持续时间和可预测性来表征。洪水可产生、消除栖息地空间，将水栖动物和藻类和水生植物冲走，通过冲刷和沉积作用将养分、沉积物、有机物质和生物群迁移。洪水可以破坏生物的新陈代谢过程，可改变物种间的相互关系。干旱可以通过极小径流的持续时间、低径流频率曲线上的最小径流平均循环间隔、空间范围和可预测性来表征。干旱可使湿地生态系统的自然属性发生变化，影响湿地动植物的生长，通过干旱强度、干旱周期、丰枯转移概率等指标，全面刻画地区水文气象周期的特征。

4.2.2　湿地水分循环与水量平衡

目前大部分的研究指出湿地会增加或者减少水文循环中特定部分，这也证明了湿地的水文功能。可以说湿地的存在显著改变了所在流域或区域的水循环。不同地区湿地对水循环的影响也有很大区别，研究表明世界大部分地区的洪泛平原湿地会减少或者阻延洪水，但是在水源区或者江河系统中对洪水的作用相对较弱。水源地湿地加速了河流对降水的快速反应，并且增加洪峰流量。这是由于水源区湿地趋向于饱和，很快地将降水转换为了河水，导致洪水径流产生。大多数研究证明，湿地比其他土地利用类型（如森林、草地、耕地）的蒸发强烈。湿地可增加流域的年蒸发量或者减少年径流量，尤其是减少旱季河流下游的径流。

植被对降水的再分配和蒸散作用是湿地水分和能量在土壤-植被-大气界面交换的主要途径。土壤-植被-大气界面水文过程直接制约着与湿地的生态系统结构密切相关的地表水深度和水量，是影响湿地水量平衡的一个重要环节。一个湿地水量平衡可以用式 (4.3) 表示为

$$\Delta S_w = P + GW_i + SW_i - E - SW_0 - GW_0 \tag{4.3}$$

式中：ΔS_w 是湿地储水量变化；P 是降水量；GW_i 是地下水流入量；SW_i 是地表水流入量；E 是蒸发量；GW_0 是地下水流出量；SW_0 是地表水流出量，式中变量的单位均为 $m^3/$年或 $m^3/$月。

通过水量平衡公式，分析湿地各水分变量变化规律，以及对湿地发育的影响。降水和蒸发系数具有强烈的地区分布规律，它们可以综合反映湿地内的干湿程度，是自然地理分区上的重要指标。湿地水量平衡的基本原理是质量守恒定律。水量平衡是湿地水文现象和水文过程分析研究的基础，也是湿地水资源数量和质量计算及评价的依据。

1. 降水、截流和径流

湿地植被类型和分布影响着湿地的降水形式和时空分配特征，进而调控湿地水分和营养平衡。湿地上空的降水在植被影响下分为净降水、径流和植被冠层截流蒸（散）发 3 部分。植被冠层截流的蒸（散）发量一般占总降水量的 10%～35%，是湿地水分损失的一个重要途径。已经有越来越多的研究将截流蒸发和植被蒸腾作用加以区分研究。

植被对降水的截流损失受植被的类型、结构特征、密度、枯枝落叶层和降水形式以及时空分布等多方面的影响。少量降水不超过植被树冠储水容量时，植被的截流率比较高；当降水持续时间较长时，植被树冠的水分蒸发损失控制着植被的截流率。模拟降水截流损失的经典方法是用经验关系模型描述一次暴雨事件中截流和总降水量之间的关系。

径流是降水通过植被枝干或茎部而进入地表的部分，它以点的形式补给土壤部分水分和养分以供植物生长需要，是测定湿地水平衡和养分平衡的一个重要参数。每次降水事件中，每棵树形成的径流大小与冠层投影面积和树皮的粗糙度等相关。径流沿树干到达地面后以树干为中心迅速扩散入渗，补给植被茎干周围的土壤，其水量可以达到降水量的十几倍，造成了降水在湿地内部空间的高度不均匀分布。

2. 湿地蒸散作用

蒸散作用是湿地水分和热量输出的一个重要途径，尤其在干旱地区，蒸散作用是湿地水分消耗的主要方式。理论上，蒸散量不应超过潜在的开阔水体的蒸发量，但是许多研究结果表明常年积水湿地中水生植物的蒸散量大于开阔水体的蒸发量，即作物因子大于 1。甚至有些水生植被的作物因子为 1.17～1.58，最高可达 2.5。由于湿地植被生长速率的变化，作物因子也呈现季节性变化。另外，导热率相对较低的非维管束植被苔藓的蒸发效率比潜在的蒸发效率要低得多。以苔藓覆盖为主的沼泽的净热辐射量和蒸发量与几乎没有植被覆盖的沼泽一样，后者有明显的毛细水供应。

测渗仪、蒸发皿和地下水水位的昼夜波动是测量实际蒸散量（Actud evapotranspiration, AET）的常用方法。在长期积水的环境，测渗仪可以区分蒸发和入渗及地下水排泄造成的地表水位波动。但是在间歇性积水的湿地，因为潮汐作用造成水位天天波动或地下水排泄是蒸散的重要水源，测渗仪的用处就不大了。用测渗仪测量弗吉尼亚盐沼的蒸散量与开阔水体的蒸发量并没有明显差别，但是在淡水潮汐湿地的平行研究中，蒸散量明显比开阔水体蒸发量大。其差别主要是由于淡水测渗仪的植被叶面积指数（Leaf area index, LAI）更大。用蒸发皿和作物因子测实际蒸散量的方法缺点很多：测量费时费力，文献中关于湿地植被的作物因子数据不多，湿地植被的作物因子在时间上变化大。地下水水位昼夜波动法一般只适用于淡水湿地，而不适用于潮汐湿地。测量实际蒸散量的方法还有涡动相关法等。

估算湿地蒸发蒸腾量的模型主要有 Penman 模型（Penman 开阔水体/潜在蒸散方程）、

PM 模型（Penman - Monteith 潜在蒸散方程）、PT 模型（Priestly - Taylor 蒸散方程）。研究表明，当作物因子 $a=1.0$ 时，PT 模型过高估计了潜热通量，表明 PT 模型并不适用于湿地植被的整个生长期。用 PM 或 PT 模型对湿地为期 138d 的蒸散作用观测表明，蒸散作用是该湿地的最大水量净损失。用 PM 模型计算的蒸散量是降水量加地表水储存变化量的64%，而 PT 模型计算的蒸散量是降水量加地表水储存变化量的 55%。当湿地的水供应不受严格限制的时候，潜热通量可以用来准确地估计平均蒸散作用。用涡动相关法测量了美国印第安纳州两个湿地的蒸散量，并将该结果与 PT、Penman 和 PM 模型进行比较，发现在无常驻水时用非常小的表面阻力，在有常驻水时用零表面阻力，PM 模型计算可得到非常好的结果。模型还被成功地应用于其他各类湿地，包括浅水沼泽、泥炭沼泽和盐碱沼泽。

但上述模型的缺点是所需测定参数繁多，结果误差也较大。目前，利用遥感技术对湿地蒸腾进行估算也是一种简单可行的办法，成为一种新的发展趋势。

3. 湿地水流特征

明渠流和流过浓密植被的表面流是湿地主要的地表径流形式。在沟渠或者河道中植被数量相对较少，水流方向循着主要的泥沼河道方向，而且在明渠中水流的速度比湿地浓密植被表面流的速度要快很多。而表面流的方向和速度由多个因素控制，即地形坡度、水深、植被类型、植被密度、土壤基底的厚度、距沟渠的距离、降水、蒸散作用等，故湿地表面流水文过程的模拟和计算相对复杂。在季节性大量水输入时，湿地和高地之间的水文联系常以地表径流为主。不同季节，湿地对降水径流的输入响应差别很大。当水位超过湿地洼地储水能力时，泥炭沼泽对湿地春季径流的响应非常迅速。在较干旱地区，湿地成为孤立的集水小区而相应相对径流响应较慢。

人工湿地是在自然湿地降解污水基础上发展起来的污水处理生态工程技术，在世界各地的水环境改善和水资源保护中得到广泛应用。人工湿地内的水流特征近年来研究较多。人工湿地的不同建模方式可以分为两类："黑箱模型"和"基于过程模型"。基于过程建模可以通过示踪剂实验，以流量加权时间为参变量，绘制湿地无因次停留时间分布曲线，同时引入水力学性能参数，评估湿地的水力效率，以研究植物、进水策略对垂直流人工湿地水文特征的影响。可以说未来人工湿地技术的发展将取决于湿地内部水文机制的研究。

在数值模拟方面，对于湿地这样的平面大范围的自由表面流动，垂向尺度一般远小于平面尺度，在此条件下，可引入浅水假设对基本的守恒方程进行简化，以描述湿地中的自由水流。即假设沿水深方向的压力遵循静水压力分布，同时对基本的质量与动量守恒方程在水深方向积分以便引入平均化处理，从而导出常用的一维、二维水深平均的浅水方程，一维、二维水流的数值模拟主要是求解这个简化的浅水流动模型。许多其他工程中的流动问题也都常用这个浅水流动模型来描述，如河网、近海、湖泊、水库及河口中的流动。由于其应用广泛，所以，对浅水流动控制方程组采用的数值求解方法也颇受关注。

近 20 年来，一些学者也已经提出了很多在浅水计算中对湿地的边界条件进行处理的方法。目前，对于动边界的处理，最常用的是水深判别法和冻结法，其基本思路是判断计算节点的水深，若水深为负值，则认为该点露出水面，并令该点的流速为 0，或者令该点的糙率足够大，以迫使该节点的流速为 0。还有最近文献中记载比较多的一种方法——最小水深法，即假设有水区域之外的干床区域存在一个极薄的水层，这就将一个动边界问题变为固定边界问题来处理。但是这种方法对求解格式的稳定性有较高的要求，因为它要求小水深时计算不会出现负水深而导致计算失稳。其他还有一些方法（如窄缝法网格变形技术）也有广泛的应用。

4. 湿地地下水与地表之间的水文联系

季节性积水的湿地或多或少都依赖地下水，地下水和地表水存在明显的相互补给关系，尤其是地下水对湿地具有重要的顶托作用，因此地下水位的变化明显影响着这一类湿地的生态系统。但是，对于泥炭沼泽湿地来说，由于有机质高的阳离子交换能力、强烈的生物作用和土壤结构特征，地下水的水文过程就变得复杂多了。关于泥炭沼泽是否存在垂直方向的水力联系一直没有定论。以前的许多研究认为泥炭沼泽中的垂向水力联系是不明显的。但有研究在分析高位泥炭沼泽时也认识到了地下水排泄补给泥炭地系统的潜在重要性。

4.2.3 湿地生态系统水文结构

湿地属于由径流支撑的非地带性生态系统，具有独特的水文和生态特征，径流条件及分布决定了湿地活动区域的大小以及生物多样性的丰富程度（图 4.5）。正常湿地具有稳定的水分来源，形成随水文情势变化的有序的径流活动区域，可称之为湿地径流场。湿地径流场提供生物多样性生长条件，径流运动与生物多样性形成对应关系，以水源为中心，在水域活动及影响范围内具有不同的生境，形成一种类似于场的生物生境效应：各种生物在一个相对固定的范围内生存繁衍，具有适宜的生境条件，并形成生物链，可称之为生物多样性场。湿地径流场与生物多样性场的耦合关系，揭示了湿地生态系统的水文-生态演变机理。

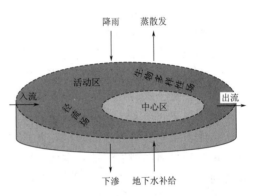

图 4.5 湿地的水文结构示意图
（源自：章光新等，2014）

将湿地径流场与生物多样性场进行分离与耦合，可获得揭示水文-生态演变机理的湿地生态水文结构。按水域活动特点和生物特点，湿地径流场由两部分组成，即反映径流运动特征的湿地中心区和反映生物多样性分布特征的湿地活动区。

（1）湿地中心区。水分长期滞留的区域，在不同的水文条件下都保存水，犹如湿地心脏。基本功能是维持湿地最基本的水分条件，是保证湿地生存的前提。中心区大小范围的决定性因素是水文与地形地貌条件。

（2）湿地活动区。不同的水文条件下水分进退的径流活动区域。此处分布湿地独有的生物生境，是生物多样性丰富区域，生物多样性场随径流场的改变而调整和适应。

湿地这种生物多样性结构提供了确定湿地活动区合理范围的生物学依据。

4.2.4 湿地水文的影响因素

4.2.4.1 气候变化对湿地水文的影响

湿地生态系统的水文过程对气候变化非常敏感，并对其具有重要的反馈作用。气候的变化影响了水文循环过程，从而引起水资源在时空尺度上的重新分配，进而改变了湿地蒸散发、径流、水位、水文周期等关键水文过程，对湿地生态系统的结构和功能产生深远的影响。

在过去 30 年里，气候变暖在全球尺度上已对人类社会和自然生态系统产生了诸多负面影响。据我国《气候变化国家评估报告》，20 世纪中国气候变化与全球变暖的总趋势基本一致。在气候变化影响下，我国大面积湿地水资源系统的结构发生改变，引起湿地水资源数量减少和质量降低，导致湿地生态功能退化，已影响和危及到区域生态安全和社会经济可持续发展。最新预测表明，这种变暖趋势将会继续，到 21 世纪末全球气温将会上升 1.1～6.4℃，降雨模式也会发生显著变化。未来气候变化及其所带来的水文过程的改变都将会严重地威胁湿地生态系统的稳定和健康。因此，在全球气候变化导致的湿地干旱缺水、面积萎缩和功能退化等现实背景下，关于气候变化对湿地生态水文影响的研究已引起国内外科学家的高度关注和重视，成为当前气候变化和可持续发展研究领域关注的热点。

湿地类型的多样性和湿地生态系统内部的复杂性导致气候变化对湿地水文水资源的影响方式和程度不尽相同。内陆河流域湿地水文水资源量的变化主要是由于气候变化影响下河流水文过程的变化引起的。利用嫩江流域 20 世纪 70 年代、80 年代、90 年代以及 21 世纪前 10 年四期湿地遥感资料以及土地利用资料对流域湿地景观动态变化进行了分析。分析结果表明：嫩江流域自然湿地面积减少显著，沼泽湿地景观破碎化趋势呈加重趋势，降水波动和径流减少是其面积减少的重要原因，沼泽湿地面积变化与流域径流系数变化极显著正相关。在波兰境内的雷夫河流域，气温升高、夏季降雨量减少，导致流域潜在蒸发增加了 7%，河流水量减少，流域湿地水位随之下降 60cm，湿地土壤含水量急剧降低。在高海拔及北方高纬度地区，春夏季融雪径流是湿地水资源的主要补给来源，但气温升高导致冬季径流增加，春夏季洪水频率明显减小，湿地水量的时空分布特征及可利用性受到显著影响，导致以春夏季融雪径流为主要补给方式的湿地，其水资源量对气候变化的响应极为敏感。内陆湖泊（尤其是终端或是封闭性湖泊湿地）主要受降水补给，水资源量更容易受到气候变化的影响，对气候波动引起的进水量和蒸发量之间的差额变化尤为敏感。在干旱半干旱地区，气候变化引起的水体盐碱化将会导致湿地可用水资源减少，利用 SRES（Special Report on Emission Scenarios）A1 和 B1 排放情景以及 GCMs（General Circulation Models）多模式对澳大利亚默里-达令流域盐沼湿地的模拟研究发现，2050 年湿地水体盐度将会增加 13%～19%，可能使许多脆弱性较高的沼泽湿地因为没有足够的水源供给而退化消失。随着气温升高和降水减少，加拿大西部草原的湿地急剧减少，相关研究分析了气候变化对加拿大西部湿地和水禽管理的影响，结果发现气候变化会使得湿地面积减少 7%～47%。

气候变化通过降水事件对湿地水文水资源的影响不仅表现在降水总量上，更重要的是降水强度和频率以及降水量的时空分布不均。同时，气温升高导致蒸散量增加将加剧湿地水文水资源对气候变化响应的脆弱性。

目前的大多数湿地生态水文研究均是在情景分析的基础上进行"松散式"的机理识别，未能从水文过程和生态过程发生的物理机制上进行紧密耦合，气候变量-水文变量-湿地生态过程之间的关系机制尚不明确。解决气候模型与湿地生态水文模型尺度转换问题，实现气候模型和湿地生态水文模型相耦合，是研究气候变化对湿地生态水文影响的重要环节。全球气候变化背景下湿地生态水文学研究的重点在湿地生态水文规律的探求和应用上，当前湿地生态水文学将从单一湿地生态水文过程为主要对象发展成为以研究气候、水文、生态三者相互作用机制为主要内容的综合性、交叉性学科。

4.2.4.2　人类活动对湿地水文的影响

人类活动已经成为影响水文循环过程和水量时空分布的强大动力。土地利用、城市化的不断推进、水利工程的建设都显著改变了天然状态下的水循环过程，破坏了流域水文要素的平稳性,在时间和空间上引起了水文循环要素质和量的变化。

人类农业生产、围湖造田等活动使得湿地面积减小并造成严重的水土流失,同时引起流域下垫面特征的变化,使流域自然环境和水文过程发生了较大的改变。别拉洪河流域经过近半个世纪的开垦,流域下垫面发生显著变化,原先大面积分布的沼泽湿地逐渐被农田所取代,现存湿地呈零星分布,河流水文情势显著改变。别拉洪河流域径流量的年内分配不均匀系数增大;年际变化加剧。河流年径流量呈显著减少趋势。1966 年为年径流量减少的突变年份。人类活动是导致别拉洪河流域年径流量减少的主要因素,其次才是年降水量。人类活动成为了该流域河流演变的主要驱动力,已经对河川径流产生了明显的水文效应。巴西潘塔纳尔湿地在人类活动影响下的变化,改变了潘塔纳尔湿地特别是低地区域的生态水文学过程,根据土地的使用情况,在高原上的人类活动的持续变化可能会改变潘塔纳尔的承载能力和应变能力。在人类活动干扰下使得密西西比河在一个世纪内无论是水文还是水利状态都已经从根本上发生了改变。此外,人类活动还导致周边的环境问题,如农药、工业污染、盐度改变、物种入侵等。这些人为的影响导致湿地生态系统生物多样性减少,生态弹性降低,社会服务功能减弱。

城市化过程使入江入海污染物急剧增加,潮滩湿地和沿江周期性淹没湿地生态系统退化,生物多样性减少;河口区湿地大量减少,湿地保护与围海造地间的矛盾突出。河口潮滩湿地是长江河口重要的生态系统,对河口区的健康意义重大,但其由于地理位置的关系极易受到人类活动的影响,生态环境脆弱。流域人类活动引起的水沙变化对潮滩湿地影响明显;流域城市化过程和人类活动引起的声污染和面污染使流域和河口水质恶化,导致河口潮滩湿地生物多样性减小,物种减少,生态环境出现退化;围垦造地使大量潮滩湿地转化为城市用地,生物栖息地减少,出现人与其他生物争地的矛盾。

为了防洪、灌溉、发电等需要而建设的水利工程也是影响湿地水文的重要影响因素。水利工程对河流漫滩最直接的影响是对径流过程的改变,例如:库区水位升高、流速减缓;水库温度分层,下泄水温较天然情况降低;受水库调节、电站调荷的影响,下游河道洪水涨落过程发生变化,局部水域水流结构显著改变等。这些变化对库区、坝下及河口的水生生物,特别是某些珍稀鱼类和经济鱼类的产卵、繁殖、栖息地等可能带来潜在不利影响。目前,我国流域一些重要生物资源已经开始出现更替、衰退甚至绝迹,如黄河刀鲚正在消失,河口对虾、小黄鱼、带鱼产卵场所处于严重衰退之中;长江中华鲟数量逐渐减少,白鳍豚、白鲟濒危,鲥鱼资源基本消失等。同时建坝修库也导致大量泥沙淤积在水库,进入河道和到达河口的泥沙减少,使河口潮滩湿地淤涨速度减小,部分区域由淤涨型向侵蚀型转化。

探索流域水循环的演化过程,认识其演化规律和驱动因素,分析水循环各构成要素对人类活动、气候变化的响应,不仅有助于协调流域人水关系,保障流域水资源的可持续利用,同时也可为流域系统的生态恢复和保育提供理论依据,对保障流域社会经济可持续发展有重要的理论和现实意义。

4.3　湿地水文生态作用及反馈机制

4.3.1　湿地植被对水文过程的影响

大量植被的存在使湿地水流运动与一般的河流运动有所不同。湿地植被减慢了水流的速度，滞留了水中污物，净化了水质，改善了水生物的生存环境，减缓了水土流失。同时对湿地水资源进行管理及配置，科学地用水、补水，以及合理利用洪水满足湿地生态环境，实现洪水资源化转变等，都必须了解湿地植被与水流运动之间的相互作用关系，明确植被对湿地水动力学的影响。因此湿地植被的阻力特性及湿地水流的数值模拟研究成为国内外对湿地生态系统研究的前沿课题，它对水动力学、水底生态学以及水文学等都具有重要的理论基础意义。

湿地植物，特别是大型维管束植物，是影响湿地水文过程的主要植物类群。它们往往直接与水文过程发生作用，或者本身就是水文过程进行的载体。如澳大利亚东南部海岸库纳湾的海草可以使底层潮流流速减弱 $40\%\sim60\%$，见表 4.1。而长江口潮滩盐沼植被也具有明显的减缓水流、消减风浪的作用。植被生长和同高程临近光滩底层平均流速的比值为 $0.16\sim0.84$，而植物的这种缓流作用与植株覆盖率成正相关。

表 4.1　　　　　　　　澳大利亚库纳湾海草和沙滩底层流速与沉积物特征

地　点	海　草　带		沙　滩	
	底层流速/(cm/s)	泥质含量/%	底层流速/(cm/s)	泥质含量/%
麦克龙林	15	20.5	29	7.2
维尔士伯港	23	17.6	36	5.3
压纳奇	20	25.4	31	9.1

注　改自庄武艺和谢佩尔，1991。

同时，湿地植物通过自身生长，改变湿地环境条件，特别是地貌特征，进而影响湿地水文过程。由于湿地植物的茎和叶可以减缓水流，从而有利于促进泥沙等颗粒的沉积，它通常受湿地植物的物种组成、茎秆密度、生产量以及地下和地上生物量分配特征等的影响；而植物根系及地下茎的生长，由可以增加沉积物的稳定型，增强沉积物对水流冲击的抵抗能力，从而使湿地基底分布高程改变，在影响植被自身生长条件的同时，也会影响区域的水文过程和影响相应的湿地水文周期。如在长江河口盐沼湿地，由于植被减缓水流的作用，导致大量泥沙沉积，主要植被分布区往往成凸性地貌，植被生长区的整体坡度明显大于光滩，反映了植被分布区的快速淤高特征，而随着高程的改变，盐沼湿地淹水特征会发生明显的改变，见表 4.2。

表 4.2　　低位和高位盐沼的水文学界定

沼　泽	淹没次数		最长连续暴露时间/d
	每天白天	每年	
高位沼泽	<1	<360	≥10
低位沼泽	>1.2	>360	≤9

此外，湿地植被的凋落物、根系的生长等也会影响湿地土壤的渗透性、湿地基底分布高程，进而影响相应的水文过程。如从新英格兰到墨西哥湾的 141 处盐沼湿地的研究发现，盐沼湿地垂向沉积很大程度上来自于有机物的累积，由此改变湿地高程和地貌特征，进而影响湿地的水文过程。

4.3.2　湿地植被对水文过程的适应机制

湿地环境决定湿地植物群落结构，同时湿地植被群落也会影响和改变环境。湿地生境中，湿地环境营养物质和水位变化是影响湿地植物生存的主导因子。适应是生命的特征之一，是植物在生长过程中对面临环境所表现出的能动响应的积极调整。任何植物对环境因子的适应性都有一定的界限范围，即对环境忍耐的下限临界点、上限临界点和最适点，然而对湿地中植物生存的环境来说，水、肥、气、热的组合往往并不是很好，植物时刻面临的不是适应的环境，而是胁迫环境。营养物质和水位的不断变化，必将引起湿地植物生长的适应性或胁迫性反应。

对于营养物质，有时较低浓度的污染物能够刺激植物的生长，甚至有的物质本身就是植物所需要的微量营养元素。但是，当营养物质在湿地中不断富集和累积以后，湿地营养环境就发生较大改变，从而湿地植物物种组成发生变化，例如过多的营养物质导致原生植物和敏感植物之间的相互取代，物种组成的变化通常就被认为是湿地环境条件变化的指标或是警示。对佛罗里达沼泽湿地的研究证明，由于湿地中富集过量的营养物质，特别是磷的不断富集，导致大量高香蒲（Typha domingensis）的生长，从而替代了原来数千公顷的锯齿草（sawgrass）和水生泥沼（slough）。湿地中营养物质的富集，能使湿地生态系统原生植被和优势植物种发生改变，群落组成和优势种等生态学特征都有不同程度的变化。

生境水分状况限制植物的分布，决定着植物的生存和生态类型。受水分条件变化的影响，植物物种组成、分布及种间相互作用均发生适应性反应，降水、地下水、地表水是湿地的主要水源，不同的湿地景观类型对 3 种水源的响应不同，湿地景观类型对水位变化的响应较显著，泥炭沼泽一般发生在较低的水位和稳定的水位条件下，草本沼泽和木本沼泽一般发生在水位变动较大、水周期持续时间短的区域。湿地生态系统对水分变化响应是动态的，干旱季节土壤水分的大量散失，可能导致湿地植物种子在局部相对较为湿润的区域萌芽生长，对湿地植物的动态变化发生较大的影响。相关研究表明，木本植物由于对洪泛作用比较敏感，较长的淹水周期会削弱木本植物的生长，而被草本植物所取代。水分条件变差，植被会向着组成物种减少、结构简单、植株低矮和生产力低的方向发展，生态系统功能退化。由于微地貌的变化，造成了局部不同水分和热量的分布，由湿地的中心到边缘，地势由低到高，水分由多逐渐减少，从而引起湿地植物的环型分布。湿地环境中水分条件的变化为湿地植物物种的消长提供了主要的环境选择压，湿地植物对水的长期适应产生了湿地植物对水的需求特性，所以湿地植物系统的结构和功能对水环境的响应是比较显著的。

4.3.3 湿地动物对水文过程的影响

湿地中的动物通过营巢、摄食等行为，直接或者间接的影响湿地水文过程。许多无脊椎动物，如牡蛎、河蚬等滤食性动物，通过其滤食行为，可以改变流过其周边水流的模式；其集聚分布，可以改变溪流等湿地基质的表面粗糙度，进而影响水流的流速。而大量挖穴生活的底栖动物，如长江口中高潮滩分布的无齿相手蟹，由于其挖穴扰动以及形成的洞穴会直接影响沉积物的渗透性，改变相应的水文过程。大型脊椎动物，如美洲河狸、麝鼠等会通过筑坝、掘穴以及牧食等行为，改变地貌和水系，进而影响甚至完全改变湿地水文过程。

此外，大型底栖动物，如滤食性种类，通过大量摄食悬浮颗粒，形成粪球或假粪球，而产生生物沉降作用，会促使沉积物的堆积，湿地基质的淤高，也会对湿地水文过程产生重要影响。

4.3.4 湿地动物对水文过程的适应

湿地是野生动物赖以生存的栖息地，对野生动物的繁殖和生存具有重要的意义。几十年来，由于人类活动影响，湿地生态系统发生了巨大变化，不仅改变了湿地生态系统原有的自然平衡，改变了湿地景观原有的生态功能，而且湿地水文的改变对湿地生物多样性产生了重要影响，尤其是对以湿地作为主要栖息环境的水禽。由于水禽是需求较大面积、多种生境类型的特殊物种，湿地水文形态的改变使得湿地大面积丧失，对水禽需求的生境产生重要影响。

　　水禽生境与水位波动密切相关，它需要洪水的不定期冲击。动物繁殖环境的保持与其说是保留沼泽地以提供一个宁静的环境问题，还不如说是保障内陆河流一定频率的水位波动问题。这样才能使平原上的湿地不断有水补充，并为那些利用洪水变动的水位进行繁殖的鸟类提供适当的繁殖基地。洪泛湿地常常受到洪水的影响，其景观格局、生态系统类型及各种动植物组成会发生改变，一般主要有两方面的效应：一方面，洪水常导致一定的生态破坏和生态退化，但这种破坏是短期的，影响到动物的栖息地和植物的生长环境。如陆地的土壤侵蚀、岸坡再造会破坏动植物原有的生存环境，降低其生境质量。大量的洪水将淹没或冲毁动物的巢穴，给动物的生存造成威胁。由于洪水发生造成的水体污染、水质下降，对动植物体的生长和繁殖环境造成破坏。淹没、冲击等作用可直接促成动植物体的死亡。这种效应一般是在洪水发生时及发生后的第一年出现。另一方面，效应是积极的且长期的，常常为生物产生新的栖息地。由于洪水的冲刷，改变了湿地景观及生态系统类型，洪水带来的大量营养物质滞留在土壤中，改良了湿地土壤，再加上水分条件充足，促进了湿地植物的良性发育，湿地水禽的种类及数量也随之增加，这种作用一般发生在洪水后的第 2 年以后。美国密西西比河 1993 年发生的大洪水甚至被描述为"对许多动植物的恩赐"。如果缺少了洪水的干扰，湿地将由于严重缺水而发生退化。因此，洪水可促进湿地生态系统不断发生变化，不断形成和改造河道形状和洪泛区断面，促进浅滩、深槽、沙洲、U 形河曲、岛屿、侧河道、河汊等生境的发生，这为水禽提供了良好的生活空间。澳大利亚的 Roshier 等于 2002 年研究了水禽对澳大利亚干旱地区洪泛作用的响应，他认为洪水的频繁作用对水禽丰富度的保持意义深远。水禽将会对洪泛作用后的湿地分布在局部尺度、流域尺度甚至是不同流域尺度上的变化作出响应。这种响应可能是短暂的，也可能是几个月甚至是几年的，它取决于洪水的频串和洪泛作用的强度。

　　近年来水鸟的重要栖息地潟湖和港汊逐渐退化，水鸟数量也随之减少，特别是在亚洲地区。对斯里兰卡滨海岸两个典型的潟湖湿地水位对于水鸟的影响的研究表明，在自然的水位波动的湿地 (Bundala)，靠触觉和视觉觅食的水鸟数量较多，它们的捕食效率也比较高。与之相反，由于农业灌溉用水的排入一直维持在 10cm 以上水位波动的湿地 (Embilikala)，其浮游生物较丰富，觅食浮游生物的水鸟也比 Bundala 多。有效保护湿地水鸟的关键是减少人类活动的影响，对于 Embilikala 湿地可以通过分流排水，重建一个自然的水文周期，这样能够提高湿地的生产力，为水鸟提供觅食条件。

4.3.5　湿地微生物对水文过程的影响

　　湿地微生物对湿地水文过程的直接影响相对较小，主要通过改变湿地的影响条件，有机质积累等特征，与湿地植被、沉积物等共同作用，进而影响湿地的水文过程。特别是水文过程输入湿地的营养盐的增加，会改变湿地生态系统的生产和分解过程，使湿地原有的沉积平衡发生改变，导致湿地地貌和高程的变化，进而影响湿地水文过程。由于营养盐增加，特别是在一些贫营养的湿地，会使大型植被地上部分生物量增加，而有利于形成泥炭的地下部分生物量相对减少。植物地上部分生物量的增加，往往可以固定更多的沉积物，补偿植物地下部分对泥炭的贡献，但是对于只有较少泥沙输入的湿地，这种补偿并不明显；同时，营养盐的增加也会促进微生物代谢和泥炭的分解。如果泥炭的分解超过有机质的累积和泥沙的补偿，最终会造成湿地滩面的侵蚀下降。如互花米草、狐米草成带分布的盐沼湿地，在互花米草生长区，由于互花米草有机质生产和沉积物固定基本可以与微生物分解互补，原来滩面淤涨平衡可以保持；但是在狐米草生长区，由于互花米草的影响，输入的泥沙明显减少，易于导致侵蚀下降，而侵蚀下降致使湿地高程下降，植被分布格局及相应的地貌特征发生明显改变，进而影响湿地水文过程。营养盐增加导致的新英格兰盐沼湿地地貌的潜在变化过程如图4.6所示。

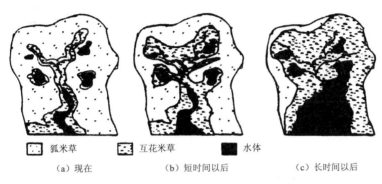

图4.6 营养盐增加导致的新英格兰盐沼湿地地貌的潜在变化

(源自：Deegan，2002)

注：短期内是狐米草大范围地被矮型互花米草所取代；长期的变化是沼泽边界的
内移，临近深水区面积增加。

4.3.6 湿地水文过程对生态系统功能的影响

湿地生态系统结构和功能的影响可以以一系列复杂的因果关系来描述。图4.2就描述了水文过程对湿地生态系统的影响。它首先对湿地的理化环境产生影响，进而影响生态系统的生物组分。湿地水文过程对生态系统功能的影响主要体现在以下几个方面。

1. 对物种组成与丰富度的影响

对湿地物种组成和多样性影响具有两面性。它对物种丰富度是起限制作用还是促进作用，取决于水文周期和自然能量，至少，水文过程中无论在淡水和咸水条件下都会选择耐淹植物而排除不耐淹的种类。地球上成千上万的维管束植物中，只有很少种类能够适应水涝土壤条件。许多具有较长淹水时间的湿地，其植被物种丰富度要低于淹没频度较小的湿地。水涝土壤以及相应的氧气含量和其他化学条件的显著变化，会限制在这种环境中成活的植物数量和种类。

一般而言，至少在植物群落中，物种丰富度是随着水流流通的增加而增加的。流水通常对物种多样性具有促进作用，这可能是由于流水促进了矿物质的更新，改变了厌氧条件；同时也是因为水流的作用和沉积物的输运，提高了空间异质性，形成了更多的生态位空间。另外，流水也能够营造相对一致的表面生境，为单一物种的生长提供条件，如长江河口地区盐沼的成带分布。有时湿地水位波动的作用与森林中火的作用非常相似。它们去除一种植被生长类型（例如乔木）而有利于其他类型（例如草本物种）的生长，并允许物种通过埋藏的种子再生。例如，在美国佛罗里达州永乐沼泽的中部，有60%的湿地林岛因为湿地被排干或过度淹水而消失，不同林岛的植被类型较为相似，而在具有流动水体的湿地中，通常具有较大的植被冠层。在我国松嫩平原的扎龙湿地和向海湿地，生境旱化时羊草为优势种群，湿生化时芦苇是优势种群，芦苇沼泽群落和羊草草甸群落随生境"干—湿"交替过程而交替出现。但是，目前还很难在水文条件变化与湿地植物之间建立直接的联系，它们更多地取决于营养状况与水位条件。

2. 对初级生产力的影响

湿地对水文通量的开放度是决定潜在初级生产力最重要的因素之一。如具有流通条件的泥炭沼泽比水流停滞的沼泽生产力更高。许多研究表明，水流停滞的湿地或持续淹水和排水湿地具有低的生产力，而具有缓流湿地或开放型的河滨湿地则具有较高的生产力。有林湿地在这方面的研究最为广泛。关于佛罗里达州柏树沼泽的研究发现，柏树森林生产力随着营养盐（磷）输入的变化而变化。当仅仅只是降水输入营养物质时，生产力最低；而当有大量营养物质通过泛滥河流输入湿地时，生产力最高。湿地初级生产力与水文、营养物质输入、分解、输出以及营养物质循环之间存在复杂的联系。湿地水文过程由于是许多湿地营养物质输入的主要途径而对湿地生产力产生重要影响。

但是，水文条件对淡水草本沼泽生产力的影响目前还没有形成统一意见。部分研究表明水体边缘通常对植被生产力具有促进作用，而其他研究则发现，在受保护、没有水流的草本沼泽中，大型植物生产力比具有流动水体或海岸影响的湿地要高。如美国伊利湖沿岸堤坝圈围区域内大型植物生物量明显高于未圈围区域（表 4.3），长江河口地区也有类似的情况。可能的解释有以下几方面：①海岸水文通量对于大型植物既有补给作用，同时也具有胁迫效应；②开放湿地相当一部分生产力已经输出；③圈围的湿地具有更稳定的水文周期。而在人工湿地研究中却得到了相反的结果。实验开展两年之后发现，在水体高度流动的湿地中，初级生产力（浮游植物和沉水植物）比缓流湿地高（图 4.7）。

表 4.3　圈围湿地和未圈围湿地大型植物生物量比较（美国俄亥俄州伊利湖沿岸）

植被特征	平均值±标准差	
	围垦湿地（$n=6$）	非围垦湿地（$n=4$）
生物量/(g/m²)[①]	897±277	473±149
物种数[②]	1.7±0.3	1.4±0.3
密度/(株数/m²)	597±211	241±59

源自：Mitsch & Gosselink，2000

① 表示每平方米地表上的植物干重。

② 仅包括每个样地中生物量超过样地生物量 10% 的物种。样方大小为 0.5m²，随机布设在每块湿地中（每块湿地 3～6 个）。

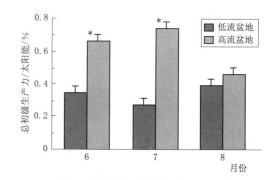

图 4.7 美国中西部地区人工湿地水生植物初级生产力

（源自：Cronk & Mitsch，1994）

而受潮汐频繁影响的咸水潮汐湿地通常比偶尔浸水湿地的生产力高。大西洋沿岸盐沼植被被互花米草（Spartina alterniflora）季末最大生产量与潮差（水流通量的度量）关系如图 4.8 所示。强烈的潮汐作用，增加了营养物质的补给和盐分等有害物质的冲刷去除，而使相应植被具有较高的生产力。淡水潮汐湿地比盐水潮汐湿地具有更高的生产力，因为它在获得营养物质补给的同时，避免了盐碱土壤的胁迫影响。

3. 对有机物的累积和输出的影响

湿地由于初级生产力的增加或者分解和输出的降低而累积过剩的有机物质。所有湿地泥炭累积在一定程度上都是这些过程作用的结果。事实上，世界范围内的湿地是生物圈中主要的碳汇。水文对分解途径的影响目前还不是特别清楚。由于分解过程非常复杂，许多研究都没有形成共识。通常有机碎屑物的分解需要相应的电子供体、水分、无机营养和能在相应环境下生活的微生物。它的分解速率也受环境温度和大型食碎屑动物的影响。温度影响微生物活性而食碎屑动物会切碎植物残体，形成细菌可以利用的粪球或颗粒。水文过程则会影响或改变其中的许多因子。如淹水条件决定土壤水分；水流会带来氧气和营养物质；而静水中的氧气则会很快耗尽，营养物质会被转化成可利用性较低的形式。

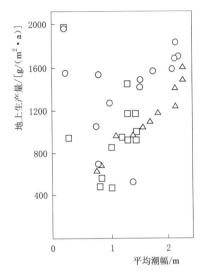

图 4.8 大西洋沿岸盐沼植被互花米草季末生产量与平均潮幅的关系
（源自：Steever et al.，1976）
○ 和 □ 表示两个采样点数据

水文过程对有机碳输出的重要性也是显而易见的。与流通水体相连的湿地通常具有较高的输出率。如河岸湿地经常向河流输入大量有机碎屑物，甚至是整棵树。而水文隔绝的湿地通常具有少的有机物质输出。研究发现在俄罗斯沼泽中仅有 6% 的净初级生产量随地表或地下水流输出。

4. 对营养物质循环的影响

营养物质随降水、河流洪水、潮汐、地表和地下径流输入湿地。湿地营养物质的输出则主要受水流输出的控制。这些与水文过程相伴的营养物质流也是湿地生产力和分解能力的重要决定因素。而系统内部的营养物质循环则与初级生产和分解过程紧密相连。当生产力和分解速率较高时，如具有流水或脉冲式水文周期的湿地，营养物质循环也很快。

湿地水文周期对营养物质的转化、对植物的可利用性以及湿地土壤中营养物质的散失等都具有显著影响，湿地土壤淹水，会改变土壤的 pH 值和氧化还原电位，进而影响其他营养物质的可利用性。当酸性和碱性土壤被淹时，它们的 pH 值会向 7.0 靠近。氧化还原电位作为化学或生物系统氧化、还原强度的度量，可以反映营养物质的氧化状态（即可利用性）。通常磷在厌氧条件下更具可溶性；而主要离子如钾离子和镁离子，以及微量营养元素如铁、锰、硫的可利用性通常也受氧化还原电位影响。

思考题

1. 湿地生态系统的主要功能有哪些？
2. 湿地水量预算都包括哪些部分？
3. 气候变化对湿地水文的影响主要体现在哪些方面？
4. 湿地水文过程与生态系统的相互影响有哪些？

第5章 森林生态系统的生态水文过程

森林是陆地生态系统的基础，在地球生物化学循环中，它通过与土壤、大气和水在多界面、多层次和多尺度上进行物质和能量交换，改变和影响水资源的分布，具有保护与涵养水源、净化水质、恢复水土保持和抵御各种自然灾害的作用。本章主要介绍森林水因子的生态作用与生物适应性、森林生态系统的生态水文特征、森林植被对生态系统的影响以及森林生态系统土壤碳-氮-水循环过程等内容。

5.1 森林水因子生态作用与生物适应性

5.1.1 不同形态的水及其生态学意义

水分在森林生态系统中起着至关重要的作用，对树木的生命活动非常重要。水是树木有机体的重要组成部分。树木体内一般含水量为 60%～80%，风干的种子含水量为 6%～10%，有些果实含水量高达 92%～95%。树木的一切代谢活动都离不开水，森林植物的光合作用、蒸腾作用、有机物的水解反应、养分吸收、运输、利用、废物的排除和激素的传递都必须借助于水才能进行。水分维持了森林植物细胞和组织的膨压，使植物器官保持直立状态。蒸腾作用消耗大量的水分，调节了森林植物体表温度情况。

可见水对于森林植物极为重要。但是陆地表面淡水资源分布缺乏和不均匀，表现为形态的转化和数量的变化，因此持续时间不同。而陆生生物（植物、动物）面临的主要生态问题是怎样减少水分散失和保持体内水分平衡。长期的生长分布导致生物的表皮、皮肤基本干燥、不透水，在吸收、减少消耗、储存等生理过程形成特殊有效的适应，水分在蒸散过程中对生物的热量调节和热能代谢意义重大。水分的形态、数量、持续时间决定水分的可利用性，因此影响森林的更新、分布、生长和发育以及产量。

水是气候因子，同时又是土壤因子。在大气、土壤中的形态数量及其动态都对森林植物产生重要影响。

1. 水汽

大气中水汽状态表现为：可见的如云和雾；不可见的扩散在整个大气中。通常用相对湿度表示大气水汽含量，即空气实际水汽压 e 与同温下饱和水汽压 E 的百分比，表达式为

$$R = \frac{e}{E} \times 100\% \tag{5.1}$$

相对湿度影响光照条件、植物蒸腾、物理蒸发。当相对湿度由 95% 下降至 5% 时，树木蒸腾强度提高 6 倍。相对湿度过高，不利于树木传播花粉，容易引起病害。相对湿度是森林火险危险性等级的重要指标，当相对湿度降到 40% 以下，森林火灾危险性增大。当水汽以

雾的状态运动时，遇到树木或其他植物，极易凝结在植物体表面上，成为土壤水分的一种补充。在热带由雾增加的降水量相当可观，约占全年降水量的 40%；而干旱区的雾、露水可缓和干旱引起的植物枯萎，对沙生植物生长发育尤为重要。

2. 降水

降水一般不为树木直接吸收，树木吸收水分来自土壤，而降水是土壤水分补给的重要来源。

生长期降水生态效应取决于降水强度、持续时间、频度和季节分配。降水量以强度小、降水时间长效果理想。

不同树种由于生长特点差异对降水的反应不同。落叶松、水杉、杨树为持续型，从早春到晚秋都在生长，而油松、栎为短速型（5—6 月进行），故后者要求春季降水。此外，树木胸径和树高生长对降水反应不尽一致。研究指出，胸径生长与生长期间降水量呈正相关，树高生长不仅取决生长期间降水量，而且与上一年的降水量特别是秋、冬季降水量密切相关。

降雪除补充土壤水分之外，还有保湿、防止土壤冻结过深和伤害树木根系，使幼苗、幼树安全越冬等功能，但雪有时会引起雪折、雪倒和雪压。

pH<5.6 的降雨（雪）称为酸雨。酸雨含大量 H^+、高浓度 SO_4^{2-} 和 NO_3^- 等离子。酸雨形成与空气污染物 SO_2 等有关。

3. 冰雹

机械损伤树木，融化后可增加土壤水分。

5.1.2 森林水分条件与植物群落的关系

年降水量和森林分布关系复杂。森林分布受最低年降水量的限制：以年降水量 400mm作为森林与草原的分界线，大于 400mm 为森林分布区，小于 400mm 为草原分布区。影响森林分布的最低年降水量变动于 150～700mm 之间，而且与地理、天气条件相关。例如气候温和时森林分布最低年降水量应大于 400mm，气候寒冷温带针叶林可在年降水量 200mm地区生长。

根据张明如等 2006 年编者的《森林生态学》中的资料显示：Mayer 在 19 世纪末研究北美大陆森林与降水量的关系，认为森林是从太平洋、大西洋吹来的水分的产物，并指出若相对湿度较高（50%）时，100mm 等雨量线为森林分布的界限。

维索茨基研究了森林分布与最低降水量关系，认为森林分布与降水量多无规律性的直接联系，而受气候湿润性制约。所以关于植被与气候关系的近代概念强调能量平衡的途径，即气候特点由降水量和太阳能对水分蒸发的有效性决定，着重于水对植物的可利用性。

常用指标为湿润度（PIE），即年均降水量/潜在蒸发量（自由水面蒸发量）。

例如，在美国境内无霜期 $PIE>100$ 的天然植被为森林；PIE 为 60 左右的天然植被为草原；$PIE<20$ 的天然植被为荒漠。

又如我国以干燥度 $K=0.16\sum t/r$（干燥度，大于 10℃活动积温与同期降水量比值）划分气候类型。其中，r 为日平均气温大于等于 10℃稳定期内降水量，$\sum t$ 为同期积温，0.16为同期可能蒸发量。

$K<1$ 时气候为湿润，自然植被为森林；K 值在 1.0～1.5 或 1.0～1.2 时气候为半湿润，属森林草原区；$K>1.5$ 时为半干旱或干旱区，自然植被属草甸、草原和荒漠。

5.1.3   森林植被对水分不足的生态适应

5.1.3.1   树种对水分的需要和要求

树种对水分的需要属于生理学研究的树种与水分的关系，而树种对水分的要求则属于生态学研究的树种与水分的关系。一般在低温地区和低温季节，植物吸水量和蒸腾量小，生长缓慢；在高温地区和高温季节，植物吸水量和蒸腾量大，生长量亦大，因此必须供应更多的水才能满足植物对水的需求和获得较高产量。

（1）树种对水分的需要是指树种在维持正常生理代谢过程中所吸收和消耗的水分。例如，一棵橡树每天需消耗水 570kg，用于体内有机物合成的仅占 0.5%～1%，其余都用于蒸腾。表示的指标有：

蒸腾强度：指每克叶重蒸腾水分的克数。

蒸腾系数：指植物每生产 1g 干物质所需要的水分。

一般植物每生产 1g 干物质约需要 300～600g 水。

（2）树种对水分的要求是指树种对土壤湿度的生态适应性，即树种满足自身需要水分的供应程度。例如树种耐旱、喜湿就是指树种对水分的要求。

对于森林植物而言，陆地上的水分条件并不都是到处适宜的，事实上水是环境因子中变化最积极的因子，表现为很多情况不是水分不足就是水分过剩。

5.1.3.2   树种对水分不足的适应

在水分不足的情况下，森林植物总的适应方向是减少水分的消耗。正如季米里亚席夫所说："生存条件本身是引起植物保护适应的因素，有机体用变异的方式来消除生存条件的有害影响，例如干旱促成植物抵抗干旱的一整套适应"。

1. 干旱的类别

在限制森林充分实现其遗传潜力所能达到产量的各种环境胁迫中，以干旱胁迫最为常见和严重。全世界有 1/3 的地区为干旱、半干旱地区，而其余的地区也出现周期性或突然性干旱。干旱胁迫所导致树木减产可以超过其他环境胁迫所造成减产的总和。

干旱是一个使植物产生水分亏缺（或水分胁迫）的环境因子。干旱分为大气和土壤干旱。

（1）大气干旱。空气相对湿度低、高温、干热风导致蒸腾超过根系吸水量，树体内水分平衡破坏，树木受害。若此时土壤尚有可利用的水分，树木又有发达根系、良好的吸收和输导能力，气温不超过高温极限，不会出现死亡，只会引起树木生长量下降。

（2）土壤干旱。大气干旱延长，缺少足够降水和灌溉，土壤中有效水缺乏，植物根系无法获得维持其正常生理代谢所需要的水分，而引起树木受害。土壤干旱会使树木发生永久萎蔫，出现死亡。土壤干旱后果严重，但是容易缓和。

干旱可以是永久的（例如沙漠地区），可以是季节性的（例如干湿季节明显地区），也可以是不规则的（例如多数潮湿地区）。

出现大气干旱后，树木主要通过蒸腾降低体表温度，因而表现为抗过热；出现土壤干旱后，树木主要借助于根系增强吸收能力维持体内水分平衡，故表现为抗失水。

2. 抗旱性

抗旱性是指树木经受干旱时期的能力。这种能力是一种复合性状，是一种从植物的形态解剖、水分生理生态特征及生理生化反应到组织细胞、光合器官乃至原生质结构特点的综合反映。

根据 Levitt 的定义，抗旱性＝逃避干旱＋耐旱性

逃避干旱是指沙漠短命植物和生长在有明显干湿季节地区的一年生植物在严重干旱胁迫发生之前具有完成其生命周期的能力，以种子或孢子阶段避开干旱胁迫，其特征主要是个体小、根茎比大、短期完成生命史。这是一种真正的逃避干旱。

而树木耐旱性适应途径表现为：高水势延迟脱水耐旱和低水势忍耐脱水耐旱。

（1）高水势延迟脱水耐旱。在干旱胁迫条件下，为了保持高的组织水势，树木或减少水分丧失或保持水分吸收来延迟脱水的到来。根系发达，气孔下陷，落叶、缩小叶面积，栅栏组织、叶脉、角质层发达；例如赤桉比蓝桉耐旱性更强，在于赤桉具有深而广的根系，当表层土壤干旱时，能够从深层土壤吸收水分，植物体表面积不发达。气孔开闭控制体系功能，气孔和保卫细胞对光照和水分变化极为敏感。植物体内生化反应特点为植物在干旱时期能够抑制分解酶活性，维持转化酶和合成酶的活性，以保证最基本的代谢反应的进行。

（2）低水势忍耐脱水耐旱。在低水势的条件下树木耐脱水的机理表现为：①维持膨胀以提供树木在严重水分胁迫下生长的物理力量；②原生质及其主要器官在严重脱水时伤害很轻或基本不受伤害。其中膨压的维持由于渗透调节（细胞水分减少，体积变小和细胞内溶质增加）和具有高的组织弹性。原生质方面主要是原生质的耐脱水能力，如叉枝沙蒎藜、金合欢的原生质耐脱水性相当强；星毛栎、马里兰栎比百栎或赤栎具更强的原生质耐脱水能力，并不是前者根系分布广、控制蒸腾能力强，而是能在其他栎树致命的干燥程度下存活。此外就细胞特性而言，细胞小（容积/表面积）、细胞水势低（液泡小、固体储藏物质多），耐旱力强。

值得注意的是，旱生树种最重要的是生理特性，即原生质的少水性（耐脱水能力）和低水势，而形态特征只是辅助特征。总之，由于树木维持体内水分平衡和保持膨压的能力总是有限的，因此树木最终的抗旱能力还是取决于细胞原生质的耐脱水能力。

5.1.4 森林树种对水分过剩的适应

按体积比计算，大气中 O_2 含量为 20.95%，而土壤中空气 O_2 含量不足 10%，出现通气不良的生态现象；当 O_2 含量为 $10\%\sim21\%$ 时，通气排水良好；而水中溶解 O_2 含量仅为大气的 $1/30$ 左右。所以土壤水分过剩往往与通气不良相联系，此时树种耐涝性的反应是抗缺氧。例如水生植物和沼泽植物通气组织非常发达，但是吸收组织和保护组织不发达。

5.1.5 树种（植物）水分的生态模型

根据树种（植物）对水分的生态适应性，可将植物划分为水生植物和陆生植物。

5.1.5.1 水生植物（Aquatic plants）

水生植物的生态适应特点表现为通气组织发达：叶片通常呈带状、丝状或极薄，利于增加采光面积和对 CO_2 和无机盐的吸收，植物体弹性较强和具抗扭曲能力以适应水的流动，淡水植物具有自动调节渗透压的能力，而海水植物则是等渗的。

1. 沉水植物（Submerged plants）

整个植株沉没在水下，为典型水生植物。根系退化或消失，表皮细胞可直接吸收水中气体、营养物质和水，叶绿体大而多，适应水中弱光生境，无性繁殖较有性繁殖发达。例如狸藻、金鱼藻等。

2. 浮水植物（Floating plants）

叶片漂浮于水面，通常气孔分布在叶片的上面，维管束和机械组织不发达，无性繁殖速度快，生产力高。例如，不扎根的浮萍和扎根睡莲、眼子菜。

3. 挺水植物

植物体大部分挺出水面，例如芦苇、香蒲等。

5.1.5.2　陆生植物（Terrestrial plants）

1. 湿生植物（Hygrophytes）

抗旱能力弱，不能长时间忍受缺水。生长在光照强度弱、湿度大的森林下层，或生长在光照充足、土壤水分经常饱和的生境。前者如热带雨林的附生植物（蕨类、兰科植物）和秋海棠等，后者如毛茛、灯芯草等。

乔木树种尚有赤杨、落羽杉、枫杨、乌桕、池杉等，其特点是根系不发达，叶片大而薄，控制蒸腾的能力弱，叶片被摘后迅速枯萎。

2. 中生植物（Mesophytes）

适合生长于水湿条件中等的生境，其形态结构和适应性介于湿生与旱生植物之间，是种类最多、分布最广、数量最大的陆生植物。乔木树种有红松、落叶松、云杉、冷杉、桦、槭、紫穗槐和水杉等。

3. 旱生植物（Xerophytes）

泛指生长在干旱环境中，经历较长时间的干旱仍能维持水分平衡和正常生长发育的一类植物。

在干旱的草原和荒漠地区，旱生植物种类特别丰富。旱生植物在形态结构上适应特征表现为增加水分吸收，减少水分丢失。例如，沙生植物骆驼刺的地上部分仅几厘米，而地下部分可以深达 15m（图 5.1），这样吸收水分的空间范围增加。为减少水分散失，许多旱生植物叶面积很小，例如仙人掌科的许多植物，叶片特化成刺状；松柏类植物呈针状、刺状或鳞片状，而且气孔下陷；夹竹桃叶表面被有很厚的角质层或白色绒毛，能够反射太阳辐射；许多单子叶植物具有扇状的运动细胞，在缺水的情况下，可收缩使叶片卷曲，尽量减少水分散失。

图 5.1　骆驼刺地下部分（根）和地上部分（茎、叶）（引自：张明如等，2006）

另一类旱生植物具有发达的储水组织，例如美洲沙漠中的仙人掌树，高达 15～20m，可储水 2t 左右；南美洲的瓶子树（图 5.2）、非洲的猴孙面包树，可以储水 4t 以上。植物储存大量的水分于体内，显然是为了适应干旱的生境。

旱生植物适应干旱生境的生理特征表现为原生质的渗透压特别高。淡水水生植物的渗透压通常为 2～3Pa，中生植物一般不超过 20Pa，而旱生植物则为 40～60Pa，甚至可高达100Pa。高渗透压有助于植物根系从干旱的土壤中吸收水分，同时不至于发生反渗透现象导致植物失水。

图 5.2　南美洲多刺疏林中的瓶子树（引自：张明如等，2006）

应注意到，旱生植物并非同时同等地具有上述特征，而是以某种方式为主，即使相伴生长在同一干旱生境中的植物也可能以完全不同的途径避免永久萎蔫带来的危害。但是确实有时不少旱生植物同时采用多种适应对策，例如，沙冬青具有阻止水分过度蒸腾的角质层膜和下陷型气孔、发达的栅栏组织和能提高保水的特殊内含物；骆驼刺具有深根系和强大的同化组织，在水分适宜时尽量耗水，增强同化作用，同时有部分叶变成刺状及下陷气孔等，在缺水时靠有限水亦能正常生长。

5.1.6　森林动物对水分的生态适应

动物作为森林生态系统的消费者，对水的依赖性主要表现在饮水源与栖息地，大兴安岭的驼鹿主要以河岸两侧的植物为食，构成了兴安落叶松林食物链。同时水分影响着森林中动物对食物的储存方式，从而影响着森林植物物种的形成与分布格局，亚马孙河水体的大小直接影响着河狸的数量。

动物与植物一样，也必须保持体内的水分平衡。对于水生动物而言，保持体内水分的得失平衡主要是依赖水的渗透作用。陆生动物体内的含水量一般比环境高，因此常常因蒸发而失水，另外在排泄过程中也会损失一些水。失去的这些水必须从食物、饮水、和代谢水中得到补足，以便保持体内水分平衡。

水分的平衡调节总是同各种溶质的平衡调节密切联系在一起，动物与环境之间的水交换经常伴随着溶质的交换。生活在淡水中的鱼不仅要解决大量水渗透到体内的问题，还必须不断补充溶质的损失。排泄过程不仅会丢失水分，同时也会丢失溶解在水里的许多溶质。

影响动物与环境之间进行水分交换的环境因素有很多，不同的动物也具有不同的调节机制，但各种调节机制都必须使动物能够在各种情况下保持体内水分和溶质交换平衡，否则动物就无法生存。

陆生动物的细胞内需要保持最适宜的含水量和溶质浓度。渗透压调节的重要性就在于能够保持各种动物细胞内都有相似的含水量，并以此来保持细胞的正常代谢功能。

陆生动物失水的主要途径是皮肤蒸发、呼吸失水和排泄失水。由于有些环境从食物、饮水和代谢水中无法弥补其对于水分的需要，陆生动物在进化过程中形成了各种减少或限制失水的适应。陆生动物皮肤的含水量总是比其他组织要低，以此来减缓水穿过皮肤。很多蜥蜴和蛇皮肤中的脂肪对限制水的移动发挥着重要作用。节肢动物的体表有一层几丁质的外骨骼，有些种类在外骨骼的表面还有很薄的蜡质层，可以有效地防止水分蒸发。鸟类和哺乳类将由肺部呼出的水蒸气在扩大的鼻道内通过冷凝而被回收。含氮废物的排泄形式也是减少排泄失水的一种途径。肾脏浓缩尿的能力越强，就越能减少排泄失水。爬行动物和鸟类以脲酸（$C_5H_4N_4O_3$）的形式排泄含氮物是对陆地生活的进一步适应。此外陆生动物允许体温有较大幅度的变化，也是减少调节体温损失的一种生态适应。

5.2　森林生态系统的生态水文特征

森林生态系统是指以树木为主体的生物群落与周围环境所组成的生态系统。森林生态系统是生物圈生态系统中分布最广、结构最复杂，类型最丰富的一种生态系统，是巨大的陆地生物基因库，是生产力最高的生态系统。

森林生态系统一般从上到下可分为 3 个层次，即林冠层、枯落物层和土壤层，各个层次在生态水文过程中发挥了不同的作用，体现了重要的水文生态效益。森林生态水文过程是指在森林生态系统各个功能层次之间的水分分配和运动过程，包括林内降雨、降雨截持、树干流、枯落物截留、林地蒸散、土壤入渗、地表径流等。这类研究是传统森林水文学的主要内容，研究开展较早，成果较为充足，其目的在于揭示森林水文特征、为探讨水分运动过程机制提供基础资料，也是当前森林水文学研究中的一个重要方面。近些年来由于对了解水文过程机制和理解森林水文过程影响的迫切需求，对森林生态系统生态水文过程的研究越来越受到其他相关学科的关注。下面介绍森林生态系统各主要功能层次生态水文过程的研究进展情况。

5.2.1　林冠层生态水文特征

树冠层是森林生态系统对水分传输有着重要作用的第一层，是调节降水分配和水分输入林内的重要过程，使林内的降雨量、降雨强度、降雨分布等发生显著变化，直接影响水分在森林生态系统中的整个循环过程。降雨下落到植被层表面产生了第一次分配，分配为树干流量、林内降雨量和林冠截留量 3 个分量。

林冠截留降雨的研究已经有 100 多年的历史，国内外学者在此方面做了大量的研究工作，积累了宝贵的资料。影响林冠层截留量的主要因素有以下几个方面：第一，林冠层的年截留量与年降雨量以及年内降雨的次数有关。一般情况下，林冠层年截留量可以达到年降水量的 15%～45%。国外研究表明林冠截留率平均值为 10%～30%，有的地方甚至达到50%。我国各主要森林生态系统类型林冠截留率平均值在 11.40%～34.34% 之间变动，变动系数为 6.68%～55.05%，各种森林生态系统的林冠截留功能波动性大，稳定性小，其中亚热带西部高山常绿针叶林最大，亚热带山地常绿落叶阔叶混交林最小。第二，林冠截留量和截留率在不同季节之间有较大的差异，印度学者发现，35 年生雪松的截留损失为降水量的 25.2%，在降雨量最大的 7 月为 18.7%，而在降雨量最小的 2 月为 69.1%，表明了旱季的截留率大于雨季。第三，林冠截留量还会受林木特征的影响。林木特征因素中森林生态系统类型、树种组成、冠层厚度、林龄、叶面积指数、林分密度、郁闭度等对林冠截留都有很大影响。研究表明森林的降雨截持量取决于冠层饱和截留容量，而林冠枝叶空间分布越均匀，林冠枝叶量越多，其饱和截留容量越大。第四，气象因子中降雨量、降雨强度和大气蒸发等对林冠截持量也具有很大影响。降雨强度对截留的影响一般是线性的，在同一降雨量的情况下，截留量、截留率都随着降雨强度增大而减小。林冠截留量与降雨量之间呈显著的正相关关系，不同森林类型有的更接近于直线相关，有的则呈幂函数关系；而林冠截留率则与降雨量呈紧密的负相关关系，其线型多为幂函数形式。林冠截留的降雨最终都会被蒸发到大气中，可将林冠截留降雨的蒸发分成降雨期间的蒸发和降雨之后的蒸发两部分。两者都与植被的截蓄容量和降雨期间的蒸发能力密切相关。

树干流也称为树干截留，是森林冠层平衡中的重要组成部分，加剧了林内水分分配和养分分配的差异。树干流量一般只占降雨总量的 0.3％～3.8％，在森林生态系统水分平衡的各个分量中只是一个非常微小的部分，在定量研究中常常被忽视，但其有着重要的生态学意义。树干流主要在树木根部下渗分布，其中的水分和淋洗树冠得到的养分易于被树根吸收，因而对树木生长起着相当重要的作用，特别在干旱、半干旱条件下，树干流对造林树种的成活至关重要，树干流甚至成为某些树种适应干旱瘠薄立地条件的重要决定因素之一。研究表明树种之间的树干流差异十分显著，阔叶树的树干流量要大于针叶树。树干流量随林外降水量增大而增大，此外树木胸径、树皮厚度、树皮粗糙程度及树枝分支特征等因素也影响着树干流量的大小。

林内降雨由两部分组成：一部分被称为自由穿透雨，是未经林冠拦截直接从林隙到达林地地表的降雨；另一部分被称为滴落水，是雨滴打击林冠表面后溅落以及被叶片及枝条截留后滴落的雨水。林内与林外降雨量呈现比较好的线性正相关关系。但是实际观测中发现，同一林分所测定的林内降雨值呈现了较大的波动性和空间异质性，有些观测点在某一时间甚至出现了林内降雨大于林外降雨的情况。研究认为，影响林内降雨的空间差异的原因包括降雨量、雨强、树种、林冠位置、林冠结构等因素。

由于林冠截留影响因子的复杂性和重复测定的难度，研究者非常关注通过已有的测定结果建立预测模型。林冠截留模型分为经验模型、半经验半理论模型和理论模型。最早的统计模型是由 Horton 提出的，后来很多模型都是在此基础上改进的。经验模型具有形式简单、参数少而易测的优点，吸引了大量学者的注意，特别是非线性统计模型的应用大大提高了模型的精度。但经验模型的建立受观测地区复杂环境条件的影响，而模型考虑的影响因子都较为简单，往往在推广到其他林分或其他地区时模拟精度较低。Rutter 等在冠层水量平衡的基础上提出了截留降雨的概念模型，该模型的原理是通过林冠层的水量平衡和树干水量平衡动态方程的计算来获得林冠截留量。Gash 解析模型是基于 Rutter 模型概念结构的进一步简化，适用于相对密闭林分的林冠截留模拟，并考虑了气象因子。Gash 解析模型是介于静态与动态之间的一种模型，模型把一次降雨的截留损失分成林冠吸附、树干吸附和附加截留 3 部分，通过分项计算并求和可以对某时段内林冠截留量进行估算。但是该模型更适用于次降雨量较大的情况，而对 10mm 以下的降雨模型估计的误差较大。Rutter 模型和 Gash 解析模型是目前存在的林冠截留模型中较为完善且应用范围最为广泛的。在国内的研究中，根据我国实际情况，在分析总结前人林冠截留模型研究成果的基础上，将 Horton 模型进行了必要的简化，建立了半理论半经验的林冠截留模型，模型通过参数调整可适用于我国不同林分的次降雨截留模拟，取得了良好的模拟效果。

5.2.2　枯落物层生态水文特征

枯落物层是指覆盖在土壤表面的、由枯枝落叶和动物粪便及其残体组成的生态功能层，是森林生态系统中继林冠层、含根土壤层之后的另一个重要的垂直结构上的功能层。枯落物层在水文过程中的重要作用体现在截留降雨、拦蓄地表径流、防止土壤水分蒸发和增加地表入渗量。枯落物层具有较大的水分截持能力，从而影响到穿透降雨对土壤水分的补充和植物的水分供应。在降雨开始时，随着穿透雨的输入和周围环境水分含量的增加，枯落物层的含水率快速增加；当水分充满枯落物层空隙，开始向细胞内部渗透时，吸水速率降低，吸水量增加变得缓慢；枯落物吸水量达到其最大潜力值后，枯落物层变为一层连续的水流通道，含水量不再增加。枯落物的持水能力通常用干物质的最大持水率（％），即枯落物所持有水的质量与不含水枯落物的质量的比值来表示。综合之前的研究结果认为，枯落物吸持水量可达到自身干重的 1～4 倍，其饱和含水量为 1.21～5.88mm，各种森林的枯落物的最大持水量平均为 309.54％。枯落物层的氨化和矿化速率随着含水量的增加而提高，同时枯落物层含水量具有明显的时空变异性，从而加大了研究的难度。枯落物的最大持水率与林分类型、林龄、枯落物的组成、分解状况、积累状况等有关。枯落物层的分解程度越高，其持水率越大；反之，持水率越小。枯落物储量越大（枯落物层厚度越大）、初始含水量越低，其最大持水率越大。此外，降雨强度和降雨历时也会对枯落物的水分吸持过程产生影响。枯落物截留具有削减地面径流量、降低径流速度、延长地表径流时间、减少径流泥沙量等功能，对减轻林地水土流失有着非常明显的效果。枯落物层具有比土壤更大的孔隙，因此其水分也就更易蒸发，并且枯落物层的覆盖可抑制土壤水分的蒸发（赵鸿雁等，1994）。

5.2.3　土壤层生态水文特征

土壤层通过入渗、蓄纳等作用，对降水资源分配格局产生的影响最为明显，成为联系地表水与地下水的纽带，也是森林生态系统水分的主要储蓄库。土壤入渗是指水分进入土壤形成土壤水的过程，是降水、地面水、土壤水和地下水相互转化过程中的一个重要环节。土壤渗透性是十分重要的土壤物理学特征参数之一，土壤渗透直接影响着地表径流过程和土壤储水过程，对水土流失、植物生长以及其他水文过程都有很强的调节作用。林地土壤入渗包括两个过程：一是经过林冠和枯落物截持后的到达地面的净降水通过表层土壤的孔隙进入土壤中的过程；二是水分从表层土壤沿土壤孔隙向深层渗透和扩散的过程。测定土壤入渗方法较多，如双环法、环刀法、渗透仪法、模拟降雨法、土柱法、钻孔法、圆盘入渗仪法等。不同测定方法的研究结果都表明，森林土壤由于受树木根系以及土壤内的动物影响而拥有相对疏松的结构，其孔隙度特别是非毛管孔隙度要明显高于其他土地类型，因此森林比其他利用类型的土地拥有更高的土壤水分入渗能力。

影响土壤入渗的因素众多，目前国内外在此方面有着大量的研究成果。土壤入渗能力与土壤水分物理性质关系紧密，相关研究表明土壤质地越粗、土壤有效孔隙率越大、土壤水稳性大团粒含量越多、土壤容重越小则土壤的入渗能力越强，反之则入渗能力越弱。降雨作为土壤入渗的输入过程有着重要的影响，其中雨型、雨滴直径和降雨强度是主要的表现因子，目前研究普遍认为降雨因子对土壤的初渗速率和稳渗速率都有一定影响，而对土壤初渗速率的影响更为显著。不同的下垫面类型也影响着土壤入渗特征，基本规律为：阔叶林土壤入渗能力＞针叶林土壤入渗能力＞荒地土壤入渗能力，针对东北部林区，入渗能力从大到小的是：蒙古栎天然林、白桦天然林、水曲柳天然林、樟子松人工林和落叶松人工林。土壤入渗速率随着地形因子中的坡度、坡向、坡位的不同存在着较大的差异。此外，土壤地表结皮、土壤初始含水率、地表枯落物特征等因子都对土壤入渗有着一定的影响。

土壤储水量是评价植被水源涵养功能的重要指标和水文参数，我国的林学和水保领域常常以土壤的非毛管孔隙储水量来代表森林土壤储水量，但有研究指出我国半干旱地区土壤的毛管储水量常常是非毛管储水量的几倍，土壤蓄水往往以吸持水为主，因此用非毛管储水量并不全面和准确，应该用非毛管和毛管储水量之和来代表土壤储水性能。土壤储水能力与土壤非毛管孔隙度、毛管孔隙度和土壤厚度直接相关，植被状况造成的土壤孔隙度的差异也间接影响了土壤储水能力。研究表明，在我国温带山地落叶阔叶林、温带山地针叶林和寒温带山地针叶林，非毛管孔隙储水量较低，多在 100mm 以下；而我国热带、亚热带森林，特别是阔叶林生态系统，林地储水能力强。非毛管储水量在 100mm 以上。林地枯落物量对土壤表层的孔隙度有着较大的影响，也会影响土壤的储水能力。随着地表枯落物的增加，土壤孔隙度也随之增加，而且随着时间的延长枯落物层对土壤结构影响也会向下延伸。

5.2.4 林地坡面产流特征

径流是水文循环和水量平衡的基本要素之一，根据径流发生在土壤剖面的位置可分为地表径流、壤中流和地下径流。传统水文学径流形成机制源于 1935 年霍顿提出的霍顿产流理论，阐明了自然界超渗地面径流和地下水径流的产生机制，这一理论在水文学领域的统治地位持续了 30 年左右。20 世纪 60 年代末开始，一批水文学家提出的变动产流面积概念对超渗地表产流机制提出了挑战，这种理论被称为"山坡水文学产流理论"，主要包括壤中径流和饱和地面径流的形成机制及回归流概念，解释了饱和地面径流的产生。山坡水文学产流理论是 Horton 产流理论的新发展。一般来讲，植被稀少、土壤发育不良、入渗能力差的地区主要发生超渗产流，而植被盖度高、土壤发育较好的湿润地区易形成饱和地表径流。

5.2.5 林地蒸散特征

蒸散是植被及地面整体向大气输送的水汽总通量，包括蒸发和蒸腾两个部分，对于森林生态系统的蒸散来说具体包含树冠截留蒸发、枯落物层截留蒸发、土壤蒸发和上层乔木与下层灌木的蒸腾。森林生态系统蒸散过程是一个极其重要的水文过程，相关研究表明陆地上年降水量的 66% 是通过蒸散返回大气层的，是森林生态系统水分平衡的主要分量。

蒸散是一个复杂的连续过程，受到多种环境因子的影响，这些因子包括地形因子（如海拔、坡度、坡向等）、土壤因子（如渗透、可利用水分等）、大气因子（如太阳辐射、温度、湿度、风速、降雨等）、植被因子（如物种组成、植被结构、叶面积指数、植被之间的竞争等）。一般情况下森林蒸散具有随着降水量的增加而增加的趋势，但土壤蒸发则随着降水量的增加而减少。人为活动对森林的干扰可以导致森林蒸散的变化，对杉木林的研究表明森林皆伐使蒸散形式的水分所占比例减少了 7%，蒸腾作用减少了近 50%，而土壤蒸发作用有明显加强；间伐则增加了森林的蒸散，大大提高了蒸散的比值。

目前蒸散的测定和估算方法较多，原理也各不相同。蒸散的实际测定法主要包括水文学法、微气象法、植物生理法和红外遥感法等。其中，水文学法包括水量平衡法、水分运动通量法、蒸渗仪法等，水文学法一般原理是通过相关各水文过程分量的测定通过水量平衡关系来计算实际蒸散量，这种方法简便可靠，但具有观测时间较长的缺陷。微气象法包括包文比能量平衡法、梯度法（扩散法）、空气动力学法、涡度相关法等，这类方法根据实测的微气象因子结合模型模拟对实际蒸散进行测定，具有不破坏植被下垫面和可测定连续时间动态变化的优点，但其测定对大气界面的稳定性要求较高，技术较为复杂，仪器成本较高。植物生理法主要包括称重法、气孔计法、风调室法、示踪同位素法、热脉冲法等，该方法适用于在叶片和植株尺度上测定植物蒸腾量，具有准确、易操作的优点，可适用于较为复杂的地形条件，但是生理学方法测定林分蒸腾时都是从单株外推到整个林分，样本的代表性和推算的准确性可能有问题。红外遥感法是通过卫星或飞机在高空遥测地表温度和地表光谱及反射率等参数，结合地面气象、植被和土壤要素的观测来计算蒸散的方法，是目前唯一的有效测定区域和全球范围蒸散的技术，但由于技术尚未成熟，目前测定精度不够。

建立和使用模型对实际蒸散进行估算是该领域研究的热点问题，模型估算也可分为用单一模型计算和土壤—植被—大气连续体综合模拟法。用单一模型计算的一个主要思路是计算潜在蒸散量，然后根据植被系数和土壤水分因子进行订正即可计算出实际蒸散。常用的计算潜在蒸散的公式有 Blancy‐Criddie 公式、Thornthwaite 公式、布迪科公式、Prierstley‐Taylor 公式、Penman 公式、Penman‐Monteith 公式等。而另一个思路是应用实际蒸散模型计算，目前最常用的实际蒸散模型是 Penman‐Menteith（P‐M）公式和 Shuttleworth‐Wallance（S‐W）模型，前者更适用于下垫面植被密集情况下，而后者更适合于稀疏植被情况。这类模型的理论思想较为完善，能够模拟某一时段的蒸散值，但需要的参数很多，不便于推广使用。土壤—植被—大气连续体综合模拟法充分考虑了水分在土壤、植物和大气相互联系的系统内转移交换的物理和生理过程，利用数学模型对水分、养分和能量在系统内的传输过程进行模拟，能够反映蒸散与土壤水分、植被生长、气象状况之间复杂的耦合作用。土壤—植被—大气连续体系统模拟综合了微气象学、土壤水动力学和植物生理学等学科的理论和方法，能够更加准确和系统地描述土壤—植被—大气连续体系统内水分的传输过程，具有牢固的物理基础，但土壤—植被—大气连续体模型参数非常复杂且繁多，并且对植被层的考虑往往过于单一，尚需要进一步完善。

5.3　森林植被对生态水文过程的影响

5.3.1　森林植被对降水的影响

1. 森林增雨作用评价

降水分为垂直降水（雨和雪）和水平降水（露、雨凇等）。就水平降水而言森林有促进作用，因为森林具有巨大的冷却面（枝叶），当近地面湿润气流遇到森林便冷却凝结为液态或固态水，后降落到林地上。此现象在林缘的迎风面尤为明显。据测定，在我国长白山地区、甘肃兴隆山、山西太岳山，森林可使降水量增加 2%～5%。在日本北海道冷杉、山毛榉等针阔混交的天然林中，4 月和 7 月林内雨量分别增加 11% 和 10%。

至于森林对垂直降水的影响争论激烈。理论上降水形成的条件有两个：一是凝结核，二是空气湿度饱和。巨大的蒸散增加了森林上空的大气湿度，降低了温度，同时森林增大了地面粗糙度，加强了近地层的乱流交换，促使水汽向上输送，因而导致森林上空空气湿度容易达到饱和状态。此外，气流被森林抬升，也有利于降水的形成。可见森林为降水的形成提供了条件。

另外的观点为：森林的增雨作用不大，雨量多是由于观测的误差，降水是大气环流、地形抬升作用的共同结果。

2. 降水通过森林后的水质变化

林外雨的养分含量很低，且季节变化小。降水通过林冠叶、枝、干，将沉积在枝、叶、干释放的养分淋溶下来，故有养分输入功能。水质变化的生态意义是增加土壤养分含量，随茎流直接导入根区，供树木根系吸收利用。此外，降水经过森林流域时，可以将土壤和岩石风化物及生物遗体中的各种物质溶解，增加了水的化学成分；另外，降水经过森林流域时，由于枯枝落叶和土壤腐殖质的作用，又可以去除某些溶解成分，起到净化水的作用。

5.3.2 森林植被对流域地表径流的影响

森林占地球陆地表面面积的33%，具有良好的水土保持和涵养水源功能。研究森林生态系统涵养水源功能有助于了解森林生态系统中水分的运转过程与机制以及对生态系统结构、生物地球化学循环、能量代谢和生产力的影响，为流域水资源管理与规划提供参考。很多研究都证明，年均降水量是影响年径流量的最重要的因子之一，并且对流域植被变化之后的径流量有强烈的影响。在高降水量地区，植被变化对径流在绝对量（mm）上有最大的影响，年降水量越大的地区，由造林造成的径流的绝对减少量也越大，然而在相对变化（%）上则有相反的趋势，干旱地区反而会有更大的相对变化。而这可能是评价干旱地区植被影响的一个更好的方式，干旱地区的极端的减少量，其原因是其水资源的缺乏；对于一个给定的蒸散发的相对增加量，干旱地区对径流的影响更大，这是因为在这些地区降水中所能形成径流的部分很低。根系深度可能也是一个影响因素，因为它在干旱气候增加蒸散发方面扮演了一个相当重要的角色，而干旱地区造林可能会增加用水的来源，从而降低了循环的长度，导致整个干旱地区更大比例的径流减少量。

1. 森林的数量变化对流域地表径流的影响

大多数国家的学者在对不同流域研究得出的结论认为森林覆盖度提高会使径流量减少，美国、英国、日本、德国和我国的大多数研究结果都证明了这个结论。

Bosch和Hewlett于1982年选取了世界上94个流域对植被变化对产水量的影响做了研究，得出结论：森林覆被的减少可增加产水量；在原来无植被地区种植森林会减少产水量。Hibbert于1983年对世界上39个典型流域进行研究后，结果进一步证实了Bosch和Hewlett的上述结论。总体认为：流域森林覆被率增加，流域产水量减少。我国不少学者探讨了黄土高原地区森林对流域地表径流的影响，也有大量研究与此相似结论。研究认为黄土高原地区高覆被率森林流域较低覆被率森林流域而言流域产水量低25mm左右，黄土高原地区森林减少年径流一般值大约在37%以上，甚至有研究发现黄土高原地区有林地较无林地径流减少57%～96%。

对于森林植被对流域径流的影响，现如今依然有一些不同的结论。周晓峰于2001年得到一些相反的结论，他在对我国东北地区黑龙江和松花江水系的20个流域10年测定的多元回归分析结果表明，森林覆盖度每增加1%，年径流量增加1.46mm。

而有些研究则也认为植被覆被变化对流域径流影响并不明显。比如Scott和Lesch于1997年的一项研究表明，以大叶桉为主要树种的流域，植树9年后，枯水期径流完全消失，对林龄为15年的桉树进行皆伐实验后发现，流域年径流在5年后并没有增加。

2. 森林的结构变化对流域地表径流的影响

森林结构决定森林功能。森林结构对流域地表径流的影响主要体现在通过调节降雨林内分配进而对流域产汇流时间及数量造成影响。当前坡面生态系统尺度下森林对坡面径流的影响相对较多，但流域尺度森林质量变化对产水量的影响研究较少。相关文献表明，反映流域尺度森林植被结构的指标主要包括：流域森林覆被率、归一化植被指数、森林生物量、乔木层生物量、森林单位面积蓄积量、流域林层结构、流域树种组成、年龄结构、径阶结构、流域景观空间格局指数等。

林龄结构组成是森林结构重要参数之一，它主要指森林中各组成树种在不同龄级的分布株数，是综合反映森林密度和树种的度量指标，从侧面反映了森林结构的稳定程度，进而对林分水源涵养功能造成影响。树种组成不同，可导致树冠特性以及林下植被的差异，以及影响林下枯落物的数量及组成，进而对枯落物持水能力造成差异。

5.3.3　森林涵养水源和保持水土的作用

常识告诉我们："水流隰"，水总是流向低洼地。水在流动过程中，所经之地若无森林植被的保护，必然携带一些泥沙、石砾，造成水土流失。

有森林覆盖，就可以减少地表径流，使之转变为土壤径流和地下水，起到蓄存降水、补充地下水和缓慢进入河流或水库、调节河川径流量、在枯水期仍能维持一定量的水位的作用。森林的此种功能被称为涵养水源（图 5.3）。

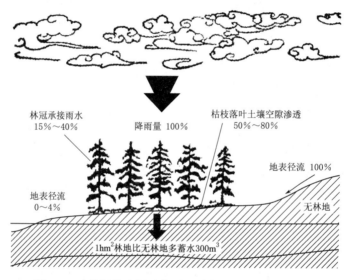

图 5.3　森林涵养水源示意图（引自：张明如等，2006）

森林防止土壤侵蚀能力还取决于地被物吸持水分、减弱雨滴的能量、植物根系对土壤的固持作用、枯枝落叶层对地表径流的阻拦和过滤功能。

5.4　森林生态系统土壤碳-氮-水循环过程

碳循环、氮循环和水循环既是生态系统的 3 个最为重要的物质循环过程，又是生态系统能量传输、养分循环和水分运移的载体。三者之间通过资源供给与需求计量平衡关系、资源利用与转化的生物制约关系，以及生物学、物理学和化学过程的耦合机制而相互依赖、相互制约、联动循环，协同决定着生态系统的结构和功能状态，决定着生态系统提供物质生产、资源更新、环境净化以及生物圈的生命维持等生态服务的能力和强度。

陆地生态系统的碳循环、氮循环和水循环通过土壤-植物-大气系统的一系列能量转化、物质循环和水分传输过程紧密地耦联在一起，制约着土壤和植物与大气系统之间的碳-氮-水交换通量及三者间的平衡关系。

5.4.1 森林生态系统土壤碳循环

生态系统碳循环可以被简要地描述成以植物为核心，通过绿色植物的光合作用把大气中的 CO_2 固定成有机物，并主要储存于植物、土壤中，同时通过植物的自养呼吸和土壤微生物的异养呼吸作用，重新向大气中释放 CO_2，从而构成大气、植物、土壤、大气之间的碳循环。

1. 土壤碳输入

自然条件下，土壤碳主要来自动植物的残体及代谢产物，其中植物残体和根系分泌物占绝大部分。由于不同植物具有不同的初级生产力和碳分配策略，所以输入土壤中碳的数量和质量存在很大差别。输入土壤中碳的组成十分复杂，主要有单糖、淀粉、纤维素、半纤维素、木质素、蛋白质、树脂、蜡质等。因为植物残体的质量（即其化学组成和各成分含量）随植物种类、器官、年龄、生存环境等不同而不同，所以不同植被条件下输入土壤中碳的质量存在很大差异。

2. 土壤碳迁移转化

作为土壤碳主要来源的动植物残体一旦进入土壤，就会在物理、化学、生物作用下开始迁移转化。植物残体进入土壤后的初期阶段，促进其中碳迁移转化的主要作用是淋溶和破碎。淋溶是物理过程，通过淋溶，矿质离子和小的水溶性有机化合物溶解在水中，并穿过土壤运动。淋溶作用的强弱主要取决于降雨，降雨量高的环境中新鲜凋落物的淋溶损失最大，而在干旱少雨的环境中淋溶作用可忽略不计。破碎是指土壤动物将大块的有机物裂解成小块的过程。最初的植物残体被角质层或树皮覆盖，植物组织内部的细胞也被充满木质素的细胞壁保护，而破碎化可以突破这些屏障。破碎后的小块有机物不仅为土壤动物提供了食物来源，而且还为微生物的移植创造了新的表面，增加了微生物可获得的有机物量的比例。另外，冻融交替或干湿交替也可以促使细胞结构破裂。

经过最初的淋溶和破碎以后，有机碎屑在细菌、真菌等土壤微生物的作用下发生化学改变。真菌具有能够破坏各种植物成分酶系统，通过分解有机碎屑获取碳源和能量。在分解养分浓度低的有机碎屑时，真菌通常比细菌更具优势，这是因为真菌具有菌丝，可以从别处吸收氮、磷等营养物质，维持自身营养平衡；并且真菌自身的碳的营养比例更高，需要的营养物质较少。细菌个体较小，因此主要依赖底物向它们移动；但细菌比表面积大，使其能够在底物丰富的地方迅速生长分裂。总之，依靠细菌、真菌的分解作用，有机碎屑被进一步分解，直至完全分辨不出其原来的面目，成为土壤有机质。土壤有机质的组成非常复杂，根据土壤碳分解难易程度，将土壤有机碳分为活性炭库、慢性碳库、惰性碳库。活性炭库包括糖类、氨基酸和大部分的未分解有机碎屑等，它们极易在土壤微生物作用下发生分解。慢性碳库则包括半分解有机物、有机团聚体和少部分未分解有机碎屑等，它们对土壤微生物讲解具有一定的抵抗力，但在干扰的情况下易发生结构性的变化，从而影响其抵抗微生物降解作用的能力。惰性碳库包括非亲水性有机物、与黏粒粉粒矿物结合的有机酸复合体等，它们对土壤微生物降解具有较强的抵抗力，能较长时间地存在于土壤中。

土壤有机质分解难易程度受其化学特征决定，化学特征包括：①分子的大小。大分子不能透过微生物的膜，必须由胞外酶在细胞外进行处理，所以糖和氨基酸比纤维素和蛋白质更容易被代谢。②化学键的类型。一些化学键比其他的化学键更容易被打破。酯键和肽键远比芳香环的双键更容易打破，因此蛋白质较芳香族化合物更容易被微生物分解。③结构的规则性。结构高度不规则的化合物不能为大多数酶的活性位点结合，所以其分解速率比结构规则的化合物要慢很多。④毒性。一些有毒的可溶性化合物会抑制微生物活性，甚至杀死微生物，这类化合物通常很难被微生物分解。⑤营养浓度。氮磷等营养含量低的有机质因不能提供微生物所需的营养而限制微生物对凋落物中碳的利用。

腐殖化是土壤能够长期储备碳的重要原因。腐殖化包括很多过程，如分解作用的选择性保留、微生物的转化、多酚的形成、苯醌的形成、非生物浓缩等。腐殖质在土壤中分解速率较慢，这是因为其高度不规则的结构使单个酶系统不能有效地进攻，较大的体积和交联结构使土壤酶不能接触其大部分结构，另外腐殖质与土壤矿物质结合也可保护其免受土壤酶攻击。

3. 土壤碳输出

根系、土壤微生物的呼吸作用是土壤碳输出的主要途径。微生物呼吸作用的强度受温度、水分、养分可利用性等诸多因素影响，与土壤有机碳的分解和转化为同一过程。

5.4.2　森林生态系统土壤氮循环

生态系统氮循环可以被简单地描述成通过微生物作用，将大气中的 N_2 固定为植物可利用的无机氮，其中一部分被植物吸收而成为植物氮库，另一部分则通过微生物矿化作用最终成为土壤氮库较稳定的一部分，还有一部分重新返回到大气中，形成大气、微生物、植物、土壤、微生物、大气之间的氮循环。

1. 土壤氮输入

土壤氮的最主要来源是生物固氮作用。大气中虽然存在大量的分子态氮，但不能被植物直接利用，只有经过生物固氮作用，将其转化为有机氮化合物后，才能进入土壤，参与生物循环过程。自然高能固氮也是土壤氮的一种输入途径。大气中的分子态氮在发生雷电现象转化成氮氧化物，随干湿沉降进入土壤。另外，随着人类社会的发展，工业固氮（即哈勃固氮法）生产的化肥占输入土壤中氮的比例越来越大，严重改变了土壤在自然状态下的氮输入情况。当将土壤看作系统进行研究时，进入土壤中的氮还包括动植物残体及代谢产物中携带的氮，其中植物残体及分泌物是生态系统内部氮循环中土壤氮的最主要来源。

2. 土壤氮迁移转化

土壤氮包括无机和有机态两大类。土壤无机氮主要是氨态氮和硝态氮，是能被植物直接吸收利用的生物有效态氮；有机氮是土壤中氮的主要存在形态。当植物残体及分泌物作为有机氮源输入土壤时，微生物会对其进行分解，将有机氮转化为无机氮，即氮的矿化过程。矿化过程的最初步骤，也是关键和限速步骤，是不溶解的有机氮向溶解性的有机氮的转化。由于颗粒有机氮的裂解和颗粒有机碳的裂解同时并行，所以控制土壤有机碳转化的因子同样适用于土壤有机氮，如化合物质量、土壤微生物和土壤环境等因子。溶解态有机氮可以通过微生物转化为氨态氮，即氨化过程。土壤中净氨化作用的正负依赖于土壤中有机碳的状态。当微生物生长受碳限制时，微生物利用可溶性有机氮化合物中的碳来支持其生长，并释放氨态氮到土壤中，此时的净氨化速率为负。氨态氮转化为硝态氮或亚硝态氮的过程被称为硝化作用。氨态氮的可利用性是决定硝化作用速率最重要的直接因素，这对依靠氨态氮作为其基础能源的自养硝化细菌来说特别重要。氧是控制硝化作用的另一个重要因素，因为大多数硝化细菌需要氧来氧化氨态氮。另外温度可以通过改变微生物的代谢活性影响硝化作用的速率。

3. 土壤氮输出

土壤氮的损失途径很多，包括氨挥发、硝化反硝化过程中的气态氮损失、淋溶、火灾等。氨气可以从土壤中挥发出来，进入大气。氨气的挥发很大程度上取决于土壤的 pH 值，酸性条件下氨态氮以铵根离子形式存在于土壤中，而碱性条件下氨态氮则变为氨气，从土壤中挥发出来。硝化过程中，总会有一定比例的氮转化为一氧化氮或氧化亚氮脱离土壤，这与硝化过程的总通量有关。反硝化过程是硝态氮或亚硝态氮还原成气体分子态氮的过程，所需的 3 个重要条件是低氧、高硝酸盐浓度和可利用性碳。这是因为反硝化过程是硝态氮或亚硝态氮的还原过程，氧浓度过高会导致氧取代硝态氮被还原，抑制反硝化过程；反硝化过程需要足够的底物维持反应的进行；反硝化细菌通常是异养型的，所以有机碳的可利用性低时就会抑制该过程进行。由于硝态氮的可移动性远高于氨态氮，所以硝化过程会极大促进土壤中氮素的淋溶损失。火灾可以造成大量气态氮的损失，包括闷烧时氨态氮的挥发和明烧时氮氧化物形式释放到大气中的氮。

5.4.3 森林生态系统土壤水循环

森林生态系统土壤水循环也简单地描述为包括了降水、蒸发散、水汽输送和径流 4 个阶段，降水作为土壤水的主要输入，经过林冠截流，降水到达地表一部分形成地表径流，一部分通过下渗形成地下径流补给地下水，而另外一部分通过地表蒸发返回大气。

5.4.4 森林生态系统土壤碳-氮-水耦合循环的关键生物物理过程和生物化学过程

陆地生态系统的碳-氮-水交换主要发生在植被-大气、土壤-大气和根系-土壤界面上，是通过植物叶片、根系和土壤微生物等生理活动和物质代谢过程将植物、动物和微生物生命体、植物凋落物、动植物分泌物、土壤有机质和土壤与大气的无机环境系统的碳-氮-水循环连接起来，构成了复杂的链环式生物物理和生物化学耦合过程关系网络（图 5.4）。其中，植物气孔行为控制的光合-蒸腾作用生物物理过程、植物根系的水分和养分吸收的生物物理

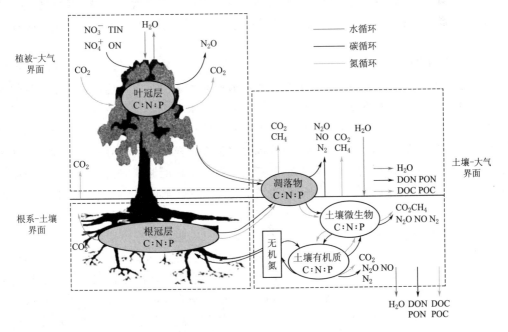

图 5.4 森林生态系统不同界面碳-氮-水耦合循环示意图（源自：余新晓，2015）

化学过程以及微生物功能群网络分解和转换碳的生物化学过程是最为重要的生态系统碳-氮-水耦合循环的三大关键过程，其行为及其环境响应是制约生态系统碳-氮-水耦合循环及其环境响应特征的关键机制（图 5.5）。

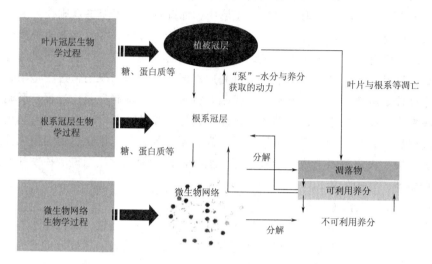

图 5.5　森林生态系统的生物群落调控碳-氮-水耦合循环的
关键过程（源自：余新晓，2015）

如图 5.5 所示，植物根系的养分吸收过程需要消耗一定数量的有机碳为养分选择吸收提供驱动力，并且植物的养分吸收和输送也必须以水分的渗透、扩散以及溶质流动和长距离运输等生物物理和化学过程为介导，营养物质利用和转化更需要通过一系列链环式的生物化学代谢过程来完成。土壤与微生物系统的碳-氮耦合循环过程则是由一系列氧化还原反应过程所构成的，不同类型的微生物功能群落对基质的竞争利用将会导致不同碳、氮气体之间以及碳、氮气体通量之间表现出多种形式耦合关系的发生。森林生态系统碳-氮-水耦合循环生物控制机制主要表现在以下几个方面。

（1）根系-土壤系统界面层生物学过程于控制机制。植物根系-土壤系统界面是植物养分、水分吸收和碳分配的主要通道或屏障。根系冠层对氮素的吸收作用依赖于土壤氮的可利用性和植物对地下根系碳的投入。除此之外，土壤中的水分供应状况也会影响根系冠层对氮的吸收，并最终影响生态系统生产力和生态系统碳固定功能。植物对土壤中不同形态氮（铵态氮和硝态氮）的吸收、偏好和调控机制等都存在较大差异。在土壤氮素缺乏时，植物向根系生长投入更多碳可促进根生长、增加根系密度，便于植物能够获取更多的氮。与构建植物的粗根相比，同样质量的碳如果被用于构建细根则能够提高氮的吸收效率，为此植物会投入更多的碳用于构建细根。根系的氮获取能力在很大程度上还取决于根系在土壤中的分布，根系分布深度对截获氮的能力，尤其是对易淋失的硝态氮的吸收具有重要作用。

植物根系-土壤系统界面的养分和水分交换过程也是相互作用和相互制约的，氮素等养分胁迫会导致植物导水率降低。植物根细胞在土壤中吸取水分取决于根细胞的水势和土壤溶液的水势，只要土壤溶液的水势高于根细胞的水势，根细胞就能从土壤溶液中吸取水分。相反土壤溶液的水势低于根细胞的水势，根细胞的水分向外流出就会造成植物生理性脱水。近年来，在土壤中氮的生物有效性、根系氮的吸收部位和吸收机制、木质部中氮的装载和运输、根系氮的溢泌以及根系调控等方面开展了大量研究工作，已经从生理水平上初步认识了植物对不同氮源的适应机制和利用策略。但是，长期以来由于氮通量的测定方法一直不够成熟，还难以准确测定根-土壤界面碳-氮-水的交换通量，对不同气候区的地带性植被根系冠层结构、根系冠层结构与根-土界面的碳-氮-水交换通量关系的认识还十分有限，至今尚未清晰阐明根系冠层如何调控根-土界面的碳-氮-水通量的平衡关系，植物根系冠层结构的时空变化特征及其对水-氮吸收过程，以及碳在根系冠层构建及其水-氮吸收过程中的分配原则与调控机制。

（2）植被冠层与根-土界面层生物学过程的关联与互作关系研究。植物的叶片与根系分别作为植物体地上和地下部分重要的营养器官，其很多功能性状在地上和地下之间存在着一定关联性。研究这种关联性有助于理解植物整体及其各组成部分性状之间的相互作用，以及植物生长过程中对资源的利用和分配，阐明生态系统地上的植被冠层和地下的根系冠层对生态系统碳-氮-水耦合循环的生物调控机理。除了碳和氧气之外，植物生长发育所需的各种物质主要是通过根系从土壤中吸收获取，吸收的水分和无机养分再通过木质部运输到地上植被冠层，参与光合作用和物质生产的生物化学代谢，根系生长得越好，其水分和无机养分的吸收功能就会越强，地上部分生长也越好，两者表现出显著的相关性。相反，任何自然或人为对根系的损害都会影响地上生长和功能的实现。根系生长除了自身吸收的矿质养分和合成的有机物外，还有赖于地上部分通过韧皮部供应有机物的能力，特别是碳水化合物。通常情况下，植物的地上部分与地下部分形态结构还具有鲜明的"对称性映射关系"，例如，地上部分的树冠高大、枝梢多，相对应的根系冠层的根系分布也深，根系也越发达。此外，植物地上部分冠层与地下部分根系冠层的对称性映射关系还包括其形态和结构方面的对称性。例如，稠密而细长叶子的植物也通常有很细小的根，这主要是相对应的枝梢和根系互相传递营养和信息的结果。

在生态系统尺度上，不同植物群落由于植物组成（种类）以及各种植物的独特特征，具有明显不同的碳水交换特征、能量利用效率、养分利用与再分配策略，以及特殊的叶片冠层结构、根系冠层结构和物候动态特征等，从而决定了不同生态系统碳-氮-水耦合循环和通量特征。虽然植物-大气和根系-土壤为植被与外界环境进行物质交换的两个主要界面，可是迄今还很少有研究同时考虑这两个界面之间的相互联系，还难以深入理解植被对生态系统碳-氮-水耦合循环的调控过程及其生物机制。

（3）土壤微生物对生态系统碳-氮耦合循环过程的影响。微生物是地球上最丰富多样的生命有机体，普遍具有种类组成复杂、难以培养和代谢功能多样性等特点。土壤中的各种微生物群落在生理生态功能、群落动态和空间分布方面具有不同的生态位，具有相似功能的微生物类群组成的微生物功能群落，会通过与生态系统的食物网相似的过程机制构成不同结构的土壤微生物功能群网络（soil microbial functional group network），这些不同类型的功能群网络共同推动着土壤中的碳-氮转化和植物的养分供给。例如，土壤颗粒作为微生物的载体，土壤、空气和溶液作为传输营养元素和生物信号分子的载体在土壤中存在明显的空间变化梯度，导致土壤内部微生物功能群落空间分异明显，在空间上构成了微生物功能群落网络结构。

在大的地理空间尺度上，土壤微生物的功能群网络结构受许多生物与环境因素的影响。植物多样性大、土壤有机质含量高的中性土壤，其微生物的食物资源丰富，生态位也较宽，相应地,微生物群落多样性也较高。然而,目前参与土壤碳、氮循环的土壤微生物功能群之间的相对贡献以及相互之间存在怎样的网络结构和功能联系还缺乏明确的解释,因此,不同区域微生物功能群网络结构的也有待进一步探索。

土壤中的绝大多数微生物都要依赖植物根系分泌物、动植物残体或代谢产物作为维持其生命活动的基质或呼吸底物,关于微生物对土壤有机质分解与碳、氮周转过程的调控作用存在"功能相同"和"功能相异"两种不同的假说。前者认为土壤中的微生物种类极其多样,并且可以很快适应新环境,故而土壤微生物群落中存在着大量的功能冗余,因此微生物群落组成或多样性的改变对碳氮循环速率的影响会很小。而"功能相异"假说则强调不同类群的土壤微生物在吸收利用或转化某类基质时存在"偏好"或相对贡献不同,微生物群落组成或多样性改变对碳氮循环速率的影响很大。

总体上来说,植物叶片冠层的生物学过程、根-土界面层的生物学过程和微生物功能群网络的生物学过程调控着生态系统碳-氮-水耦合循环中的光合-蒸腾作用生物物理过程、水分和养分吸收生物物理化学过程以及碳-氮分解和转换的生物化学过程。对这 3 个过程的理解以及三者之间的相互影响和制约关系的认知,决定了对森林生态系统的生物群落如何调控碳-氮-水耦合循环机制的理解。目前多数研究工作还是假设各个过程是相对独立的生物学、物理学或者化学过程,其研究结果具有局限性。因此,未来还需要充分利用现代观测手段,开展碳-氮-水耦合循环过程综合研究,整合分析植物叶片冠层生物学过程,根系生物学过程和土壤微生物功能群生物学过程机制及其相互关系。

思考题

1. 森林植被对流域水文过程的影响主要体现在哪些方面?
2. 试述水生植物的生态类型及主要特征。
3. 归纳陆生植物(树种)的主要水分生态类型及其基本特征。
4. 说明森林对降水的重新分配过程及生态意义。
5. 森林涵养水源的生态学解释。
6. 森林生态系统碳-氮-水耦合循环的关键过程有哪些?

第6章 河流生态系统的生态水文过程

河流是陆地生态系统的动脉，水资源是社会经济发展的生命线。全球水资源危机和洪涝灾害的频繁发生促使人们给予更多的关注，河流生态学也日益受到重视，河流生态学的研究已经形成了一系列有影响的核心概念，用于描述主要的河流生态系统过程及其重要的生态特征。本章内容主要介绍河流的纵横向范围及其相互作用、河流的生态系统结构功能整体性概念模型以及河流生态系统水文过程对生物的影响。

6.1 河流生态系统的结构和功能

6.1.1 河流生态系统概述

河流生态系统是河道内以及河道外所有生物与其环境之间不断进行物质循环和能量流动而形成的统一整体，它包括生物群落和无机环境。水是河流生态系统内的重要要素，是生态过程的驱动力之一。

河流系统由河道、河岸带和河口生态系统等组成（图6.1）。河道系统在河流中呈狭长网络状，包括干流和各级支流。河道系统具有四维结构特征，即纵向上（上游到下游）、横向上（河床-河岸带）、垂直方向上（河川径流-地下水）和时间变化上（如河岸形态变化及生物群落演替）4个方向的结构。河道系统具有输沙、输水、泄洪、提供生物栖息地、接纳污染物、防止海水入侵等功能。

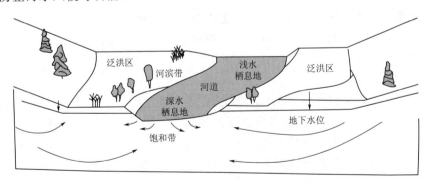

图6.1 河流系统组成示意图（源自：王西琴，2006）

河岸带是指高低水位之间的河床及高水位之上直至河水影响完全消失的地带，属于水-陆交错带；河湖岸带也可泛指一切邻近河流、湖泊、池塘、湿地以及其他特殊水体并且有显著资源价值的地带，一般有湖周交错带、河岸边交错带、河漫滩交错带、源头水交错带、河口三角洲交错带等类型。河岸带生态系统具有明显的边缘效应，是最复杂的生态系统之一，对水陆生态系统间的物流、能流、信息流和生物流等发挥廊道、过滤器和屏障作用功能。对于生物多样性的维持、水土污染治理和保护、河岸稳定、微气候调节和美化环境等均有重要的现实和潜在价值。

河口生态系统是融淡水生态系统、海水生态系统、咸淡水混合生态系统、潮滩湿地生态系统、河沙洲生态系统为一体的复杂系统。河口具有物质生产、净化环境、调节水循环及消浪减灾、大气调节、维持生物多样性、成陆造地和社会文化等服务功能。

6.1.2　河流生态系统基本要素

尽管所处的地理位置、气候地带的不同使得不同的河流具有不同的特点，但它们在很多方面具有一定的共性。如河流生态系统是动态的，具有周期性的自然变化特征，具有抗干扰能力以及维持其生存能力或恢复力等。水流在发生时间和速率上的变化对本地植物和动物种群的大小及其年龄结构、稀有或者特种物种的存在、物种之间以及物种与环境之间的相互关系，以及多个生态系统过程等，均有很大的影响。大多数河流需要季节或年际变化的水流来支撑植物或动物群落以及维持自然栖息地的动态性，从而维持物种的生产和生存。定期的和临时的水流类型也会对水质、物理栖息地状况和关系，以及水生生态系统的能量产生影响。

一般可以从水流状态、水质、沉积物、温度和光、化学和营养状况、植物和动物群落等6 个方面来描述河流生态系统，这 6 个方面在空间和时间上的相互作用反映了河流生态系统的动态属性，尽管在不同的水生生态系统类型之间它们的相对重要性会发生变化，但河流生态系统的结构和功能仍基本由它们来调控（图 6.2）。

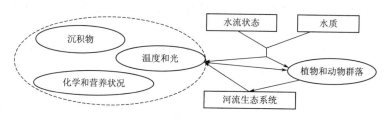

图 6.2　河流生态系统的基本要素（源自：王西琴，2006）

评价河流生态系统的完整性需要综合考虑以上 6 个方面的因素。在自然状况下，一年之中随着气候和季节、年际变化，上述 6 个方面的因素在一定的范围内变化，并共同作用，影响河流生态系统的进化过程。

6.1.2.1　水流状态

天然或者历史流量类型是反映河流特征的关键，因为流量类型和水文周期对河滨植物（如芦苇、草类等水生植物）的类型和丰度等产生影响，如基流、洪水的频率、罕见的极端洪水、流量的季节性以及年度变化性等。这些因素对于调节生物生产力，即构成水生食物网的基础（底部的藻类或者浮游植物的生长力）和生物多样性起着十分重要的作用。此外，一条河流的特征性流量类型与藻类的生产力有着密切的关系，是决定来自陆地营养流（氮和磷）可接受水平所必须考虑的一个重要因素。

流量类型从以下几个方面进行具体体现和描述。

（1）基流。基流状况表征河道内的最小水量，这个水量直接影响到水生生物的栖息地可用性以及河滨物种所需的饱和土的深度。基流的大小和持续时间在不同的河流上变化很大，由此可以反映流域在气候、地质以及植被方面的差异性。

（2）间隔时间较短（如间隔为 2 年）的洪水。洪水通过冲刷河床细小颗粒物质，从而促进河流具有更高的生产力。高流量同时也能促进上游和下游生物之间的扩散。一般情况下，适宜的高流量通过淹没临近的河漫滩以维持河滨植被的动态性。

（3）罕见或者极端流量事件。如 50～100 年一遇的洪水对于河流生态系统而言也是十分重要的因素。大的洪水通常将大量的沉积物由主河道运移至河漫滩。当河道被冲刷改变以及河滨群落和河漫滩湿地的连续性、动态性被重置的时候，河流系统的栖息地多样性也随之增加。高流量还可以将一些适应性差的物种（如高地树木或者非本地鱼类）转移到动态的河流环境中。

（4）流量的季节性变化。特别是高流量在时间上的变化对于维持生物繁殖阶段与这些流量密切相关的本地物种起着十分关键的作用。例如，一些鱼类利用高流量来进行产卵洄游。改变流量的季节性发生时间，可对水生和河滨群落造成严重的消极或者负面的影响。

（5）流量的年际变化。流量的年际变化是影响河流生态系统的一个重要的因素。例如，径流量的年际变化可以维持物种多样性。同样，河流生态系统的生产力和食物网结构也会随着流量的年际变化发生相应的变动。同时，这种变化性也确保不同的物种在不同的年代收益，从而促进比较高的生物多样性。

在河流上筑坝以及通过维持全年的最小流量等，使得大多数河流的自然流量以及流量的频率、出现的时间被人类控制，削弱了流量的自然变化特征，导致本地鱼类物种的普遍丧失和河滨植物再生能力的降低，损害了河流水生生态系统的基本生态功能，如我国北方地区的辽河、海河、黄河等。

6.1.2.2　水质

在河流生态系统中，水本身有数量的概念以外，同时蕴含着质量的概念，也就是水质。水的质量可以从其物理化学特性及其动态特征进行表示。河水的物理性质主要指水温、颜色、透明度、嗅和味，其化学性质由溶解和分散于河流水中的气体、离子、分子，胶体物质及悬浮固体、微生物及这些物质的含量所决定。

河水溶解的主要化学成分与一般天然水的相似，其评价指标也同于天然水。需要指出的是，水中溶解的气体和某些生物原生质，因水温、光合作用的四季变化和日夜交替而呈现季节性特征和昼夜的差异，高温季节水中溶解氧显著降低。只有当河水用于某一特殊目的或发生偶然事件时，才增加新的测定项目，比如对于水工建筑物，必须测定河水的侵蚀性。而当发生人、畜流行病时，必须测定病原菌。当河水有严重污染时，必须测定某些特定的污染物等。

近些年来，人类活动特别是工业废水废渣、生活污水和农田排水汇入河道，水路交通工具的排污，水渠开挖和水工建筑物的修筑等，都不同程度改变河水的化学成分和水化学动态，是目前河流生态系统研究中对水质关注的热点。

6.1.2.3　沉积物和有机物

沉积物和有机物的输入为物理栖息地结构、生物群落、地质以及产卵地的形成提供了自然原料，同时，也为水生植物和动物提供了营养物质。

在河流生态系统中，沉积物的运动和有机物质的输入是构成栖息地结构和动态性的重要成分。自然的有机物输入包括陆生群落的落叶和腐烂的植物。尤其是在一些比较小型的河流和溪流中，来自陆地的有机物质是其能量和物质的极其重要的来源，而且树干和其他木质材料进入河流为水生生物提供了重要的底质和栖息地。自然的沉积物运动是指那些伴随水流的天然变化性的运动。河流生态系统底部的无脊椎动物、藻类、苔藓类、维管类植物等，在长期的演化过程中，已经完全适应于它们所处环境的特定的沉积物和有机物状况，因此当沉积物的类型、大小或者频率发生改变时，它们将不能继续生存。而这些生物对于维持河流生态系统十分关键，因为这些生物对于水体净化、沉积作用和营养物循环起着重要的作用。

人类的活动已经严重改变了沉积物和有机物进入河流生态系统的自然速率，在增加某些物质输入的同时，也降低了其他一些物质的输入。如流域农业耕作、森林砍伐以及城市建筑活动等加速了土壤侵蚀，增加了水土流失；大坝、水库改变了下游河流的沉积物流入或者泥沙流入，使前者处于淤积状态，后者处于匮乏状态；水库中沉积物的增加将会切断向下游输送的正常的泥沙供给，造成河床侵蚀，从而导致河道栖息地退化以及在高流量期河漫滩和河滨湿地与河道的隔离，河滨植物的减少会降低有机物的输入，并且会加速侵蚀。

6.1.2.4　温度和光

河流水体光和热的特性受到气候、地形以及水体自身特性（化学成分、悬浮物质和藻类生产力）的影响。水温直接控制氧的浓度、水生生物的代谢速度以及生长、发育、繁殖等相关的生命过程。温度在很大程度上影响到水生动植物的健康，以及系统中物种的分布状况和水体中群落随季节的变化方式。水体循环模式和温度梯度都会影响到营养循环、溶解氧的分布、生物体的分布和行为。美国科罗拉多河在 Glen Canyon 水坝竣工之后，使得下游的水温下降，且清澈度明显上升。相比之前充满悬浮物的混浊河水，目前河水的可见度可达 7m 以上。这种低温、清澈的河水为一种非当地的蛙鱼提供了良好的生活环境，导致其大量繁殖，从而改变河流中的食物网。

6.1.2.5　营养和化学状况

河流自然的营养和化学状况是指那些反映当地气候、岩床、土壤和植被类型以及地形的状况。区域的多样性赋予了流域高的生物多样性。当人类活动产生的额外的营养物质（主要是氮和磷）进入河流生态系统时，会改变河流水体的化学和营养状况，容易发生富营养化状况，进而影响 pH 值和植物、动物的生产力，其后果是导致生物多样性的降低。如目前在经过农业区或者城市的河流中，大多数河流的营养物质和有毒污染物的输入超过了水生生物所能接受的底线。

6.1.2.6　植物和动物群落

植物和动物群落影响着河流生态系统过程的速率和群落结构。河流生态系统维持特定物种生存的能力可以用环境状况来反映，即水流、沉积物、温度、光度以及营养物质、系统中存在的其他物种以及它们之间的联系。因此，栖息地和生物群落都能作为维持物种多样性的控制和反馈结果。我国自然特征的多样性促成了极高的生物多样性，如长江的鱼类、蚌类、虾、两栖动物以及水生爬行类动物等生物多样性是世界上其他地方无法比拟的。反之，生物圈又反过来影响初级生产、分解以及营养物循环。在河流系统中，物种常常扮演着复杂、重复的角色，或者是成为有利于为当地生态系统提供巨大承载力以适应未来环境变化的因子。物种的丰富度或多样性为系统生态功能的持续性提供了保证。

人类活动能够极大地改变群落中物种的组成和生态系统的功能，威胁到这些生态系统在长期和短期尺度上提供重要物质和服务的能力。另外，在现有的或环境变化幅度改变的状况下能够生存的非本地生物种的引入会引起本地生物种的灭绝，严重地改变食物网以及生态过程，比如营养循环，导致本地物种减少，外来物种的侵入。

6.1.3 河流的纵向结构与河流连续体理论

6.1.3.1 河流的纵向结构

随着物理、化学梯度的变化，河流中河床的形状和生物群落在纵向方向发生相应的变化，河流纵向结构可以分为3个区域（图6.3）。

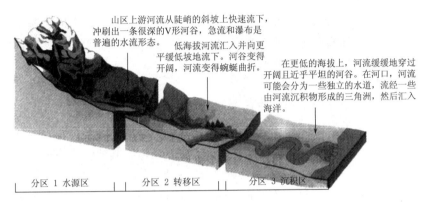

图6.3 水源区到河口的纵向剖面示意图（源自：Miller，1992）

（1）分区1。水源区，又称为上游区，常常有最陡峭的倾斜度。沉积物在分水岭的坡面上受到侵蚀，并且被带到下游。上游河流的特点是水流速度快，急流和瀑布是普遍的水流形态，常常冲刷成一条很深的V形河谷。

（2）分区2。转移区，又称为过渡区域或者输送区域，接收一部分被冲刷的物质。它常常是一些宽阔的河漫滩和蜿蜒曲折的河道。河谷变得开阔，河流变得蜿蜒曲折。

（3）分区3。沉积区，又称为下游区域，倾斜度会变得比较平，这也是最初的沉积区域。河流缓缓地穿过开阔且近乎平坦的河谷。在河口，河流可能会分为一些独立的水道，流经一些由河流沉积物形成的三角洲，然后汇入海洋。

水流顺着沿途地形在流向大海的过程中进行着三维运动，将上游和下游、河道和河漫滩以及海滨湿地、地表水和地下水联系起来。从河流源头到出口，在河流的顺流方向上，表征河道的系统参数（宽度、深度和河流等级）一般不断增大，坡度不断下降，主要泥沙类型有所改变，系统养分状况由贫瘠逐渐变为富养分状态，由于水的深度和浑浊度增大，到达河床的光照量也逐渐减少。河流在纵向流量（特征性河流流量、平均流速）、河道特征（倾斜度、河道宽度和河道深度）和沉积物特征（河床物质颗粒尺寸、淤积层相对储量）等3个方面均表现出不同的变化特征（图6.4）。

河流的纵向变化代表了河道类型的分带现象。在不同的河段，由于河道生态特征和

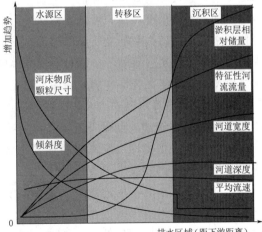

图6.4 流量、沉积物和河道特征在纵剖面方向上的变化（源自：Miller，1992）

97

人类活动影响的差异，河道所发挥的生态功能也不同。黄河从上游到下游流经青藏高原、黄土高原、华北平原等，所经过地区的地质、气候、植被条件等均有显著差异，人类对河流的影响强度也不相同，河流功能在纵向上表现出一定的差异性。上游河道功能以维持水生生物栖息地环境为主，中游人类活动逐渐增强，河道接纳的废水、污染物逐渐增多，河流的稀释自净功能表现得比较突出，黄河下游的输沙功能则显得十分重要。

河流纵向连通性是河流生态系统健康的主要指标之一。维持河流纵向流通性，在一年中的某些时候十分重要，如确保每年的鱼类产卵期的流量。因此，对于河流管理者和水利工程来说，认识到河流在纵向尺度上的连通性是非常重要的。

6.1.3.2　河流连续体

1980 年，Vannote 等研究了北美自然、未受扰动的河流生态系统后，提出了河流连续体的概念（river continuum concept，RCC）。认为河流生态系统由源头集水区的第一级河流起，以下流经第二、三、四等级河流流域，形成一个连续的、流动的、独特而完整的生态系统。尽管自身的初级生产力所占比例仅为 1%～2%，但它在整个流域生态系统中起着举足轻重的作用。RCC 的提出，不仅代表着河流生态学取得了重大进步，而且使河流生态系统的研究进入了一个崭新的阶段。RCC 概念自提出后，其性能已在许多河流系统上进行了检验。野外观测的结果有与 RCC 一致的，也有不一致的，并由此引起了更深刻的讨论。但无论如何，RCC 概念的提出，为理解河流生态学提供了一个非常有用的框架。RCC 概念的目的必须得到正确认识，作为自然正常系统的标准，它所描述的基本条件和相互关系可被用于研究和比较现有的河流，为河流生态学研究提供了有效的方法。图 6.5 是关于河流连续体概念的示意图，描述流域、河漫滩和河流生态系统之间的联系以及从源头到河口的生物群落的发展和变化，较好地概括和解释了河流生态系统的纵向变化特征。

河流连续体概念假设廊道沿岸的森林覆盖了区域 1 至区域 3 的河流，由于能量不能通过光合作用（自养生产）产生，生物群落都有适应依赖外来有机物质的输入来维持生活的能力。上游的河流一般被认为是异养型的（如依赖于周围流域所产生的能量）。因为受到地下水的影响，温度相对稳定，降低了生物多样性。当生物群落移动到下游，河道变宽使光线进入量增加，平均温度增高，由此，初级生产的水平也会随着温度的增加而相应增加，生物主要依赖来自于河道内部的物质，即内部自给营养，同时，也会接纳来自上游小的、经过预处理的有机颗粒，这些有利于协调自养和异养的关系。沿着纵向方向有许多新的栖息地和食物来源的增加，使得无脊椎群落的物种丰富度也会相应增加。

自 1980 年被提出以来，人们围绕河流连续体开展了多项研究。其重要性表现在：首先，RCC 应用生态系统的观点和原理，第一次试图沿着河流纵向梯度来描述各种河流群落的结构和功能特征，把由低级至高级相连的河流网络作为一个连续的整体系统对待，强调河流群落及其一系列功能与流域的统一性。这种由上游的诸多小溪至下游大河的连续性，不仅仅是指地理空间上的连续，更重要的是指生态系统中生物学过程及其物理环境的连续。其次，明确地提出河流生态系统纵向的梯度规律，认为河流群落可通过改变自身的结构和功能等，使其适应非生物环境，非生物环境从源头到河口呈现出连续的梯度。按照 RCC 理论，不规则的线性河流单向连接，下游河流中的生态系统过程同上游河流直接相关。这一观点与一般生态学原理的显著区别在于，把河流视作一个不同时间和空间尺度范畴

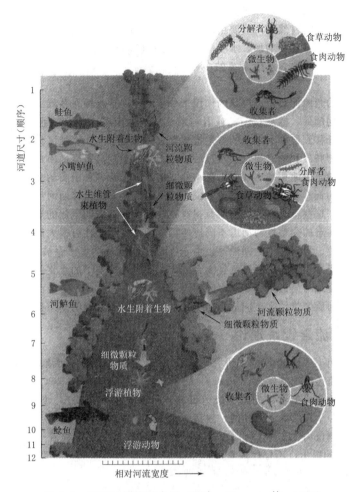

图 6.5 河流连续统示意图（源自：Vannote 等，1980）

内的连续变化梯度。第三，为后来有关河流生态学的其他概念奠定了基础，如序列不连续体概念。

随着人类对自然界干扰能力的增强，经常遇到与 RCC 描述的河流系统不同的情形，即在许多河流开始建坝、蓄水，河流的径流量在很大程度上被这些大坝、水库所控制。与大坝上游未受干扰的河流相比，下游的流量、温度、基流变化以及其他参数均发生了重大变化。对这些问题的研究，导致了序列不连续体概念（serial discontinuity concept，SDC）的产生。

序列不连续体概念能够解释大坝对河流生态系统结构和功能所产生的相关效应，并作出预测。在 SDC 最初的形式中，把大坝看作最典型的干扰事物，认为大坝是造成河流连续体分裂并引起非生物和生物参数与过程在河流上下游之间变化的不连续体，通过定义"不连续体距离"和"参数强度"两个变量来预测各种生物物理的反应。其中，"不连续体距离"是指作为水坝所导致的不连续的结果，物理或生物变量的期望值沿上游或下游方向发生变化的距离。"参数强度"是指作为河流调节的结果，变量发生的绝对变化常用偏离自然的或参照状况的程度来表示。

　　同 RCC 概念相比，SDC 有以下特征：首先，它强调了人为干扰（如大坝等）对河流系统的影响，比较真实地反映了客观现象。其次，它继承了 RCC 概念的某些思想，同时又有所发展。例如，它也认为河流拥有从源头到海洋的纵向梯度，而河流的生物、物理、化学属性沿着河流纵向连续体而发生变化，这种变化不仅依赖于生物群落，同时依赖于大坝的位置以及大坝的运行方式等。第三，在强调大坝、水库等对河流影响的基础上，进一步揭示了水利工程引起的河流生态系统的一些变化规律。

　　无论是河流连续体还是序列不连续体概念，都强调河流沿纵向方向的变化，而忽视了与洪泛平原河流有关的横向和垂直的范围及功能。1980 年，对洪水特征的研究证明了这些概念存在的缺陷，并导致和支持了洪水脉动概念（flood pulse concept，FPC）的建立。

6.1.4　河流的横向结构和洪水脉冲理论

6.1.4.1　河流的横向结构

　　河流在横向上，可以分为河道和河岸交错带两部分。

　　河道是由水流及其搬运的沉积物共同塑造、维持以及改变的。通常情况下，河道的形状可以分为 V 形和 U 形，从上游到下游，河道形状的差异性很大。

　　河岸交错带，又称为河岸带、河岸生态系统等，是指介于河溪和高地植被之间典型的生态过渡带，具有明显的边缘效应。大多数河流河谷的阶梯是相当平坦的，这是因为随着时间的推移，河流不停地在河谷阶梯上往返运动，这个过程称为侧向移位。另外，周期性的洪水引起的沉积物纵向上移动并且沉积到河道附近的河谷阶梯上。这两个过程相互交织不断地改变着河漫滩。

　　水文学上的河漫滩（图 6.6），是指低于齐岸水位的基流流量所在的河道附近的区域，在 3 年中可能有 2 年的时间都处于被淹没的状态。并不是每条河流廊道都存在水文学上的河漫滩。地形学上的河漫滩包括水文学上的河漫滩以及水位在某个频率下达到洪水高峰期时河道附近的区域，例如 100 年一遇洪水形成的河漫滩。

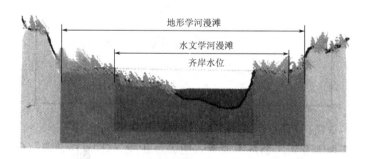

图 6.6　河岸带示意图

6.1.4.2　洪水脉冲理论

　　洪水是维持河漫滩正常发育的基本条件，当河漫滩生态系统不能被淹没时，其生态功能将不能完全地发挥。在河道直到河漫滩这段横向范围上，一个可预知的洪泛波动对于系统的生存是必需的。在洪水波动的概念中强调了洪水的生态重要性。

　　自然变动的流量决定和维持了对水生和两栖物种都非常重要的河道内和河漫滩的动态变化（图 6.7）。不同频率的流量会导致河道水位不同，从而影响到河漫滩的范围也不同，并产生了不同的河流生态系统地貌特征（图 6.7）。其中高流量和低流量常常是物种的"生态瓶颈"，不同流量塑造不同的地貌特征。

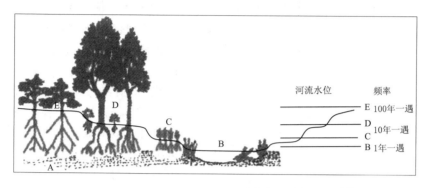

图 6.7　不同频率流量与河流生态系统地貌特征（来源：Poff 等，1997）

在图 6.7 中，A、B、C、D、E 分别表示以下涵义。

A：维持河岸植被和确定河道内基流栖息地的水位，通过地下水流入量和洪水维持。

B：需要不同大小和不同时间的洪水来维持河岸植被和水生栖息地的多样性。小洪水发生比较频繁，并且能够运输小的沉积物，维持生物高的生产能力以及为鱼类提供产卵栖息地。

C：中等规模的洪水淹没了低洼的河漫滩，沉积新的物质并带走原有的沉积物，有利于先锋物种在此出现。这些洪水同样也把积累的有机物质运送到了河道里，并且有利于维持河道的结构特性。

D：对于几十年一遇的较大洪水，能够淹没河漫滩上先前沉积的阶地，随后一些新的物种可能出现。

E：罕见的大洪水能够彻底摧毁成熟的河岸上的树木，并且把它们搬运到河道内，为许多水生物种提供高质量的栖息地。

高流量、低流量的规模和频率决定了许多生态过程。河道沉积物的搬运需要中等规模以上的洪水实现，高流量能够通过维持生态系统的生产力和多样性给生态系统带来更多的好处。比如，高流量能够去除和搬运许多细的沉积物，否则这些沉积物将会填满生产力较强的砾石栖息地的空隙。随着沉积物的向前运动，附在它们上面的海藻等有机物恢复了许多生态种群的活力，并且重新出现了许多生命周期短的物种和迁徙能力强的物种。在大多数情况下，河流里出现的物种的多少和结构的复杂程度，常常与大洪水的频率和规模有密切的关系。

洪水能把陆地的木质残屑物等搬运到河道里，并形成新的高质量的栖息地，较大的溢流作为联系河道和河漫滩的纽带，在维持较高的生产力和多样性方面发挥着重要作用。河漫滩湿地为鱼类提供了重要的养育场所，重新冲刷河漫滩可以恢复那些仅在较干旱土地上生存的或较浅的水面附近生存的植被栖息地，同时又可以把有机物质和有机体输送到河道内。

低流量同样也可以为生态系统带来好处。低流量在持续时间内使河岸植被重新有机会出现在河漫滩经常被淹没的地方。在条件比较恶劣的地方，暂时性干涸的溪流存在着一些有特殊习性的水生和河岸物种，它们能够适应这些比较恶劣的环境。

　　鱼类产量能够整合河漫滩系统的生物量，而鱼类产量取决于洪泛波动的自然属性。鱼类高生产倾向归因于高振幅洪水产生的逐渐上升的水位。河流的洪水脉动振幅，影响洪水淹没的面积，一年内整体的洪水淹没面积越大，鱼类的产量就越大。图 6.8 是季节性洪水脉冲的

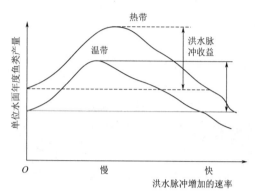

图 6.8　洪水脉冲与鱼类产量的关系
示意图（王西琴等，2006）

水位增长速率对河流泛洪区单位水面年度的鱼类产量的影响示意图。"洪水脉冲收益"是指在同样的水面上与没有洪水脉冲的情况（横坐标为 0）相比所假设的鱼类产量的增加。

　　然而，在一些系统（或者年限）中，洪泛波动可能上升（和下降）得太快，以至于这些过程难以维持，而且洪泛波动推进量降低（见图 6.8 中曲线以顶点为分界的右支）。这样的例子包括已经改良过从而峰值发生很突然或者发生的时间不理想的河漫滩，以及小流域的属于典型性迅速排水状况的河漫滩。在大部分河漫滩被急速冲刷而且洪水持续迅速下流的极端情况下，产量将可能降低至低于在稳定水体中的产量（见图 6.8 中曲线穿过虚线的右支）。

　　图 6.9 是大型河流-泛洪区系统中，泛洪区面积增加和伴随的洪水脉冲的改善所产生的假设性变化示意图。

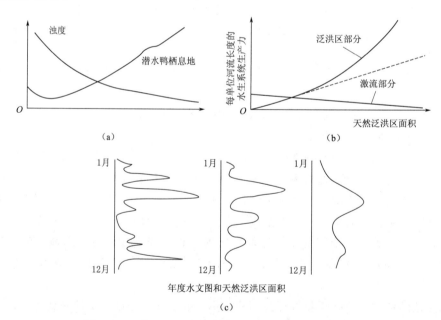

图 6.9　泛洪区面积增加以及洪水脉冲所产生的假设性
变化示意图（引自：王西琴等，2006）

　　图 6.9（a）显示出泛洪区激流区域浊度的变化和每单位河流长度上潜水鸭栖息地数量的变化；图 6.9（b）显示出当泛洪区面积增加时，泛洪区每单位河流长度的水生系统生产力（上升曲线）和激流河道每单位河流长度的水生系统生产力（下降曲线）；虚线表示如果水位图没有从固定水面的变化状态改变时，仅仅由于固定水面的增加而造成的生产力的假定

增长。天然泛洪区发展时，激流部分（下降曲线）生产力的微小下降可能主要是因为水道边界面积的减少和更多的营养物和有机物被保留；图 6.9（c）显示了 3 个年度水位图（时间为纵轴、状态为横轴），图中从左到右依次对应自然泛洪区面积的增加 [图 6.9（b）、图 6.9（c）的横坐标]，当水平面变化时，伴随着当地水体控制或流域恢复的改善。

"慢"的增长速率对应于维持泛洪区一年大部分时间水体的平滑水位图 [见图 6.9（c）右起第一图]，是具有缓慢排放速率的系统的特征。"快"的增长速率对应于瞬间排放机制 [见 6 - 9（c）左起第一图]，是受到干扰的、小型的流域的特征。

相反地，一个稳定的水位状况将对应于图 6.8 曲线的左端（没有洪泛波动，横坐标为 0），而且将会导致相对较低或者适中的产量。它对应于自然稳定或者人工维持的水位，例如，在一个主流中或者静止的水体中或者是与最高洪水独立开的沼泽中，除了缺乏洪泛波动的这些益处以外，由于大型植物的自我遮蔽、低的溶解氧、营养物质的有限的循环，这些区域的水生产量将会受到限制。

洪泛波动的较缓慢消退可能会增加潮湿土壤植物的产量，从而对随后几年内的水生产量有益。在洪泛波动降低的期间由于从水生/陆生过渡带向静止水域（死水）中营养物质和有机物质输入的增加也可能出现明显的水生产量。这些消退河岸带作用在图 6.8 中不是很直接和明显，但是，可以认为在水位上升缓慢的系统中将会更加强烈。与在水位下降期间较高温度占优势的温带系统中推进河岸带相比较，它们对于年度产量的贡献可能更大。相反，迅速的水位下降可能导致搁浅或者将弱者暴露给水生动物的捕食。

如果河漫滩经常被淹没，就像增加坝的高度一样，鱼类产量会增加是合乎逻辑的。通常情况下，当系统与原始的水文条件非常相似时，物种（以鱼类为例）产量或生产能力会增加。在密西西比河下游，与河流相联系的河漫滩湖泊中鱼类的生物量平均为 $860kg/hm^2$，而因人工堤的存在，在一年中大多数时间被隔离的湖泊的平均产量为 $550kg/hm^2$，同时，被淹没地区的河漫滩的湖泊比起被隔离或被水库或坝阻滞的水域的生产能力要高，如与河流有联系湖泊的生物量密度比美国东南部的水库的密度要高。此外，与河流有联系湖泊的生物量的储量在高水位的年份要比低水位的年份高出 15%。自然洪水期延长的系统中的高的鱼类产量显示出了河流恢复的意义，并指明了恢复的方向。

6.2　河流生态结构功能整体性概念模型

6.2.1　河流生态结构功能整体性概念模型框架

河流生态系统是一个整体，生境要素不可能孤立地起作用，而是通过多种综合效应作用于生物系统，并与各种生物因子形成耦合关系。河流生态系统一旦形成，各生态要素不可分解成独立的要素孤立存在，这就是生态学中的生态系统完整性原则。现存概念模型大多局限于研究个别生境因子和局部生态功能，缺乏生态完整性理论高度。特别是这些概念模型大多关注生境因子中的水文和水力学因子，而对地貌学因子较少涉及。另外，这些概念模型多以未被干扰的自然河流为研究对象，对于人类活动的影响考虑不足。

河流生态系统结构功能整体性概念模型概括了河流生态系统结构与功能的主要特征。这个概念模型的核心组分是生物，以食物网、生物组成及交互作用、生物多样性和生活史等为变量。在模型中选择了水文情势、水力条件和地貌景观这三大类生境要素。建模的目的是建立生境要素与生物间的相关关系。模型也考虑了人类大规模活动的生态影响。

河流生态系统结构功能整体性概念模型由以下 4 个子模型构成：河流 4D 连续体子模型 4D-RCM、水文情势-河流生态过程耦合子模型 CMHE、水力条件-生物生活史特征适宜性子模型 SMHB、地貌景观空间异质性-生物群落多样性关联子模型 AMGB。图 6.10 表示了河流水文、水力和地貌等自然过程与生物过程的相关关系，标出了 4 个子模型在总体格局中所处的位置，同时标出了相关领域所对应的学科。

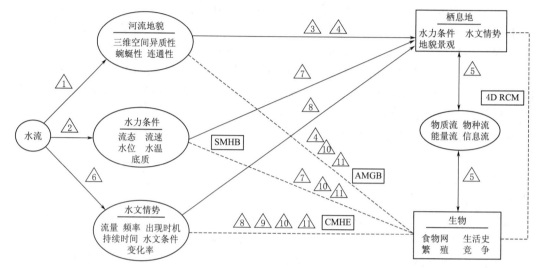

图 6.10 河流生态系统结构功能整体性概念模型（源自：董哲仁，2019）

①—河流动力学；②—水力学；③—景观生态学；④—河流地貌学；⑤—河流生态学；

⑥—陆地水文学；⑦—生态水力学；⑧—生态水文学；⑨—物候学；

⑩—行为生态学；⑪—生理生态学

从河流生态系统边界以外输入的能量和物质主要有太阳能、水流、营养物质和泥沙。太阳能是植物光合作用的能源；营养物质是生态系统初级生产的原料；由降雨形成的地表和地下径流是物质流、物种流和信息流的载体（图取 6.10 右下角）。

由于水流运动，引起地表侵蚀、泥沙输移和淤积。水沙运动是河流地貌形态变化的驱动力，由此形成了河型多样性、河流形态 3D 异质性和河湖水系 3D 连通性。河流地貌形态是河流动态栖息地的重要组分之一。河流地貌景观格局与生物的关系，通过地貌景观空间异质性-生物群落多样性关联子模型 AMGB 抽象概括（图 6.10 左上角和上部）。以河流地貌为边界条件，水体在河床中流动，形成每条河流独特的流态、流速、水位、水温和底质条件特征，而且这些特征随时间发生变化，成为河流栖息地主要特征之一。在河段尺度内，不同生物的生活史对于水力学条件存在特殊需求关系，用水力条件-生物生活史特征适宜子模型 SMHB 概括（图 6.10 中部）。水文过程是河流生态系统的驱动力。变化的水文情势是河流动态栖息地的重要组分之一。水文情势以流量、频率、出现时机、持续时间和变化率为主要变量。水文情势与河流生态过程的关系用水文情势-河流生态过程耦合子模型 CMHE 概括（图 6.10 下部）。在生物与自然栖息地两大部分之间，通过物质流、物种流和信息流相连接，而物质流、物种流和信息流需要河流地貌与水文连通性作为物理保障得以实现。生物与自然栖息地两大组分之间的相关关系用河流 4D 连续体子模型 4D RCM 概括

（图 6.10 右侧）。

6.2.2　河流 4D 连续体子模型

水流是水体在重力的作用下一种不可逆的单向运动，具有明确方向。在河流的某一横断面建立笛卡尔坐标系，定义水流的瞬时流动方向为 Y 轴（纵向），在地平面上与水流垂直方向为 X 轴（侧向），与地平面垂直的为 Z 轴（竖向），另外，定义一个时间坐标 t，以反映生态系统的动态性，这样就形成了河流 4D 坐标系，如图 6.11 所示。在纵向 Y 轴方向河流的流动是主导方向，表现出河流顺水流方向的连续性。当洪水发生时，河水向侧向 X 轴方向漫溢，使主流、河滩、河汊、静水区和湿地连成一体，形成复杂的河流-河漫滩系统，这就

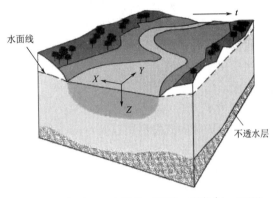

图 6.11　河流 4D 坐标系（源自：董哲仁，2019）

是河流侧向 X 轴的连续性。在竖向 Z 轴是地表水与地下水双向渗透的方向，这种水体交换过程直接影响河床底质内的生物过程，表现为竖向 Z 轴的连续性。

河流 4D 连续体子模型（4D river continuum model，4D RCM）反映了生物群落与河流水文、水力学条件的依存关系，描述了与水流沿河流 3D 的连续性相伴随的生物群落连续性以及生态系统结构功能的连续性。4D RCM 模型是在 Vannote 提出的河流连续体概念以及其后一些学者研究成果基础上进行改进后提出的。4D RCM 模型把原有的河流内有机物输移连续性，扩展为物质流、物种流和信息流的 3D 连续性。4D RCM 包含以下 3 个概念：物质流、物种流和信息流的 3D 连续性；生物群落结构的 3D 连续性；河流生态系统结构和功能的动态性。

1. 物质流、物种流和信息流的 3D 连续性

河流水体 3D 连续性是生态过程连续性基础。由于水体具有良好的可溶性和流动性，使河流成为生态系统营养物质输移、扩散的主通道。河流的纵向轴（Y 轴）流动把营养物质沿上中下游输送。汛期洪水的漫溢，又在横向（X 轴）把营养物质输送到河漫滩、湖泊和湿地。水位回落又带来淹没区的动植物腐殖质营养物。在河流的竖向（Z 轴）河水与地下水相互补给，同时沿竖向还进行着营养物质的输移转化。正因为如此，大多数河床底质内具有丰富的生物量。在上述 3 个方向营养物质的输移转化，使得河流上游与下游、水域与滩区及其地表与地下的生态过程相互关联。

河流是信息流的通道。河流通过水位的消涨，流速以及水温的变化，为诸多的鱼类、底栖动物及着生藻类等生物传递着生命节律的信号。河流也是物种流的通道。河流既是洄游鱼类完成其整个生命周期的通道，也是植物种子通过漂流传播扩散的通道。

2. 河流生物群落结构的 3D 连续性

生物群落随河流水流的连续性变化，呈现出连续性分布特征。尽管大型河流可能穿越不同的气候分区，同时河流沿线的纵坡有很大变化，但是沿河流的生物群落仍然遵循连续性分布的规律。这不仅反映在沿河流岸边植被的连续性分布，而且反映在水生动物、无脊椎动物、昆虫、两栖动物、水禽和哺乳动物等都遵循连续性分布的规律。这种连续性的产生是由

于在河流生态系统长期的演替过程中，生物群落对于水域生境条件不断进行调整和适应，反映了生物群落与生境的适应性和相关性。

3. 河流生态系统结构和功能的动态性

河流生态系统存在着高度的可变性。在河流 4D 连续体子模型中，需要设定时间作为第 4 维度，以反映河流生态系统的动态特征。在较长的时间尺度中，由于气候变化、水文条件以及河流地貌特征的变化导致河流生态系统的演替。在较短的时间尺度中，随着水文条件的年周期变化导致河流流量的增减及水位的涨落，引起河流扩展和收缩，其连续性条件呈依时变化特征。

4. 人类活动影响

由于水资源的开发利用以及对河流的人工改造，造成河流水文、水力学和河道地貌特征的改变。水坝造成了河流纵向的非连续化，不仅对鱼类的洄游形成障碍，更重要的是改变了营养物质的输移条件（图 6.12）。水库形成以后，动水生境变成静水生境；泥沙在库区淤积，阻拦了部分营养物，形成生态阻滞；清水下泄引起下游河道冲刷等。这些都会对栖息地条件和结构功能的连续性产生重大影响。图 6.12 表示梯级开发的河流，造成河流生境的碎片化，原来流淌的河流变成若干静止的人工湖，原本沿河连续分布的植被被分割为若干区域。大坝阻断了物质流、物种流和信息流的传输。另外，缩窄滩区建设的防洪堤防阻碍了汛期主流的侧向漫溢，使主流与河漫滩之间失去物质交换和物种流动条件。城市地面不透水铺设以及硬质河流护岸结构，阻隔了地表水与地下水的交换通道。总之，河流 3D 非连续化，不同程度上破坏了河流连续体的自然属性。

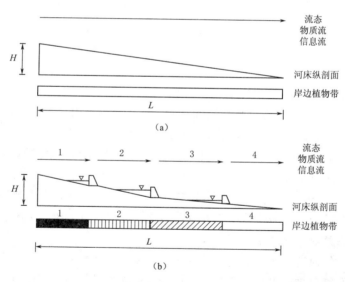

图 6.12　水坝对于河流连续性的影响示意图（源自：董哲仁，2007）

（a）天然河流；（b）筑坝河流

1～4—筑坝河流上梯级水库的编号；H—上、下游高度；L—河段长度；H/L—河流纵坡降

6.2.3　水文情势-河流生态过程耦合子模型

水文情势-河流生态过程耦合子模型（Coupling Model of Hydrological regime and Eco-logical process, CMHE）描述了水文情势对于河流生态系统的驱动力作用，也反映了生态

过程对于水文情势变化的动态响应。

如上述，水文情势（hydrological regime）可以用 5 种要素描述，即流量、频率、出现时机、持续时间和水文条件变化率。水文情势-河流生态过程耦合子模型反映水文过程和生态过程相互影响、相互调节的耦合关系。一方面，水文情势是河流生物群落重要的生境条件之一，水文情势影响生物群落结构以及生物种群之间的相互作用。另一方面，生态过程也调节着水文过程，包括流域尺度植被分布状况改变着蒸散发和产汇流过程，从而影响水文循环过程。

1. 水文情势要素的生物响应

各水文情势要素与生物过程存在着相关关系。水生生物群落对于流量过程、频率、出现时机、持续时间和水文条件变化率都产生明显的生物响应，这涉及物种的存活、鱼类产卵期与水文事件时机的契合、鱼类避难、鱼卵漂浮、种子扩散、植物对于淹没的耐受能力、土著物种存活、生物入侵等一系列生物过程。图 6.13 简单刻画了河流水文过程与鱼类、鸟类和树种扩散的关系。在模型应用方面，通过调查、监测、统计分析。建立重点保护的指示物种与水文情势要素的相关关系，进而通过径流调节手段，部分恢复关键水文情势要素，达到生物多样性保护的目的。

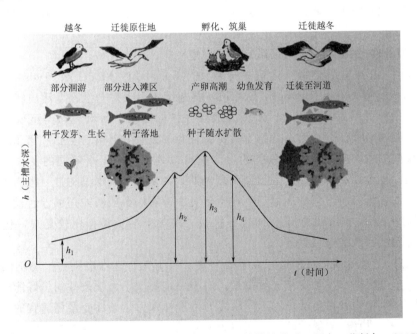

图 6.13 河流水文过程与鱼类、鸟类生活史和树种扩散的关系（源自：董哲仁，2007）
h_1—枯水位；h_2—涨水过程漫滩水位；h_3—洪峰水位；h_4—退水过程漫滩水位

2. 洪水脉冲的生态效应

洪水脉冲的生态效应表现在两个方面。一方面表现为洪水期河道内水体侧向漫溢到河漫滩产生的营养物质循环和能量传递的生态过程；也表现在洪水脉冲具有抑制河口咸潮入侵，为河口和近海岸带输送营养物质，维持河口湿地和近海生物生存的功能。另一方面洪水脉冲具有信息流功能。这是指洪水水位涨落引发不同的行为特点，比如鸟类迁徙、鱼类洄游、涉禽的繁殖以及陆生无脊椎动物的繁殖和迁徙。洪水脉冲成为物种生命节律的信号。

3. 水文情势塑造动态栖息地

河流年内周期性的丰枯变化，造成河流-河漫滩系统呈现干涸-枯水-涨水-侧向漫溢-河流淹没这种时空变化特征，形成了丰富的栖息地类型。这种由水文情势塑造动态栖息地模式，不同程度满足生物生活史各个阶段的需求，从而影响了物种的分布和丰度，也促成了物种自然进化的差异。河流系统的生物过程对于水文情势的变化呈现明显动态响应，水生和部分陆生生物一旦适应了这种环境变化，就可以在洪涝或干旱这类看似恶劣的条件下存活和繁衍。水文情势在维持河流及河漫滩的生物群落多样性和生态系统整体性方面具有极其重要的作用。

4. 人类活动影响

兴建大坝水库的目的是通过调节天然径流在时间上丰枯不均，以满足防洪和兴利的需要，这导致了河流自然水文情势的改变。

一方面，经过人工径流调节，使水文过程均一化，特别是洪水脉冲效应明显削弱。水文情势的变化改变了河流生物群落的生长条件和规律。另一方面，从水库中超量取水用于农业、工业和生活供水，引起大坝下泄流量大幅度下降，造成下游河段季节性干涸、断流，无法满足下游生物群落的基本需求，导致包括河滨植被退化和底栖生物大量死亡这样灾难性的生态后果。

6.2.4　水力条件-生物生活史特征适宜性子模型

水力条件-生物生活史特征适宜性子模型（Suitability Model of Hydraulic Conditions and Life History Traits of Biology，SMHB）描述了水力条件与生物生活史特征之间的适宜性。水力学条件可用流态、流速、水位、水温等指标度量。河流流态类型可分为缓流、急流、湍流、静水、回流等类型。生物生活史特征指的是生物年龄、生长和繁殖等发育阶段及其历时所反映的生物生活特点。鱼类的生活史可以划分为若干个不同的发育期，包括胚胎期、仔鱼期、稚鱼期、幼鱼期、成鱼期和衰老期，各发育期在形态构造、生态习性以及与环境的联系方面各具特点。多数底栖动物在生活史中都有一个或长或短的浮游幼体阶段。幼体漂浮在水层中生活，能随水流动，向远处扩散。藻类生活史类型比较复杂，包含营养生殖型、孢子生殖型、减数分裂型等。

水力条件-生物生活史特征适宜性子模型基于以下几个基本准则：生物不同生活史特征的栖息地需求可根据水力学变量进行衡量；对于一定类型水力学条件的偏好能够用适宜性指标进行表述；生物物种在生活史的不同阶段通过选择水力学条件变量更适宜的区域来对环境变化做出响应，适宜性较低的区域的利用频率降低。

1. 水力条件对生物生活史特征的影响

流态、流速、水位和水温等水力学条件指标对生物生活史特征产生综合影响。在急流中，溶解氧几乎饱和，喜氧的狭氧性鱼类通常喜欢急流的流态类型，而流速缓慢或静水池塘等水域中的鱼类往往是广氧性鱼类。鱼类溯游行为模式可分为 3 个区域：减速-休息区，休息-加速区，加速-休息区，因此，河道中需提供不同流态以符合其行为模式。对于不同的流态，比如从急流区到缓流区，鱼类的种类组成、体型和食性类型的变化比较明显。对中华鲟葛洲坝栖息地野外量测和数值模拟的研究成果表明，中华鲟最适宜的流速为 1.3～1.5m/s，水深为 9～12m；对鲫鱼适宜生长水动力条件的试验研究表明，0.2m/s 流速比较适宜鲫鱼的生长。水流对于生物分布和迁移作用明显，河流可以把各种水生动物和它们的卵及幼体远距离传送。例如，在长江中上游天然产卵场产卵的四大家鱼的卵和幼鱼没有游泳能力，但它们能顺水流到江河下游，并在养料丰富的河漫滩及河湖口地区生长发育。

鱼类的产卵时期受水温的影响显著，决定鱼的产卵期（及产卵洄游）的主要外界条件是水温及使鱼达到性成熟的热总量。对于鱼类而言，水温对鱼类代谢反应速率起控制作用，从而成为影响鱼类活动和生长的重要环境变量。水温通过对鱼类代谢的影响，影响到鱼类的摄食活动、摄食强度以及对食物的消化吸收速率等生理机能。水温还通过对水域饵料生物的数量消长（季节和地区变化）的影响，通过食物网对鱼类的生长间接起作用。底栖动物的生存、发展、分布和数量变动除与底质、水温、盐度和营养条件有密切关系外，与流速、水深等水力学条件也密切相关。有调查表明，底栖动物的多样性随着流速、水深等栖息地条件多样性的增加而增加。

生物生活史特征既受水力条件的制约，又具有对水力条件的适应性。对栖息环境适应的概念是生理生态学的核心。不同的生物生活史特征对水力条件表现出不同的适应性。一般而言，在河流上游，水流湍急，但其底质多卵石和砾石，植物可以固着，因此上游鱼类多为植食性鱼类。随着到中游，底质逐渐变为砂质，由于水流经常带走底砂，导致底栖植物难以生长，多数鱼类只好以其他动物为食料。到了下游，流速降低，底栖植物增多，植食性鱼类重新出现。

2. 模型的难点问题

水力条件-生物生活史特征适宜性子模型的核心问题，是建立不同生物生活史特征与水力条件之间的相关关系，这种相关关系可以表达为偏好曲线。图 6.14 为鲑鱼、鳟鱼稚鱼期的适宜性指标与流速、水深的偏好曲线，适宜性指标表示对象生物与水力学参数之间的适宜程度。通常情况下，偏好曲线主要通过对生物的生活史特征进行现场观察或通过资料分析建立。利用在不同水力条件下观察到的生物出现频率，就可以绘出对应不同水力学变量的偏好曲线。这种方法的难点是所收集到的数据局限于进行调查时的水力学变量变化范围，最适宜目标物种的水力条件可能没有出现或者仅部分出现。因此需要通过合理的数据调查及处理方法解决这个问题。另外，流态之外的其他因素也可能对生物生活史特征产生重要影响，比如光照、水质、食物、种群间相互作用等，应对这些因素进行综合分析，以全面了解生物生活史特征与水力条件之间的相关关系。

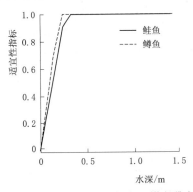 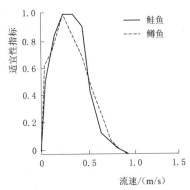

图 6.14 鲑鱼、鳟鱼稚鱼期的适宜性指标与水深和流速的

偏好曲线（引自：董哲仁等，2019）

3. 人类活动影响

对于河道的人工改造，诸如河道裁弯取直、河床断面几何规则化以及岸坡的硬质化等治河工程措施，改变了自然河流的水流边界条件，引起流场诸多水力因子的变化，使得水力条件不能满足生活史特征需求，可能导致河流生态系统结构功能的变化。尽管生物对于水力条件变化有一定的适应能力，但当变化过于剧烈时，生物将不能进行有效的自我调节，从而对其生长、繁殖等生活史特征构成胁迫。

6.2.5 地貌景观空间异质性-生物群落多样性关联子模型

地貌景观空间异质性-生物群落多样性关联子模型（Associated Model of spatial hetero-geneity of Geomorphology and the diversity of Biocenose，AMGB）描述了河流地貌格局与生物群落多样性的相关关系，说明了河流地貌格局异质性对于栖息地结构的重要意义。

1. 地貌景观空间异质性与栖息地有效性

河流地貌空间异质性表现为：河型多样性和形态蜿蜒性；河流横断面地貌单元多样性；河流纵坡比降变化规律。由于河流地貌是水力学边界条件，因而河流多样的地貌格局也确定了在河段尺度内河流的水力学变量，如流速、水深等的多样性。另外，河流形态也影响与植被相关的遮阴效应和水温效应。

河流形态的多样性决定了沿河栖息地的有效性、总量以及栖息地复杂性。实际上，一个区域的生境空间异质性和复杂性越高，就意味着创造了多样的小生境，允许更多的物种共存。河流的生物群落多样性与栖息地异质性存在着正相关响应。这种关系反映了生命系统与非生命系统之间的依存与耦合关系。栖息地格局直接或间接地影响着水域食物网、多度以及土著物种与外来物种的分布格局。

栖息地有效性与河流流量及地貌特征的关系，可以表示为以下一般性函数：

$$S=F(Q,K_i) (i=1,2,3,\cdots) \tag{6.1}$$

式中：S 为栖息地有效性指数；Q 为流量；K_i 为河道地貌特征参数。

2. 河流廊道的景观格局与生物群落多样性

景观格局指空间结构特征包括景观组成的多样性和空间配置，可用斑块、基底和廊道的空间分布特征表示。物种丰度与景观格局特征可以表示为以下一般性函数：

$$G=F(k_1,k_2,k_3,k_4,k_5,k_6) \tag{6.2}$$

式中：G 为物种丰度；k_1 为生境多样性指数；k_2 为斑块面积；k_3 为演替阶段；k_4 为基底特征；k_5 为斑块间隔程度；k_6 为干扰。

在河流廊道尺度的景观格局包括两个方面：一是水文和水力学因子时空分布及其变异性；二是地貌学意义上各种成分的空间配置及其复杂性。

3. 人类活动影响

大规模的治河工程使河流的地貌景观格局发生了不同程度的变化。自然河流被人工渠道化，蜿蜒性河流被裁弯取直成为折线或直线形河流；河流横断面被改变成矩形、梯形等规则几何断面；侵占河漫滩用于房地产开发或用于农业和养殖业。无序的河道采砂生产活动，破坏了自然河流的栖息地结构。

6.3 河流水文过程对生物的影响

6.3.1 河道内流量变化的影响因素

河道内流量变化不仅受自然因素的影响，同时，受到人类干扰的影响。大量的研究表明，河流受人类影响的程度在逐渐增强。

1. 人类干扰因素

人类活动正在显著的改变河流或河道内流量的自然模式。世界各地的天然河流系统均遭到不同程度的重大改造以适应人类各种用途，包括向城市和农村供水、水力发电、控制洪水等。

（1）河道外引水。过去一个世纪中，全球人口数量翻了两番，水用于城市、农业和其他需水等，减少了给河流生态系统的水量。甚至河道内非消耗性用水，如水力发电，也显著地改变了流量模式和质量，改变了河流内的生态状况。如黄河流域已建成大、中、小型水库及塘坝等蓄水工程约 10100 座，总库容约 720 亿 m^3，灌溉面积由 1950 年的 80 亿 hm^2 发展到 2010 年的 734 亿 hm^2，水资源的耗损量由 1956—1959 年的 180.5 亿 m^2 增加到 1980—2000 年的 296.6 亿 m^2。

（2）下垫面条件。人类活动对地表径流的影响，除直接受河道外引水的影响外，同时还通过改变下垫面条件如森林砍伐、大规模修建农业梯田、水土保持建设等，进而影响水文循环过程，导致流量的改变。由于水文事件的随机性和不确定性、人类对土地利用方式动态变化性、水土保持建设的多样性、以及地面物质结构的复杂性，人为因素如何对径流的影响没有定论，目前仍是一个争论较大的问题。如对于森林对径流的影响没有定论，目前总体上存在以下 3 种观点：其一，森林植被的存在增加年径流量；其二，森林植被的存在减少年径流量；其三，森林植被的存在对年径流量基本无影响。比较一致的结论是：森林对流域径流总量的增减作用受多个水文过程和环境条件的综合影响，不同条件会导致不同结果。总的趋势是：在湿润或高寒地区能增加流域径流总量，但影响并不是很大；在干旱、半干旱及干旱的半湿润地区则相反。多数研究认为，除长江中上游外，森林砍伐会降低植被层的蒸散发，增加河川径流。还有一种观点认为，森林砍伐初期，能够增加地表径流，20～30 年后，随着植被的恢复，流量也相应的回落。黄河流域经过几十年大规模的生态及环境建设，下垫面已有较大改观。初步治理水土流失面积 18.42 万 km^2，占黄土高原总流失面积 43.4 万 km^2 的 43%，其中一些小流域的综合治理程度已达 70% 以上。在水土流失治理的同时，也导致黄河中上游尤其是中游下垫面发生了很大变化，主要表现在同样降雨条件下产流量减少。

（3）水利工程。大坝、水库等水利工程使水资源管理者能够将流量的自然变化性转变为受人类需求控制的模式，其产生的后果是河流的实际流量极少与天然状态的变化性相似。水利工程对于河流的分割作用切断或损伤了河流廊道自身的连续性，从而也扰乱了整个河流生态系统上下游之间的物质、能量、物种传递的正常运转，严重影响了河流生态系统的正常运行。从大多数水坝的运行情况来说，大坝已经使坝址下游 $100km^2$ 范围内的径流及泥沙流的运动规律发生了季节性的变化。有些重要的水利工程对下游的影响范围甚至达到了 $1000km^2$，如埃及的阿斯旺水坝。

目前，地球上将近 2/3 的大河流都被大坝和引水工程片段化，80 多万个大坝阻截了世界河流的流量（表 6.1），仅有极少数的河流还保持着自由流动性和处于未开发状态。水利工程可能引起河流形态的均一化和不连续化。河流形态的不连续化是指自然河道的渠道化或人工河网化，如将蜿蜒曲折的天然河流改造成直线，河床材料的硬质化，河流的裁弯取直等。河流的均一化改变了河流蜿蜒型的基本流态，急流、缓流、弯道及浅滩相间的格局消失，生境的异质性降低，水域生态系统的结构与功能随之发生变化，进而引起河流生态系统的退化。埃及阿斯旺大坝建成后，总体排放量持续减少，高峰期的流量减少，枯水期流量增加以及水位曲线在时间上的变化；尼罗河洪水排放的变化，导致了浮游植物减少了 95%，捕鱼量减少了 80%。

表 6.1　　　　　　　　世界大坝建设数量的国家和地区排序（2000 年）

国家	大坝数/座	地区	大坝数/座	国家	大坝数/座	地区	大坝数/座
中国	22000	亚洲	31340	加拿大	793	大洋洲	577
美国	6575	中、北美洲	8010	韩国	765		
印度	4291	欧洲	5480	土耳其	625		
日本	4291	非洲	1269	巴西	594		
西班牙	1196	南美洲	979	法国	569		

注　资料来源：世界大坝委员会，2000。

2. 自然因素

自然因素主要包括大尺度的全球气候变化以及中小尺度的降水与气温变化等。

（1）全球气候变化。在全球气候变化的影响下，河流降水格局、降水量及蒸发量都发生变化，进而导致地表径流减少、枯季入海流量的下降。如厄尔尼诺发生时，赤道东太平洋海温升高，使赤道东、西太平洋温差减小，夏季西太平洋副热带高压偏弱或脊线位置偏南，使得我国许多地区处于偏西北气流控制之下，气温干燥，不利于降水，导致河流径流减少，而通常年份受偏南暖湿气流的影响，降水偏多。1972 年黄河下游首次发生断流时，正值 1891年以来厄尔尼诺强度最大的一年。1972—2000 年的 29 年间，黄河下游有 22 年发生断流，其中 11 年发生在厄尔尼诺发生年，特别是断流最严重的 1997 年，是 20 世纪同时亦是有记录以来最强的一次厄尔尼诺事件。在厄尔尼诺事件发生年，黄河河套等中上游地区夏季（6—8 月）平均合成余量校准常态年平均减少 20%～60%，在厄尔尼诺事件发生次年，黄河流域降雨明显偏多。

（2）降水与气温。降水与气温是影响地表径流变化的两个主要自然因素，降水量、气温与径流量的关系十分复杂。大多数研究结果表明，降水是影响径流的主要因子，且呈正相关关系。不同尺度下降水量、径流量关系不同，并不是某种简单的函数关系所能解释。目前，多数研究认为气温与径流的相关性不明显，常常忽略气温对于径流的影响分析。然而，在干旱区域的山区性河流，径流变化受气温影响与受降雨影响相比，气温与径流的相关系数较大，在以融雪补给为主的河流，气温对径流的影响始终处于不可忽视的地位。尤其是 2—4月气温开始回升的季节，在不考虑基流的情况下，气温则成为主要影响因子，这在很大程度上可能与冬季积雪的融化有关。相关气候数值模拟推算了气温变化对径流量造成的可能影响：若降水不变，气温升高 4℃时，流域径流量可减少 15%左右。长江上游流域气温以

0.19℃/10a 的速率升高的情况下，降水量特别是夏季及汛期降水量减少的情况下，气温升高对径流量减少的影响相对而言比较明显。

（3）自然与人为因素共同影响。河道内流量是维持河流最基本的功能以及河流健康的关键因子。河道内水量来自于降水、支流或地下水的补充。随着全球气候变化以及人类对水资源的大规模开发利用，地表径流的变化已经不是一般意义上的随气候变化而呈现出年内和年际变化，而更多的烙上了人为因素的作用，使得河道内水量的变化主要表现为减少的趋势。虽然全球气候变暖、趋于干旱是一个重要的影响因素，但人类无节制地利用水资源以及土地利用方式、下垫面条件的改变是导致径流减少的主要因素。在大多数情况下，河道内流量变化同时受到来自自然与人为因素的共同作用与影响。在不同的地区，自然与人为影响的程度不同，在同一河流，其上下游不同。如对黄河得出比较初步的结论是：黄河上游区水量减少，主要是气候变化的影响，其比重约占 75％，人类活动影响作用仅占 25％左右。在人类活动影响中，国民经济耗水量不断增加影响作用占 16％，其他如水利工程建设，包括水库拦蓄以及其他小型和微型水利工程的影响，其比重约为 9％（包括统计计算的误差在内）。黄河中游实际来水量不断减少，气候因素影响作用约占来水量减少的 43％；人类活动影响作用约占来水量减少的 57％，在人类活动影响中，国民经济耗水量不断增加的影响大致占 18％，生态环境假设导致下垫面条件发生变化的影响约占 24％，水利工程建设与其他水保工程等因素的影响约占 15％。

总之，自然因素与人为因素共同导致河流水量的减少，在减少了留给河流生态系统的水量的同时，又将未经处理的废污水排放到河流，严重影响了河流的水质，降低了河流的净化功能。河流水量变化改变河道物理结构、河道形态等，河流水质变化影响到水生物资源的种类、数量等，这些改变不仅引起河流形态、水文过程及生物区系等的变化，而且打破了原有的水量平衡、水沙平衡、能量平衡及水盐平衡，导致河流系统的结构破坏与功能退化（图 6.15）。

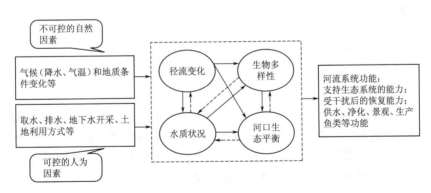

图 6.15　自然、人为因素对河流生态系统的影响（源自：王西琴，2006）

人类对于河流的影响在未来的几十年内预计会加剧，由于人口增加，人均耗水率上升，为满足未来的食物需求，耕地面积也要增加。尽管对于河流流量的人为控制提供了许多社会利益/价值，但同时它也造成了不容忽视的生态损害和重要生态系统服务功能的丧失。当天然流量、沉积物和有机物持续受到人类活动的干扰或者改变时，河流生态系统的健康将会受到影响。

6.3.2　流量变化对河流生态系统的影响

1. 流量改变的物理响应

河道内流量减少首先引起河流物理特征发生变化，如改变悬浮物的沉积速度、河床形态，造成冲积平原的形态变化等，见表 6.2。自然水文过程的人为改变干扰了存在于自由流动的河流里的水和沉淀物运动的动态平衡。通常河道流量的减少将使河道变小——深度和宽度都减少。在许多地方，流量的中等变化导致河道形态的中等变化，而在一些流量很少的河道，宽度减少了 75%～90%。黄河下游由于来水减少，主河槽已经高出滩地 4m 多，滩地高出背河地面 4～6m，致使河床偏离原始形态。在这样一个干扰后，就需要花费数百年的时间使河道和河漫滩适应一个新的水流状况，重新建立起一个新的平衡。然而新的平衡很难达到，常常是大洪水过后，河道一直处在连续的恢复状态中。有时由于河道的自我调整常常与对变化气候的长期响应混合在一起，所以这些调整常常被人们所忽略。人为造成的物理环境的改变以及在此相关的生态变化都需要很多年后才能认识到，河流生态系统的恢复需要采取更大的措施。

表 6.2　　　　　　　　　　　河流流量改变的物理响应

引起变化的原因	水 文 变 化	地 貌 响 应
大坝	拦截了流入到下游的沉积物	下游河道受到侵蚀，支流源头被截断，可床变得粗糙
大坝，引流	降低了高流量的规模和频率	沉积物沉积，河道变得稳定或变窄，弱化了 U 形、弯曲河道结构
城市化进程，排水设施	高流量的规模和频率变大	河堤被侵蚀，河道变宽，下游受到干扰
冲积堤和沟渠等的建造	土壤渗透率降低；溢流量减少	基流减少；河道受到影响使下游被阻断，限制了河漫滩的侵蚀以及其中沉积物的沉积，河漫滩与河流联系中断，减少了河道的迁移以及简化了二级河道的结构
地下水被抽取	水面降低	植被受到破坏，河道下游萎缩

注　源自：王西琴，2006。

2. 流量改变的生态响应

流量的改变能够显著地影响河流中的水生和河岸物种。在一些特殊的河流或溪流中，流量改变与所对应的地貌和生态过程有关。通常条件下，流量的变化能够改变高和低流量的规模和频率，并降低生物多样性。河流形态的变化会潜在地影响河流生物的分布和丰富度。

由于较浅的河岸带或逆水区域能够为生物提供哺育和避难场所，在这里一般有较多鱼类物种和较大物种的幼体，但是如果这些地方常常受到流量波动的影响，它们的这些功能就会受到影响。在这些受到人为波动影响的环境中，一些特殊的物种就会被那些能够忍受频繁剧烈的流量变化的普遍的物种所代替。此外，许多物种的生命周期常常被打断，生态系统的能量流大部分被改变，水流速度的改变也能为水生和河岸物种带来负面影响。自然流量要素变化的生态响应见表 6.3。显而易见，短期的流量能够使自然多样性和许多本地生鱼类和无脊椎动物的减少。例如，曾在我国辽河流域才能生存的六须鲶鱼，自 1984 年之后绝迹，原因是上游大坝的修建，使得辽河下游的生物栖息地受到严重威胁。

表 6.3   自然流量要素变化的生态响应

流量要素	变化	生态响应
规模和频率	多样性变大	敏感物种的丧失；藻类增加，有机物质被冲走；生命周期被打乱；能量流被改变
	流量稳定	外来物种的入侵和出现，导致了本地物种的灭绝，群落发生变化
		减少了输送到河浸滩植被物种里的水分和营养物质；种子不能有效扩散；栖息地和二级河道的丧失
		改变河岸群落
时间分布	季节性洪峰期的丧失	鱼类受到干扰，如产卵、孵卵、迁徙；鱼类不能接近湿地或逆水区域；水生植物网结构改变；植物生长速度减慢、再生率降低
持续时间	低流量延长	地貌形态发生变化；水生有机物聚焦；水生生物多样性降低；河岸植被覆盖率减少，物种布局变化
	淹没时间改变	植被覆盖类型变化
	淹没时间延长	树木死亡；水生植被生长的浅滩丧失
变化的速度	河流不同阶段的快速变化	水生物种被冲走或搁浅
	洪水退去速度加快	种子不能着生

注 源自：王西琴，2006。

流量是河流生态系统的限制因素，对于河流健康起着十分重要的作用。从目前看，河道内流量大都趋于减少，进而引起生态环境的变化。

6.3.3 水利水电工程对水生生物的影响

水利水电工程的建设和运行，改变了自然河流的水文情势和水力学特性，也改变了河流地貌形态和水体物理化学特征。这些变化导致河流栖息地发生重大改变，对水生生物群落产生重大影响。

6.3.3.1 大坝工程对水生生物影响

由于大坝建设，阻断了洄游鱼类通道；水库运行期间。溢洪道或泄水隧洞下泄高含气水流以及低温水，对鱼类会产生不利影响。在水库库区，水生态系统由以底栖附着生物为主的"河流型"向以浮游生物为主的"湖沼型"演化。

1. 对浮游生物的影响

与缓流或静水生境相比，流水生境中通常浮游植物种类和数量都比较少，种类也以硅藻和绿藻为主。在含沙量较大的河流中着生藻类较少，而在透明度较大的清澈水流中着生藻类较多。

水利水电工程建成运行后，由于库区内水体滞留时间增加、淹没的有机质分解和入流营养盐沉积等作用，有利于浮游生物的生长和繁衍，但也因生态型不同而不同，其中绿藻、蓝藻等较适应缓流生境的种类，种群数量增长较快。库区浮游植物数量增加幅度也与水库调节方式、水体营养负荷及库区周边环境等因素有关。三峡库区支流回水河段，由于库水位顶托，流速减缓及入库营养负荷等因素，造成藻类的大量繁殖，以致在每年的春季或初秋时节，出现"水华"现象。三峡蓄水后，库区水流由原来平均流速 1.2～2.0m/s 急剧变为缓流（次级河流回水段流速普遍在 0.05m/s 以下）。

水库蓄水后，库区浮游植物生物量上升，浮游动物群落也由河流型转化为湖泊型，浮游动物的种类、密度和生物量都较原河道有较大幅度的提高。坝下尾水的浮游动物种群结构与库区相近，数量受水库调节方式和库区浮游动物变化的影响。库区支流回水区浮游动物的变化与库区基本一致，种类、数量均会明显增加，支流上游流水河段，则保持原河流浮游动物群落结构。

2. 对底栖动物的影响

水库建成后，底栖生物的变化趋势一般是：①平原湖泊型水库底栖生物较多，山区谷型水库底栖生物较少；②底栖生物生长季节，其种类和数量，库水位相对稳定的水库中较多，而水位变动频繁的水库中较少；③在消落区大的水库中较少，而在消落区小的水库中较多；④富营养型的中小型水库中较多，贫营养型的水库中较少；⑤库周底质为泥质的水库中较多，底质为砾石和沙质的水库中较少。库区原有的种群和库周水体中的底栖生物对新建水库的底栖生物也有很大影响。

水库建成后，底栖动物的种群结构也发生了变化。通过长江上游乌江干流调查发现以下现象：①水库形成后，环节动物等湖泊型种类取代原喜流水性水生昆虫种类成为区域优势种；②水库建成后，库区生物多样性指数下降，底栖动物物种较建坝前有一定幅度的下降，其中原优势种蜉蝣目生物基本绝迹；③受底质、水体营养物等因素变化影响，建坝后，库区底栖动物生物量有所上升，其中环节动物数量上升明显，软体动物种类有大型化趋势。

6.3.3.2 大坝阻隔对鱼类的影响

大坝建设阻隔了鱼类的洄游路线，使其不能有效地完成生活史，造成渔业资源的严重下降。洄游路线被阻隔通常对溯河洄游鱼类，特别是具有回归习性的鲑、鳟鱼类的影响较大。如在加拿大 Fraser 河 Moran 江段下修建了 Hell's Gate 大坝后，阻断了红大马哈鱼溯河洄游的通道，使 Moran 江段以上红大马哈鱼的年捕捞数量急剧下降。修建了过鱼设施以后，红大马哈鱼的年捕捞数量才有所上升，但与 20 世纪初期相比仍然很低，仅相当于原来的 22.35%。

河流上游的鱼类下行过坝时，很容易被吸入水轮机而受到伤害（例如眼睛胀鼓、鳞片脱落、割伤或撕伤、器官出血、鳔破裂等）。此外，在水库生长的鱼类，也很容易在大坝泄洪时受到高速水流和高水位落差的伤害。在一些水库泄洪过后，往往在坝下发现鱼类死伤。

流域水电站梯级开发，原先连续性的河流被分割成不连续的多个生境单元，导致河流生境片段化或丧失，给河流鱼类带来多方面的影响。主要表现为：限制物种扩散和群落形成；降低库区鱼类的搜寻能力，鱼类被限制在狭小的区域而不能去觅食；广泛分布的种群被分成几个亚种群，每一个亚种群遗传漂移将变得更加脆弱。

1. 低温水下泄的影响

水库下泄的低温水，对鱼类的直接影响是导致繁殖季节推迟，当年幼鱼生长期缩短，生长速度减缓，个体变小等。鱼类繁殖要求一定的水温条件。鲤、鲫等鱼类，在春季水温上升到 14℃ 左右时即开始产卵，而"四大家鱼"在 18℃ 时才产卵。新安江水库的坝下河段，除非是溢洪，水温很难达到 18℃，因此在这一河段内已不存在家鱼产卵场。因水温下降导致鱼类产卵期推迟。如丹江口大坝下游的研究发现，由于水温较低，鱼类产卵的时间被延迟了 20～60 天。下泄低温水对鱼类资源影响显著，如丹江口水库下游江段鱼类繁殖季节滞后，出生幼鱼的个体变小、生长速度变慢，这一江段草鱼幼鱼的体长和体重分别由建坝前的 345mm 和 780g，下降至建坝后的 297mm 和 475g。

2. 水文情势变化的影响

水库形成后，水文条件发生较大的变化，鱼类的栖息环境也随之发生变化，导致库区的鱼类组成发生明显变化。水库蓄水后，库区流速缓慢、泥沙沉积、水色变清、饵料增多，适宜喜缓流或静水生活的鱼类而不利于喜急流生活的鱼类的生存。在山区的水库中由于库水较深，水库中喜表层或中层生活的鱼类较多而底层鱼类相对较少。此外，水库淹没往往使土著和特有鱼类失去或减少生存机会，还可能增加外来种入侵的可能性。

水库建成后流速变缓，对于漂流性产卵的鱼类，因鱼卵没有足够的距离进行漂流发育，增加了早期死亡率。例如，丹江口水利枢纽兴建后，汉江坝上江段原来一些漂流性产卵鱼类的产卵场如大孤山、安阳口等在建坝后消失，上游白河、前房、肖家湾等河段都有适合"四大家鱼"繁殖的产卵场，但由于这些江段与库区的距离都在 170km 之内，卵苗孵化漂流流程较短，因此鱼卵的最终命运大多是漂流进入丹江口水库以后下沉到库底而死亡。

由于水库运行径流调节，使径流过程均一化，坝下河流鱼类繁殖所需要的涨水条件难以满足。多数鱼类繁殖期在 4 月下旬到 7 月上旬，在流水中鱼类需要一定的涨水条件刺激性腺发育进行繁殖。而在水库的坝下河段，因水库径流调节，坝下河段不出现涨水过程，鱼类难以繁殖。长江三峡枢纽兴建后，由于径流调节，使坝下江段，尤其是缺乏较大支流汇入的荆江江段，不呈现明显的涨水过程，从而影响到该江段的家鱼产卵过程。高泄水量对诱导溯河性鱼类溯河产卵也是非常重要的，钱塘江上的富春江大坝建成后，溯河性产卵他长颌鲚（Coiliamacrognathos Bleeker）捕捞量与水库泄水量之间显著相关。

3. 水体中气体过饱和的影响

溢洪道或泄水隧洞下泄的高含气水流中的饱和气体，需要经过一定流程才能逐渐释放达到正常水平。美国哥伦比亚河的 John Day 坝下池水的氮气饱和度达到了 135%，流经 120km 江段后到达 McNary 坝，其饱和度才仅仅降至 114% 左右。水中气体过饱和常会引发鱼类发生"气泡病"。气泡病就是水体中含氮量或溶氧量过饱和而进入鱼体栓塞在组织内的疾病。下泄水中过饱和气体一旦进入鱼体组织中，会因栓塞位置的不同而引起各种症状与病变，如呼吸困难、突眼、贫血，甚至死亡，但急性病例可造成鱼苗 100% 的死亡率。美国 Snake 河下游对大鳞大马哈鱼（Oncorhynchustshawytscha）幼鱼存活率的对比研究表明，从支流鲑河口——冰港坝的江段，由于受氮气过饱和的影响，大鳞大马哈鱼的存活率由建坝前接近 100% 降低至建坝后 30% 左右。据中科院水生生物研究所观察，宜都附近所捞到的鱼苗的腹腔内，特别是肠道内充满气泡，漂浮水面，易于死亡。

4. 库区水质变化对鱼类的影响

由于水库库区水流缓慢，上游河段带来的泥沙以及其他悬浮物质会在库区沉积，使库区以及坝下江段水体透明度增加。生境特征与饵料生物的改变，常引起鱼类种类结构的更替，局部水域的鱼类丰度上升。如在丹江口水利枢纽修建以前，每年的 6—9 月，当大雨过后，坝下江段江水浑浊，透明度仅为 2~3cm，含沙量月平均达到 4~5kg/m³。而丹江口水利枢纽兴建以后，坝下江段水质清澈，含沙量小，透明度常在 100cm 以上。坝下江段着生丝状藻类和泼水壳菜大量繁殖，摄食着生丝状藻类和泼水壳菜的鱼类如铜鱼、鲂等种群增殖，数量不断增加。

年调节和多年调节水库，由于水库水体分层导致的水体垂直交换受阻，以及外源有机物在库区沉积、微生物的分解作用耗氧等原因，可能导致库区底层出现缺氧甚至无氧的状况。

如伏尔加河上的伏尔加格勒水库和伊万科夫水库，夏季坝前库区水底层的含氧量低于 1mg/L，Anon 的研究表明，在 Fraser 河上的 Moran 水库的坝前库区，冬季有机沉淀物的浓度由建坝前的 20×10^{-6} 上升到建坝后的 800×10^{-6}，上升了 40 倍，使得 BOD 值大大提高，导致坝前库区底部无氧状况的发生。坝前库区底层的缺氧甚至无氧环境，可以直接造成鱼类的死亡。

6.3.3.3　河湖阻隔对水生生物的影响

1. 对浮游生物的影响

对通江湖泊和阻隔湖泊的浮游植物叶绿素 a 及其主要影响因子总氮和总磷进行比较后发现，营养物浓度按高低顺序是通江湖泊流水区＞通江湖泊静水区＞阻隔湖泊，而叶绿素含量顺序则相反。在通江湖泊静水区，叶绿素的限制因子同样为总磷，而在通江湖泊流水区，叶绿素含量的限制因子是流速。河湖阻隔导致湖水稳定，致使浮游植物大量增殖。相似地，由于环境稳定，有充足的浮游植物为食，阻隔湖泊浮游动物群落可以充分发育。

2. 对水生植物的影响

湖泊有节律的水位波动对湿生植物的生长、繁殖以及种子散布和萌发十分重要，是湿生植被发育的必要条件。河湖阻隔导致湖泊水位变幅变窄、水流减缓以及中度干扰作用丧失，对于水生植物群落造成影响。通江湖泊水位的波动往往较大，广阔的消落区为湿生植物提供了良好生境，如鄱阳湖年水位落差超过了 11m，其湿生植物覆盖率超过了 15％，而阻隔湖泊年水位落差一般低于 3m，限制了湿生植物的分布范围，其覆盖率不到 2％。

水位波动、水流对沉水植被的发育也有重要影响。通江湖泊往往流速较大，水交换频繁，水下光照较弱，优势种常是马来眼子菜（Potamogetonmalainus）、轮叶黑藻（Hydrilla verticillata）、金鱼藻（Ceratophyllumdemersum）、苦草（Vallisneria spiralis）等，其流线型结构适应于流水生境。阻隔湖泊水流停滞，湖区封闭，黄丝草（Potarnogeton）常为优势种。由此可见，河湖阻隔后沉水植物的优势种将由马来眼子菜逐渐转变为黄丝草。

河湖连通程度不同，自然水文干扰程度不同，植物群落演替等级及物种多样性也将有所差别。通江湖泊中通过不同强度、不同频率和不同时间的干扰，自然水文情势可将植物群落控制在不同的演替阶段，湖泊植物群落总体处于演替的中期，维持最高的物种多样性。在阻隔湖泊，由于水文环境稳定，植物群落向顶级演替，竞争排斥了一些物种，导致物种多样性不高。总体来说，水生植物的物种多样性随通江程度增加而升高。

3. 对底栖动物的影响

在通江湖泊，自然水文地貌过程形成了高度异质性的自然生境。如根据水文特征可将湖区分为静水区、缓流区、急流区、回流区以及消落区，对应的基底特征又有所不同，如淤泥、细砂、粗砂和砾石等。而在阻隔湖泊，由于水文干扰减弱，湖水趋于平稳，底质一般为淤泥。水流条件和底质类型对各类底栖动物均有影响，一些喜流水性的贝类仅见分布于河流或通江湖泊。此外，河湖阻隔还可通过改变水生植被来影响底栖动物群落的发展。通江湖泊和阻隔湖泊在寡毛类和昆虫的种类组成方面常有较大差异。

4. 对鱼类的影响

河湖阻隔影响鱼类的作用机制主要有两个：一是洄游通道受阻或丧失；二是生境异质性的下降。

通江湖泊上修建水闸，鱼类在江湖之间的洄游通道受阻甚至丧失，使鱼类资源受到不利影响，这是我国长江中下游出现的一个特殊问题。江湖洄游鱼类的典型代表是"四大家鱼"，"四大家鱼"需要在江湖之间完成繁殖、摄食和越冬等生命活动，春末夏初在江中产卵，然后幼鱼到湖中发育，冬季成鱼至干流越冬。河湖阻隔阻断了鱼类的繁殖、索饵或越冬洄游，导致长江水系天然鱼类资源严重衰退。

河湖阻隔不仅影响洄游鱼类，而且导致定居性鱼类的物种多样性显著下降。

思考题

1. 河流的纵向结构和横向结构怎么描述？
2. 洪水脉冲和河流连续体的生态学意义是什么？
3. 河流生态系统结构功能整体性概念模型的特点是什么？
4. 河流水文情势、水力条件和地貌景观三者如何相互作用？
5. 传统水利工程对河流的影响有哪些？

第7章　城市生态系统的生态水文过程

城市是一个国家、一个地区政治、经济、文化、科技、交通的中心，也是人类活动集中区域，属于高强度人类活动区。城市化是区域社会经济发展到一定阶段的必然产物，也是人类社会发展的必然趋势。城市化进程促进了工业化，增强了人类改造自然的能力，提高了对物质和能量的利用效率，节约了空间和时间，给人类带来了巨大的效益，但同时也带来城市洪涝等诸多与水文学相关的问题。本章主要讨论城市生态系统对水文的影响及调控。

7.1　城市生态系统与城市水生态系统

城市水生态系统建设的理论基础是城市生态学理论和城市水生态系统理论。为了科学的研究城市水生态系统建设模式，本章系统地集成和分析了城市生态学、水生态系统及生态修复的基本理论，界定城市水生态系统与城市生态系统及宏观生态系统的相关关系，揭示生态系统的循环过程和互动规律，为建设模式的构建奠定基础理论。

7.1.1　城市生态系统的内涵

20 世纪 20 年代，美国芝加哥学派创始人帕克（Robert Ezra Park）提出了人类生态学和城市生态学的思想，开创了城市生态学研究的先河。这一学派以城市为研究对象，以社会调查及文献分析为主要方法，以社区即自然生态学中的群落、邻里为研究单元，研究城市的集聚、分散、入侵、分隔及演替过程、城市竞争、共生现象、空间分布格局、社会结构和调控机理，认为城市是人与自然、人与人相互作用的产物。

城市生态学产生以后，对城市生态系统的研究也就应运而生。对城市生态系统的理解，因学科重点、研究方向等不同而有一定差异。我国生态建设研究者马世骏提出"城市生态系统是一个以人为中心的自然、经济与社会复合人工生态系统"；生态学家金岚等指出"城市生态系统是城市居民与其周围环境组成的一种特殊的人工生态系统，是人们创造的自然–经济–社会复合体"；按《环境科学词典》定义，"城市生态系统是特定地域内的人口、资源、环境通过各种相生相克的关系建立起来的人类聚居地或社会、经济、自然的复合体"。

从本质上讲，城市这个人口集中的地区，虽然属于当地自然环境的一部分，但它本身并不是一个完整、自我稳定的生态系统。城市生态系统中生存着植物和动物，但其作用已不再是系统的生产者，而大多是起到城市景观绿化功能。由于城市中缺乏分解者，造成城市消费品的大量堆滞，系统食物链的破坏，城市环境的日益恶化，生态失衡。因此，城市生态系统是十分不完善的人工生态系统。

7.1.2　城市生态系统的特征与功能

7.1.2.1　城市生态系统的特征

城市生态系统作为一个人工生态系统，具有区别于自然生态系统的特性和人为的特性。

1. 区别于自然生态系统的根本特性

（1）系统的组成充分。城市生态系统中生产者是从事生产的人类，消费者也是以人类为主体。城市生态系统的还原功能主要是由城市所依靠的区域自然生态系统中还原者以及人工造就的各类设施来完成。此时系统中的能量呈倒金字塔形。

（2）系统的生态网络关系。自然生态系统的网络是自然产生的，是自然生态系统长期进化的结果。而城市生态系统中的网络大多是具有社会性的网络，是社会发展过程中逐渐建立起来的。

（3）生态位。城市生态系统所提供的生态位除了自然生态位以外，更主要的是社会生态位和经济生态位。这是城市生态系统与自然生态系统的重要差别。

（4）系统的功能。城市生态系统中各种生态流在生态关系网络上的运转需要依靠区域自然生态系统的支持，因此城市生态系统的网络是不完善的，加上城市生态系统中各种流的强度远远大于自然生态系统，使得在高强度的生态流运转中伴随着极大的浪费，整个系统的生态效率极低。

（5）调控机制。城市生态系统是以人类为中心，它的调控机制主要是"通过人工选择的正反馈为主"。

2. 系统的演替

城市生态系统的演替是人类为了自身的生存和发展，通过各种生产和生活活动，对系统能动地创建、改造、拓展的结果。由于人类生存和发展目标是随着人类对自然的认识程度和改造能力的不断提高而不断提高，所以城市生态系统的演替不会达到特定的稳定状态。城市生态演替不同于自然生态演替的显著特点是人能改造环境、扩大城市容量，把系统从成熟期重新拉回到发展期。

3. 人为性

城市生态系统是以人为中心的人工生态系统，人类已成为系统的生产者和消费者两种角色为一体的特殊生物物种。城市生态系统的变化规律是由自然规律和人类影响叠加形成的，人类社会因素的影响在城市生态系统中具有举足轻重的作用，而且这种作用也影响着人类自身的健康发展。

4. 不完整性和开放性

城市中自然生态系统为人工生态系统所代替，动物、植物和微生物都失去了原有的环境，致使生物群落不仅数量少且结构变得简单。城市生态系统缺乏分解者或者功能减弱。城市生态系统中的废弃物（工业与生活废弃物）不可能由分解者就地分解，几乎全部都需要输送到化粪池、污水厂或垃圾处理厂（场）由人工设施进行处理。城市生态系统"生产者"（绿色植物）不仅数量少，其作用已变为美化景观，消除污染和净化空气。

正因为如此，城市生态系统才具有开放性，依赖外部系统的能源和物质及人力、资金、技术、信息等，同时对外部系统也具有强烈的辐射力，向外部输出人力、资金、技术、信息以及废物等。

5. 高"质量"性

城市在自然界中的用地面积只占全球面积的 0.3% 左右，却集中了大量的能源、物质和人口。有统计表明，城市生态系统中能量转化率为 $(42\sim126)\times10^7\text{J}/(\text{m}^2\cdot\text{a})$，是所有生态系统中最高的。另外，城市生态系统是迄今为止最高层次的生态系统，人们具有巨大的创造、安排城市生态系统的能力，城市生态系统的物质构成体现着当今科学技术的最高水平。

6. 复杂性

城市生态系统是一个迅速发展和变化的复合人工系统和功能高度综合的系统。在城市生态系统中，随着生产力的提高，人们在对能源和物质的处理能力上不仅有量的扩大，而且不时发生质的变化。通过人工对原有能源和物质的合成或分解，可以形成新的能源和物质，形成新的处理能力。特别在生产力高度集中的大城市，随着内外关系的变化，在形成新的生态系统的同时，其覆盖面也越来越大。与自然生态系统相比，城市生态系统的发展和变化要迅速很多倍。另外，城市作为一个人工生态系统，必然要满足人们不断增长的需要，所以就必须形成一个多功能的系统，包括政治、经济、文化、科学、技术及旅游等多项功能。

7. 脆弱性

城市生态系统不是一个"自给自足"的系统，它的能量与物质要依靠其他生态系统人工地输入，同时城市生产生活所排放的大量废弃物远超过城市范围内的自然净化能力，也依靠人工输送系统输到其他生态系统。在这个系统中，任何一个环节发生故障，将会立即影响城市的正常功能和居民的生活，从这个意义上说，城市生态系统是十分脆弱的。

城市生态系统的高集中性、高强度性以及人为的因素，产生了城市污染，同时城市物理环境也发生了迅速变化，破坏了自然调节机能，加剧了城市生态系统的脆弱性。

城市生态系统中，以人为主体的食物链常常只有二级或三级，即植物—人、植物—动物—人，而作为初级生产者的植物，绝大多数来自周围其他系统。与自然生态系统相比，城市生态系统由于物种多样性的减少，能量流动和物质循环的方式、途径都发生改变，使系统本身自我调节能力减小。其稳定性主要取决于社会经济系统的调控能力和水平，以及人类的认识和道德责任。

城市生态系统的生产者（绿色植物）在绝对数量和相对比例上都远远少于消费者（城市人类），城市生态系统的营养关系出现倒置，决定了其不稳定性。

7.1.2.2 城市生态系统的功能

城市生态系统的基本功能包括生产功能、能量流、物资流、信息流 4 项。其中，生产功能分生物生产和非生物生产两个部分，体现了人类在城市生态系统生产活动中具有的主体作用。

城市能量流反映了城市在维持生存、运转、发展过程中，各种能源在城市内外部、各组分之间的消耗、转化，城市经济结构及能源消耗结构相当程度上对城市环境质量具有较大的影响。城市生态系统在能量流方面具有以下 6 个特色：①在能量的使用上，大量的非生物之间能量的转换和流转，这种能量决非在城市这一相对"狭隘"的自然环境中所能满足。随着城市的发展，它的能量、物资供应地区将越来越大。②在传递方式上，城市生态系统的能量流动方式要比自然生态系统多。城市生态系统可通过农业部门、采掘部门、能源生产部门、运输部门等传递能量。③在能量运行机制上，自然生产系统能量流动是自为的、天然的，而城市生态系统的能量流动以人工为主。④能量生产和消费活动过程中，有一部分能量以"三废"形式排入环境，使城市遭受污染。如我国每燃烧 1t 煤排放二氧化硫 4.9kg，烟尘 1～45kg，氧化物 3.6～9.2kg，一氧化碳 0.2～22.7kg。⑤能量在流动中不断有损耗，不能构成循环，具有明显的单向性。⑥除部分能量是由辐射传输外，其余的能量都是由各类物质携带。

城市物质流是指维持城市人类生产、生活活动的各项资源、产品、货物、人口、资金等在城市各个空间区域、各个系统、各个部分以及城市与外部地区之间的反复作用过程。与能量流的单向活动不同，物质流是一种周而复始的循环。物质流涉及生物的和非生物的动因，受到能量的驱动，并且依赖于水的循环。城市生态系统中的物质流可分为两大类型：①气相循环。如氧、二氧化碳、水、氮等的循环，把大气和水紧密联结起来，是一个相当完善的循环类型。②沉积循环。主要经过岩石的分化作用和岩石本身的分解作用，将物质变为城市生态系统中可利用的营养物质，这种转换过程相当缓慢，可能在较长的时间中不参与循环，是一个不完善的循环类型。物质循环的功能从根本上说，是维持城市生态系统的生产功能以及生产、消费、分解、还原过程的开展。

城市信息流是城市生态系统维持其结构完整性和发挥其整体功能必不可少的特殊因素。自然生态系统中的"信息传递"指生态系统中各生命成分之间存在的信息流，主要包括物理信息、化学信息、营养信息及行为信息几个方面。生物间的信息传递是生物生存、发展、繁衍的重要条件之一。城市生态系统中信息流的最基本功能是维持城市的生存和发展，是城市功能发挥作用的基础条件之一。正是因为有了信息流的串结，系统中的各种成分和因素才能被组成纵横交错、立体交叉的多维网络体，不断地演替、升级、进化、飞跃。城市信息的流量反映了城市的发展水平和现代化程度，信息流的质量则反映了信息的准确性、时效性、影响力、促进力等各种特征。

7.1.3　城市水生态系统及城市水系

1. 城市水生态系统

城市水生态系统是依托于城市生态系统中的一个子系统，是在城市这一特定区域内，水体中生存着的所有生物与其环境之间不断进行物质和能量的交换而形成的一个统一整体。由于城市人群与水体的密切关系，城市人群及其与水相关的活动也属于城市水生态系统涵盖的部分。

2. 城市水系

城市水系是城市水生态系统的主体。城市水系统的客体是城市水资源，城市水资源是城市生产和生活的最基础的资源之一。同时由于城市功能的特殊性，城市水资源除了一般水资源固有的本质属性和基本属性外，还具有环境、社会和经济属性。严格意义上的城市水系统是指在一定地域空间内，以城市水资源为主体，以水资源的开发利用和保护为过程，并与自然和社会环境密切相关且随时空变化的动态系统。因此，从这个意义上说，城市水系统的内涵已经远远超出了通常所说的"水资源系统"或"水源系统"的范畴。这个系统不仅包含了相关的自然因素，还融入了社会、经济甚至是政治等许多社会因素。

城市水循环系统包括自然循环系统和社会循环系统两部分。城市水系依靠自然循环系统，水体通过蒸发、降水和地面径流又与大气联系起来，蒸发降水又返回土壤地表水。但由于流域固有特殊性，相互影响的范围远远超过城市边界。城市水体和地下水通过土壤渗透及地下补给连接起来。

城市水系的社会循环系统由水源、供水、用水和排水等四大要素组成。这四大要素的相互联合构成了城市水资源开发利用和保护的人为循环系统，每个要素都对这个循环系统起着一定的促进或制约作用。城市水源是城市水系的基础要素。随着现代城市规模不断扩大，消耗水量加大，在水资源有限条件下，增建净化中水道循环使用系统，作为城市重要给水水源。城市供水是城市水系统的开发或生产要素，它是在水源和用水要素之间架起的一座"桥梁"。如果没有供水要素，水源不能自动变为商品为消费者所利用。城市用水是城市水系统的需求或消费要素，供给与需求是一对矛盾，既对立又统一，没有需求，就不必供给，而满足需求是供给的永恒主题。城市排水是城市水系中最敏感的要素，具有两面性，良性的排水（经净化处理后排放）可增加水源的补给量，不良的排水（未经净化处理直接排放）则污染水源水质，进而减少水源的可用水量。现代城市水循环系统如图 7.1 所示。

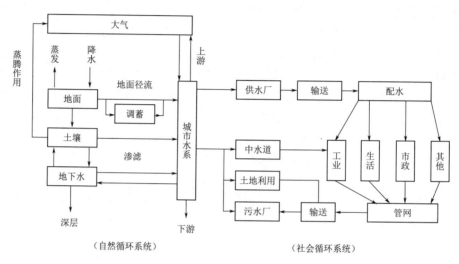

图 7.1　现代城市水循环系统

7.2　城市化及其水文效应

7.2.1　城市化对降雨的影响

　　城市规模的不断扩大，在一定程度上改变了城市地区的局部气候条件，又进一步影响城市的降水条件。在城市建设过程中，地表的改变使其上的辐射平衡发生了变化，空气动力糙率的改变影响了空气的运动。工业和民用供热、制冷以及汽车增加了大气的热量，而且燃烧把水汽连同各种各样的化学物质送入大气层中。建筑物能够引起机械湍流，城市作为热源也导致热湍流。因此城市建筑物对空气运动能产生相当大的影响。一般来说，强风在市区减弱，而微风可得到加强，城市与郊区相比很少有无风的时候。而城市上空形成的凝结核、热湍流以及机械湍流可以影响当地的云量和降雨量。

　　1984—1988 年，上海市水文总站对上海老市区 149km² 内设置的 13 个雨量点和原有分布在郊区的 55 个雨量站进行了平行观测，研究城市化对上海市区降雨影响的程度和范围，如图 7.2 所示。其研究结论包括：①市区降雨量大于近郊雨量，平均增雨量为 6%；②市区和其下风向的降水强度要比郊区大；③降雨时空分布趋势明显，降雨以市区为中心向外依次减小；④城市化对不同量级降雨的雨日发生频率具有影响：城市化后会使暴雨雨日增多，由于大暴雨、特大暴雨时，城市化影响相对较弱，当雨量达到暴雨级后，市区雨日不再增加。

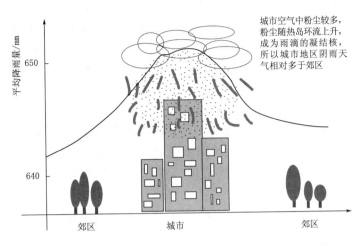

图 7.2 1984—1988 年上海市区和郊区降雨量对比示意图

对其他一些城市降水影响的分析研究，也得出类似的结论，即城市比邻近的郊区降雨量有所增加，甚至城区的工作日比周末的降雨也有所增加。例如，美国爱德华兹维尔市对先期1910—1940 年未经城市化时的降雨量和后期 1941—1970 年已经城市化时的降雨量进行对比，发现后期降雨量比先期增加 4.25%。以色列特拉维夫市附近有 8 个能长期观测记录的气象站，因该市位于地中海气候区，每年从 11 月开始降雨，11 月降雨量占全年降水总量的 12%。1901—1930 年特拉维夫尚未城市化，而 1931—1960 年其城市化发展速度甚快。单就 11 月降雨量而论，后 30 年比前 30 年增加了 16%。各站的年降雨量，后 30 年增加了5%～17%。

影响城市降雨形成过程的物理机理包括以下 3 个方面。

1. 城市热岛效应

大气污染导致城市空气中，较高浓度的 CO_2 等气体和烟雾在夜间阻碍并吸收地面的长波辐射，加上城市的特殊下垫面具有较高的热传导率和热容量，以及大量的人工热源，使得城市的气温明显高于附近郊区（图 7.3）。这种温度的差异被称为"城市热岛效应"。由于有热岛效应，城市空气层结构不稳定，有利于产生热力对流，当城市中水汽充足时，容易形成对流云和对流性降雨。

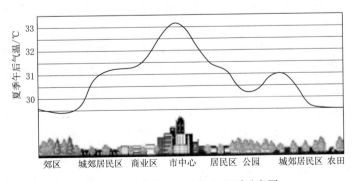

图 7.3 城市与郊区的气温差别示意图

哈勒克和兰兹葆曾对华盛顿市由热岛引起的阵雨做过研究。例如,有一天只有华盛顿市区从孤立的雷雨云中降下 25mm 的阵雨,但从气象台的预报中,并未提出降雨的预报。当天风速很小,露点高,城市热岛强度约在 2℃。热岛中心的上升气流使当地先形成积云,然后逐渐转变为浓积云和积雨云,并形成阵雨。这次阵雨主要是由热岛推动作用形成的。

2. 城市阻碍效应

城市因有高低不一的建筑物,其粗糙度比附近郊区平原地区大,这不仅引起湍流,而且对稳定滞缓的降水系统如静止锋、静止切变、缓进冷锋等有阻碍效应,使其移动速度减慢,在城区滞留时间加长,因而导致城区的降雨强度增大,降雨历时延长。

早在 1940 年,贝尔格(Belger)就对柏林城市阻碍效应对降雨的影响做过比较深入的分析。他指出,当冷锋通过柏林地区时产生减速效应。例如,1931 年 7 月 7 日有一冷锋经过柏林,本来冷锋移进速度为 30km/h,可是到了柏林城区减速为 13.3km/h,并且锋面产生了变形。由于冷锋移动速度减慢,城区降雨量比郊区大。贝尔格还举了另外两次冷锋过境时在柏林城区出现了冷锋减速情况的例子。有一次城区降雨持续时间为 64min,降雨量为 18.3mm,而郊区降水持续时间仅 48min,降水量为 5.8mm,前者降雨强度为 0.28mm/min,后者为 0.12mm/min。另一次是 1934 年 4 月 29 日,除了冷锋在城区移动减速外,再加上城市热岛效应,致使城区这次雷暴雨的雨量特别大,竟占到该地全年降水总量的 1/6。

3. 城市凝结核效应

城市空气中的凝结核比郊区多,这是众所周知的。至于这些凝结核对降雨的形成起什么作用,是一个有争议的问题。普诗俄(Pueschel)等对美国洛杉矶炼油厂喷出的废气污染及其对气候的影响进行了研究。他们指出:这些炼油厂排出的废气污染物中有两种物质对降水有明显影响,一种是硝酸盐类,另一种是硫酸盐类,前者粒子比后者大,善于吸收水汽。硝酸盐颗粒半径一般大于 $1\mu m$,如果这种微粒多,云层又足够厚的话,则有利于降水的形成。相反,硫酸盐的粒径小于 $0.1\mu m$,这种微粒多,有利于云的胶性稳定,不利于降雨的形成。

城市化影响降雨的机制,以城市热岛效应和城市阻碍效应最为重要。至于城市空气中凝结核丰富对降雨的影响,一般认为有促进降雨增多的作用。城市降雨量增多,很可能是这三者共同作用的结果。

7.2.2 城市化对水文过程的影响

城市水文效应是指城市化所及地区内,水文过程的变化及其对城市环境的影响。城市化是促使自然环境变化的最强大因素之一,城市化的过程,增进了人类社会与周围环境之间的相互作用。

由于城市的兴建和发展,大面积的天然植被和土壤被街道、工厂、住宅等建筑物所代替,不透水面积增加,下垫面的滞水性、渗透性、热力状况发生了变化。城市降水后,由于下渗量、蒸发量减小,增加了有效雨量,使地表径流增加,径流系数增大。据研究,北京市郊区大雨的径流系数小于 0.2,而城区大雨径流系数一般为 0.4~0.5;成都市区地表径流系数高达 0.75~0.85,表明地面径流量明显增大。城市化对河道进行改造和治理,如截弯取直、疏浚整治,布设边沟及下水道系统,由此增加了河道汇流的水力效应,汇流速度增大,汇流时间缩短,加上天然河道的调蓄能力减小,使得城区内产汇流过程发生变化,进而导致雨洪径流和洪峰流量增大、峰现时间提前、行洪历时缩短、洪水总量增加、洪水过程线呈现峰高坡陡（图7.4）。相关研究表明，城市化地区洪峰流量可以达到城市化前的3倍，涨峰历时缩短1/3，暴雨径流量的洪峰流量为城市化前的2～4倍，这取决于河道的整治情况和城市的不透水面积的比重及排水设施等。城市化后，由于河漫滩被挤占，河槽过水断面减小，行洪能力削弱，易产生洪灾。如自20世纪60年代以来，成都市的城市建设力度加大，使城区原有的护城河、金河及100余个池塘水域全部消失，加上人为护堤占地使锦江、府河河面大为缩小，多数河段水面宽仅30～50m，最宽处不到100m，削减了河道的行洪能力，城区内不透水面积不断增大，使地表下渗率减小，滞洪、蓄洪能力下降，常造成洪涝灾害。据估计，盲目地利用河滩地和不断扩大不透水面积，100年一遇的洪水可成倍增加。

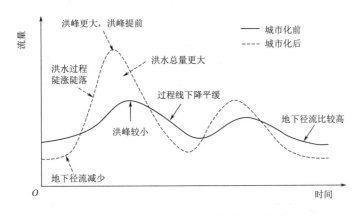

图7.4 城市化对水文过程的影响示意图

7.2.3 城市化对水环境的影响

城市化后生活、生产、交通运输以及其他服务行业对水体排放污染物加重。近年来，虽然通过污染治理减少了城市生产、生活排放物对水体的污染，许多河流水质有了明显的改善，但城市水质的污染问题远没有彻底解决，城市河流的各项污染指标仍远高于非城市河流。

城市居民生活废水中所含污染物较多，其中有悬浮物、有机物、无机物、微生物等；工业废水中包括有生产废料、残渣以及部分原料、半成品、副产品，所含污染物种类繁多。这些未经处理或处理不充分的废污水流经城市的河流，以及工废气向大气排放，其中所含的SO_2、NO_x等气体形成酸雨下降到地表水体，造成水体污染，水质恶化。目前我国每日排放的废污水量有1亿t以上，主要是城市工业废水、生活污水（工业废水量与生活污水量的比例，因工业化程度而异，工业化程度高的城市达9∶1）。其中有80％以上未经处理就直接排入水域，造成全国1/3以上河流被污染，70％以上城市水域污染严重，尤其在枯水季节，河川基流量减小，河流的稀释能力削弱，水质更差。全国近50％的重点城市水源地水质不符合饮用水标准，降低了城市的供水能力，南方城市因水污染所导致的缺水量占这些城市总缺水量的50％～70％，北方和沿海城市缺水更为严重。我国城市污水总量以每年6.6％的速度递增，其中，生活污水排放量增长更快。长此以往，随着城市污水排放量的递增，再加上生活、工业垃圾直接倾倒入河，或其中污染物随降雨径流进入水体，污染就更加严重，不但影响了供水水源，还加剧了水资源危机。受污染水域的水质变坏后，水中的鱼虾不能生存，危及城市生态环境。如在 20 世纪 60 年代，珠江三角洲河网区的水质优良，水生生物丰富多样。然而随着经济的发展，城市化水平的不断提高，河网区的水质不断恶化。1999 年的统计表明，珠江三角洲年排污量达到 29.7 亿 t。排污口众多的广州市，河道水质受到工业废水、生活污水的严重污染，水质常年为 Ⅳ～Ⅴ 类。

此外，城市化发展，使得城区不透水面积增大，城市地表径流的流速、洪峰流量出现频率增加，从而地表径流的侵蚀和搬运能力将相应增强。地表径流冲刷堆积于街道、建筑物上的大量堆积物，会引起水体新的非点源污染。根据北京市实施的中德合作"城区水资源可持续利用-雨洪控制与地下水回灌"项目中对北京市暴雨径流水质的实测分析，城区初期暴雨径流含有较多污染物，其中屋面径流雨水 COD 为 300～3000mg/L，SS 为 100～2000mg/L，且雨水水质浑浊，色度大；路面雨水径流的水质常受到灰尘、汽车尾气、燃油和润滑油、路面材料及路面磨损的影响，城区路面雨水径流水质和路面在城区中所处的地理位置有关。据北京市水利科学研究所的实测，机动车道上的初期暴雨径流中 COD_{Mn} 为 22.7mg/L，TP 为 1.02mg/L，NH_4-N（以 N 计）为 0.79mg/L，雨水悬浮物为 860mg/L。

根据以上分析和结论，城市化对水文过程及水环境的影响分析，可以用图 7.5 进行表示。

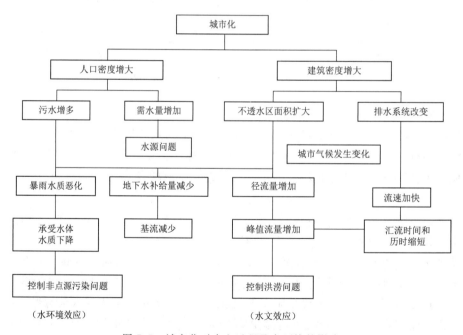

图 7.5   城市化对水文过程及水环境的影响

7.3   城市雨洪特性及生态机理

城市地区的雨洪具有利、害两重性。一方面，城市化改变了城市水文循环特性，从而使得城市雨洪特性改变，易引起短期内积水形成内涝；另一方面，城市雨洪是城市水资源的主要来源之一，科学合理地利用城市雨洪资源，可以节约城市水资源，保证城市功能的正常发挥。

7.3.1 城市雨洪的灾害性

城市化改变了城市雨洪产汇流特性，增加了城市雨洪排水系统压力，从而使得城市雨洪的灾害性更为明显，具体表现在以下几个方面。

（1）雨洪流量增加，流速加大。城市化不但降水量增加，雷暴雨增多，而且由于不透水地面多，植被稀少，降水的下渗量、蒸发量减少，增加了有效雨量（指形成径流的雨量），使地表径流量增加。城市化对天然河道进行改造和治理，天然河道被裁弯取直，疏浚整治，设置路旁边沟、雨水管网、排洪沟渠等，增加了河道汇流的水力学效应。雨水迅速变为径流，使雨洪流速增大。河道被挤占、束窄，也使得雨洪流速加大。

（2）洪峰增高，峰显提前，历时缩短。由于城市化，雨洪流量增加，流速加大，集流时间加快，汇流过程缩短，城市雨洪径流增加，流量曲线急升急降，峰值增大，出现时间提前（图7.4）。同时由于地面不透水面积增大，下渗减少，故雨停之后，补给退水过程的水量也减少，使得整个洪水过程线底宽较窄，增加了产生迅猛洪水的可能性。城市排水管网的铺设，自然河道格局变化，排水管道密度大，以及涵洞化排水，排水速度快，使水向排水管网中的输送更为迅速，雨水迅速变为径流，必然引起峰值流量的增大，洪流曲线急升急降，峰值出现时间提前。城市化地区洪峰流量约为城市化前的3倍，涨峰历时是城市化前涨峰历时的1/3，暴雨径流的洪峰流量预期可达未开发流域的2~4倍。这取决于河道整治情况和城市不透水面积率及排水设施等。随着城市化面积的扩大这种现象也日益显著，如果城市化而又有城市雨岛效应，则洪水涨落曲线更为陡急。

此外，如果河道被挤占，洪水时过水河道缩窄，会导致洪水频率增加。据估计，无控制的利用河滩地和扩大城市不透水面积，百年一遇洪水可增加6倍。如北京市在20世纪50年代，连续降雨100mm时，排水河道通惠河的出口流量为40m³/s，而80年代则为80m³/s。在美国伊利诺伊州中东部不同城市化程度（不透水面积所占百分比）地区，对雨洪排水量速度所做的观测研究发现，随着城市化级别升高，其不透水地面所占全区面积的百分比也越大，雨水向下渗透量越小，地表径流量越集中，雨洪排水量洪峰越高，见表7.1。

表7.1 伊利诺伊州中东部不同城市化程度地区对雨洪排水速度的影响（郭文献等，2015）

城市化程度	不透水面积所占百分比/%	暴雨洪峰重现期/a	2h暴雨最高值	
			降水量/mm	雨洪排水速度/(m/s)
效区农村	3	2	43.2	4.1
		10		6.9
		50		12.5
		100		32.4
1/3效区 2/3城市化	25	2	53.3	8.7
		10		16.3
		50		17.3
		100		45.3

续表

城市化程度	不透水面积所占百分比/%	暴雨洪峰重现期/a	2h暴雨最高值	
			降水量/mm	雨洪排水速度/(m/s)
全部城市化	50	2	80	14.4
		10		16.6
		50		23.2
		100		60.2
高度城市化	75	2	91.4	18
		10		21
		50		26.3
		100		68.4

（3）雨洪径流污染负荷增加。城市发展，大量工业废水、生活污水排放进入地表径流。这些污废水富含金属、重金属、有机污染物、放射性污染物、细菌、病毒等，污染水体。城市地面、屋顶、大气中集聚的污染物质，被雨水冲洗带入河流，而城市河流流速的增大，不仅加大了悬浮固体和污染物的输送量，还加剧了地面、河床冲刷，使径流中悬浮固体和污染物含量增加，水质恶化。无雨时（枯水期），径流量减少，污染物浓度增大；暴雨时（汛期），河流流速增大，加大了悬浮固体和污染物的输送量，也加剧了河床冲刷，使下游污染物荷载量明显增加。据美国检测资料显示，河流水质污染成分50%以上来自于地表径流，城市下游的水质82%受地表径流控制，并受城市污染的影响。据2001年全国环境统计公报，我国废污水排放总量为428.4亿t，其中工业废水排放量为200.7亿t，城镇生活污水排放量为227.7亿t，生活污水处理率只有18.5%，80%以上未经处理直接排入水域，使河流污染严重，水质恶化。此外，城市建设施工期间，大量泥沙被雨水冲洗，使河流泥沙含量增大。

7.3.2　城市雨洪的资源性

我国雨水资源丰富，年降雨量达6.2万亿m^3。但在城区，传统的雨水处理方式大多为直接排放。由于不透水地面比例不断增加，集蓄、利用设施缺乏，每年有大量雨水弃流排放。但实际上，雨水作为自然界水循环的阶段性产物，其水质优良，是城市中十分宝贵的水资源。只要在城市雨洪排水系统设计中，采取相应的工程措施，就可将城区雨水加以利用。这样不仅能在一定程度上缓解城市水资源的供需矛盾，而且还能有效减少城市地面雨洪径流量，延滞汇流时间，减轻雨洪排涝设施的压力，减少防洪投资和洪灾损失。

国内外实践证明城市雨洪利用是行之有效的。美国加州富雷斯诺市的地下回灌系统10年地下水回灌量为1.34亿m^3；丹麦利用城市屋顶收集雨水冲洗厕所、洗衣服的水量占居民冲厕所、洗衣服总用水量的68%，相当于居民总用水量的22%。总之，发达国家通过制定一系列有关雨水利用的法律法规，建立完善的屋顶蓄水和由入渗池、井、草地、透水组成的地面回灌系统，收集雨水用于冲厕所、洗车、浇庭院、人造景观、洗衣服和回灌地下水，既缓解了城市水资源的供需矛盾，又减少了雨洪灾害。

据调查，在我国严重缺水的城市年均降水均在400mm以上。如石家庄市多年平均降雨量为599mm，城市建筑物、道路等不透水铺装面的径流系数可达0.9，是形成城市暴雨径流的主产流区。2005 年，石家庄市建筑、道路、工业等占地达 119.19km²，其中不透水面积约 80km²，年均径流量为 0.44 亿 m³；绿地面积约 50km²，径流系数为 0.15～0.3，径流量 0.08 亿～0.16 亿 m³。即主城区的多年平均径流量在 0.5 亿 m³ 以上，完全可以采用绿地渗透、透水地面、渗池、渗井以及蓄水池等工程，收集雨水利用、补充回灌地下水、滞洪防灾等。

绿地因表土层根系发达，土壤相对较疏松，其对降雨的入渗性能较无草皮的裸地大，经测定有草地的土壤稳定入渗率比相同土壤条件的裸地大 15%～20%。另一方面草地茎棵密布，草叶繁茂，一般在地表有 2cm 深水层时，水不易流失。即使在日降雨量达 100mm 其间暴雨量达 30mm/h 时，也很少看到平地草地有地表径流出流，足见草地的滞流入渗作用很强。我国现代城市小区规划规范已有要求，小区绿地面积不应小于 30%，建筑物、道路占地一般为 40%～50%。

建筑物、道路等不透水铺装面，暴雨的径流系数可达 0.9，是形成小区暴雨径流的主要产流区。因此，可合理设计透水地面或渗井、渗池、渗沟，减少地表径流，增加入渗量，安全、合理地将剩余径流排出。还可以因地制宜的修建雨水蓄积处理池或人工湿地将雨洪资源简单处理后（雨水的处理比生活污水处理成本低得多）作为人工湖泊的景观用水、绿地灌溉用水、冲洗厕所用水、冷却水等。综合考虑，城市雨水利用既节省投资、缓解水资源供需矛盾，还涵养了地下水，调节城市生态环境，减轻城市雨洪灾害。

7.3.3 城市雨洪形成的生态机理

城市地区的雨洪灾害的形成除了由于上述城市地区水文性状改变引起雨洪特性改变的因素之外，还包括城市建设发展中的其他因素，是整个城市水生态系统耦合形成的结果，其形成生态机理包括以下几方面。

（1）城市河湖流域植被破坏，涵养水源功能下降。草木植被具有很强的水源涵养功能，是水体蓄存的"绿色水库茂密的林冠能截留降雨量 15%～40%；地表的枯枝落叶层，如同厚厚的海绵，具有极强的吸水能力；林木还能改变土壤的结构，为水分渗透创造良好的条件，使大部分地表径流转变为地下径流，并显著延长降水流出时间，起到涵养水源的作用。据研究，与城市裸地相比，1hm² 的林地可多储水 300m³ 以上，3333.3hm² 的林木即相当于一个蓄水 100 万 m³ 的水库。但在城市建设过程中，大量原有植被被人为建筑物取代，并在建成后植被得不到恢复，绿化建设不配套，使得涵养水源功能下降。

（2）城市湿地系统破坏，对雨洪灾害的缓冲、净化处理功能丧失。城市湿地是指城市内部和城近郊的湿地系统，大多位于低洼处，含有大量持水性良好的泥炭土和植物及质地黏重的不透水层，具有巨大的蓄水能力。湿地可以在暴雨和雨洪季节储存过量的降水，并把径流均匀的放出，减弱雨洪对下游的危害，并净化水质，起到缓冲、净化处理作用，因此湿地系统是天然的储水、净水系统。但在城市建设中，一系列开发活动：如城郊的围垦造田、湿地作为城市垃圾堆积地、城市的扩展外延、路基建设以及工业开发占用湿地等，使得城市湿地生态系统干涸、退化，并丧失其雨洪灾害的缓冲及净化处理功能。

（3）城市河湖面积萎缩，雨洪调蓄能力降低。城市人口不断增加使得城市发展过程中围河湖建房，原有城市河湖水体日益减少，雨洪调蓄功能丧失；部分城市规划建设项目，在经济利益驱动下，超标准建设诸如滨江住宅、河湖小区等滨水建筑设施，使城市河湖雨洪调蓄功能得不到保障。一旦城区发生暴雨灾害，就会因雨洪无法蓄存而形成内涝灾害。

7.4　城市雨洪的生态管理

7.4.1　城市雨洪排水系统

7.4.1.1　传统排水系统构成形式

城市雨洪排水系统，用来减缓城市雨洪灾害，以保障市民安全，其功能分为分洪、调蓄和排水。传统的城市雨洪排水系统，以雨洪的"尽快排除"为基本原则，将城市雨洪资源不加利用的全部排走。

传统的城市雨洪排水系统是人工形成引导水流的各种地面通道，包括路沿、边沟、衬砌的水道、铺砌的停车场、街道等。地下通道包括雨水排水道、污水排水道、合流式排水道等，以及所有附属设备，包括截留水池、蓄水池、下水道的进水口、检查孔、沉淀井、溢流口等，目的是把雨水从降落点输送到受纳水体。

1. 传统排水系统的构成

根据其组成特性可以把传统的城市雨洪排水系统分为以下 3 个子系统。

（1）地表径流子系统。地表径流子系统一般是指排水系统地面以上的部分。在一建筑小区内，它包括庭院场地、街道、边沟、小下水道。通过雨水井汇入地下排水管网。小区的特性可分为：完全没滞蓄能力的不透水面积（如屋顶、沥青或水泥场地路面），降雨后直接产生径流；存在滞蓄的不透水面积（如庭院场地、街沟、小下水道）和透水面积（如绿地、裸地）。降落到地面的雨水转化为地表径流，然后汇入主要管网。这一过程受地面、边沟、排水沟的调蓄而不断改变。

（2）传输子系统。各雨水井将地面的雨洪径流及其中的污染物荷载，通过排水沟渠或地下管网，输送到一点或多点排放出去。在传输过程中不断汇集区间入流或其他支管的入流，使管网中的流量和水质不断发生变化。流量和污染物浓度在输送管网系统中，由于输水系统的蓄水或渠外蓄水流量的入流过程而产生相互作用和水力学特性而不断演进、扩散和衰减。

（3）受纳水体子系统。河流、湖泊、海洋等都可作为受纳水体。由排污口或合流制排水系统的溢流口所排出的水流及污染物进入受纳水体后，受到重力和分子力的作用，向四周扩散。

2. 传统排水系统的分类

根据雨洪排水系统的设计形式，传统的城市雨洪排水系统可以分为合流制排水系统和分流制排水系统两类。

（1）合流制排水系统。合流制排水系统是雨洪排水管网与排污管网合并在一起设计，排放口处设有截流设施。无雨的旱季所排入的污水流量小于截流能力，截流送往污水处理厂储水池，经过处理净化后排放；雨洪时期，通过雨水井汇集大量雨洪径流、排水流量超过截流能力的部分将从溢流口溢出，直接排入受纳水体，同时也将夹带部分污染物进入受纳水体。

（2）分流制排水系统。分流制排水系统是将污水和雨水分别在两套或两套以上各自独立的沟道内排除的系统。排除生活污水、工业废水或城市污水的系统称为污水排水系统；排除雨水的系统称为雨水排除系统。由于排除雨水的方式不同分流制排水系统又分为完全分流制排水系统和不完全分流制排水系统。不完全分流制排水系统只设有污水排水系统，各种污水排水系统送至污水厂，经处理后排入水体；雨水则通过地面漫流进入不成系统的明沟或小河，然后进入较大水体。

7.4.1.2 面向生态的排水系统构成形式

面向城市水生态的雨洪排水系统，是基于对城市降雨径流的双重属性（灾害性和资源性）的认识，认为对城市雨洪排水工程的设计应从综合削减暴雨径流的不利因素和发挥其潜在水资源价值的正反两方面寻求平衡，并兼顾城市水生态系统建设及其健康循环。

建立面向城市水生态的雨洪排水系统主要是建立城市雨洪就地利用系统和集中利用系统，城市雨洪通过就地利用后进入调蓄设施集中利用，就地利用设施包括居民小区集雨利用设施、城市下沉式绿地滞洪利用设施、地下渗透回灌设施等。就地利用后的雨洪径流经过管网汇流，进入人工湿地处理系统，经净化处理后的雨洪资源储存于城市人工湖或调蓄设施作为城市杂用水水资源。该系统的组成如图 7.6 所示。

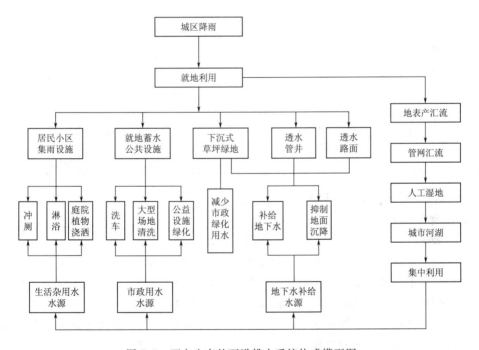

图 7.6 面向生态的雨洪排水系统构成模型图

由以上模型图可以看出，面向城市水生态的雨洪排水系统，具有以下特点。

（1）资源高效利用性。该系统改变了传统雨洪排水系统设计的单一"排放"原则，变雨洪"排放"为"资源再利用"。通过就地利用设施和集中利用设施将一场降雨雨水资源尽可能地充分利用，实现设计重现期的雨洪"零排放"。

（2）减少城市雨洪污染。该系统对城市雨洪进行二次处理，雨水先通过城市下沉式绿地净化处理后，再经过雨水管网汇流进入人工湿地处理系统，然后进入城市受纳水体，该系统可以减少城市雨洪给城市河湖带来的污染。

（3）减少城市雨洪灾害和排涝压力。城区内的降雨经就地利用后，可削减管网汇流雨洪量，下沉式绿地和大型广场调蓄均可起到滞洪作用，减少城市地区雨洪灾害和排涝压力，并节约雨洪排水系统投资。

（4）实现城市水资源"生态循环"。该系统以城市雨水资源的循环利用为基本思路，通过建立雨洪就地利用设施和集中利用设施，对因城市化而改变的城市水循环加以恢复，从而恢复城市水生态系统。

（5）适合现代"生态城市"建设需要。建立居民小区屋顶集雨系统、下沉式绿地，建设城市生态小区。人工湿地和人工湖都是城市水生态系统建设的一部分，在满足城市水生态功能的同时可实现景观功能，开发城市旅游业，发展涉水经济。

传统的方法，径流雨水通过排水系统直接排走，而面向城市水生态的雨洪排水系统，采取雨水渗透、滞蓄、回用措施以恢复城市水循环。传统技术与现代技术的比较见表7.2。

表 7.2　　　　　传统和面向生态的雨洪排水系统比较（郭文献等，2015）

项　　目	传统城市雨洪排水技术	面向水生态的城市雨洪排水资源化利用技术
战略思想	以当地、当前为目的； 以城市小环境为主	以区域、长远为目的； 以自然界生态大循环为主
控制关键	减少洪灾	减少污染与减少洪灾并重；注重城市水生态建设
核心技术	排放、输送	渗透、利用、生态循环、污染控制、排放
解决途径	工程技术措施	工程技术措施与非工程技术措施 （包括经济、法律、教育和公众参与等）并重
结果	水资源流失； 环境不断恶化； 水生态破坏； 防洪排涝投资大	水资源"生态循环"利用； 生态环境的保护和维持； 减少防洪排涝投资； 带来水生态效益和水经济效益

7.4.2　城市雨洪资源利用技术体系

1. 雨水收集技术

城市雨洪径流的收集就是来自屋面、道路、绿地等集雨面的雨洪径流进行收集，稍加处理或不经处理即直接用于生活杂用水。但是由于雨洪径流的收集面种类较多，应根据不同的径流收集面和污染程度，采取相应的雨洪收集和截污措施，雨水中带有的地面污染物和泥沙可以经过筛网等设施进行处理，以此对雨水水质进行控制。

在雨洪收集技术中，下垫面的选择和建筑材料的性质是其中的关键，对于不同的下垫面，降雨径流的水质有很大的差异，所以对来自不同下垫面降雨径流应该分别进行收集。

（1）屋面雨水收集技术。由于屋面雨水带有流量大，污染物少等特点，是比较适合的雨水收集面，该工程经常用于公共建筑或独立的住宅。在经过初期弃流之后，屋面收集的雨水经过物理沉淀可以基本满足大部分生活杂用水对水质的需求。所以从屋顶收集来的雨水，可以直接回用于各方面，这样不但节约了自来水用水量，还可以缓解城市水资源短缺的困境。与此同时雨水也不用进入城市雨水管网，减轻了城市排水网管系统的负担。

对于收集的雨洪径流，通过设置在雨水斗、排水立管和排水横管中的滤网、筛网和初期雨水弃流装置以及落水口的土壤-植被净化系统进行截污。一般来说屋面雨洪径流的收集方式有两种：一种是雨水经过雨水竖管进入初期弃流装置，弃流雨水就近排入城市污水管道，弃流后的雨水通过储水池收集；另一种是雨水从屋顶收集经过滤后，流入储水池、该池设有过滤器，处理后的雨水用于生活杂用水。

（2）路面雨水收集技术。由于道路产生的雨洪径流含有重金属、燃油等有机污染导致水质较差，需要对道路雨洪径流进行处理达标后方可利用。路面雨洪的收集一般采用雨洪管、雨洪暗渠、明渠等方式，水体附近集雨面的雨洪径流也可以利用地形通过地表汇集。

路面雨洪相对屋面雨水来说悬浮物较多，收集的雨洪需要进入沉砂池进行沉淀处理，沉砂池是根据沉砂原理和拦砂原理设计。另外由于路面雨洪径流中常常含有一些大的杂物，需要在路面雨洪口设置截污挂篮和在管渠适当的位置安装其他截污装置，或者在沉砂池的水流入口处设置拦污格栅。也可以通过在道路周围设置绿地缓冲带来收集路面雨洪径流并截留净化初期雨洪径流中的污染物，但必须考虑对地下水的潜在威胁，限用于污染较轻的径流。

（3）绿地径流收集技术。绿地雨洪径流的收集主要采用下凹式绿地的形式，其实质是一种渗透储存设施，在一定程度上弥补降水和渗透的不均衡，同时减缓径流洪峰，起到调蓄的作用。下凹式绿地在典型年份条件下的雨洪蓄渗效果极为明显，合理降低绿地高程能够取得调蓄径流的效果。

所以当小区建有下凹式绿地时，可以将路面雨水引流至绿地下渗到地下水；而在年降雨量丰富，无需多次弃流的时候，可以使用弃流池来进行统一弃流，对于草地铺设的汇水面和透水性的路面，可以在地面下面铺设过滤板或过滤盲沟等进行简单过滤；同样，对于运动场地等面积比较大，收集的雨洪比较多，初期弃流量也比较大的时候，也可以采用弃流池来进行统一的弃流。而绿地的表层植被和土壤对雨洪的某些污染物是具有很强截污净化的作用，所以绿地的雨洪不用进行初期弃流，但是也应该采取一定的措施，能够满足植被的生长，同时来保持绿地渗透性能的功能。

对于公共绿地等，可以在绿地下面建立一个储水设施，同时留一个通道用来清扫池底垃圾；对于不透水面的雨洪收集，可以采取一定的工程措施，比如在路边相隔一定的距离建立蓄水池。通过对不同下垫面采取相应的雨洪收集方式，可以更好地利用雨洪资源，节约水资源。

2. 雨洪截污技术

雨洪截污技术就是在源头和径流过程中，对雨洪水质进行控制，也就是对雨洪水质的预处理。源头截污可以通过对汇流面的清扫来实现，也可以通过设施来实现。

从屋顶和道路收集的初期雨水与洪水，含有大量的杂物，可以先经过格栅等将较大的杂质去除，然后通过初期雨洪弃流装置将水质较脏的雨洪排入地下污水管道，进入城市污水处理厂经处理后再排放。经过初期弃流后的屋顶和道路雨洪通过雨洪管渠输送到雨洪的储水池中。

当今，有一类新的截污技术因为良好的效果而受到广泛的认可。由于它可以通过雨洪的储存性来降低地表径流的坡度，变化地表的微地形，这样可以截断径流流经的长度，减短径流的流经速度。此外，还可以通过人工修建小工程来增加雨水滞留时间，使雨水就地下渗，补充地下水，减少径流量。这类工程技术可以在补充地下水、减缓水土流失的同时提高植物根区的土壤含水量和水分利用率，以此提高土壤储水量，从而实现雨水各方面的高效利用。

3. 雨洪弃流技术

初期雨洪由于含有大量的悬浮物，污染严重，在雨洪收集利用的过程中，需要舍弃，就近排入市政污水管或土壤下渗处理，这种弃流技术一般通过手动或自动装置来实现控制。国内外常用的弃流装置有如下几种。

（1）容积法弃流池。在雨洪管或汇集口处按照所需弃流雨洪量设计弃流池，一般用砖砌、混凝土现浇或预制。弃流池可以设计为在线或旁通方式，弃流池中的初期雨洪可以就近的排进市政污水管。这种方法是根据雨洪径流的冲刷规律来设计的，具有简单有效、不受降雨等因素变化的影响等特点。其主要缺点是当汇水面比较大时，需要较大的池容积，增加投资成本。

（2）小管弃流井。这种小管弃流井就是在雨洪检查井中设置下游雨洪井和下游污水井，用两根连通管将其连接，并在管口处装置手动/自动闸阀作为切换器。切换的方式由水质和流量等因素决定。但是这种做法也存在着一定的问题：即随机的降水比较难掌控。其中，当这两根管道直接连接时，可以通过采用加宽管道之间的高差等方式来防止污水管中的污水导流到雨洪管道中。当汇水面积比较大，有比较多的水量时，可以设置分支小管的初期雨洪弃流管自动弃流，以此来减少切换中操作的不便。

（3）立管旋流分离器。立管旋流分离器旋流分离原理，在初期雨洪弃流装置中普遍采用。由雨洪管道收集的雨洪沿切线方向流入旋流筛网。初期当筛网表面干燥时，在水的表面张力和筛网坡度作用下，雨洪在筛网表面以旋转的状态流向中心的排水管，初期雨洪即被引入雨洪或污水管道。随着雨洪量的延续，筛网表面不断被浸润，水在湿润的筛网表面上的张力作用将大大减小，中后期雨洪穿过筛网于集水管道汇集，最后接入到蓄水池。

（4）筛网与筛板过滤。利用电子雨量计通过电动阀控制初期雨洪和中期雨洪进入不同管路等多种对初期雨洪进行弃流的方法。但各种形式的末端装置却也为数不少。这种装置的主要特点有：①可以改动筛网的目数和面积将由时间控制初期雨洪的弃流量；②而当初期雨洪到来的时候，会将上次在筛网上残留的滤出物冲到雨洪或污水管道里，自行清洁。

4. 雨洪处理与净化工艺

由于城市雨洪径流的水质因集流面材料、气温、降雨量、降雨强度、降雨间隔时间等条件不同而变化，且不同的用途也要求不同的水质标准和水量，所以雨洪处理的工艺流程和规模，应根据收集回用的方向和水质要求以及可收集的雨洪量和雨洪水质特点，来确定处理工艺和规模，最后根据各种条件进行技术经济比较后确定。一般来说常规的各种水处理技术及原理都可以用于雨洪处理。工艺方法由物理法、化学法、生物法和多种工艺组合。国内典型的城市雨洪处理与净化的工艺应用实例见表 7.3。

表 7.3　　　　　　　　　　国内典型的雨洪处理与净化工艺应用实例

所　在　地	集　流　面	处　理　工　艺	用　途
北京国家体育场	屋面、比赛场地	雨水→截污→调蓄池→砂滤→超滤→纳滤→消毒→清水池	冷却补给水、消除、绿化、冲厕
南京聚福园小区	屋面、路面、绿地	雨水→截污→调蓄池→初沉池→曝气生物滤池→MBR 滤池→消毒→清水池	景观、绿化、冲洗
北京市政府办公区	屋面、路面、绿地	雨水→截污→调蓄池→植被土壤过滤→消毒→清水池	绿化
天津水利科技大厦	屋面、地面	雨水→截污→调蓄池→一体化 MBR 反应器→消毒→清水池	冲厕
北京市青年湖公园	道路、绿地、山体	雨水→截污→调蓄池→植被土壤过滤→消毒→清水池→景观湖	景观、绿化、冲洗

5. 雨洪渗透技术

雨洪渗透是一种间接的雨洪利用技术，该技术利用工程措施将自然降雨量与洪水按规划的目标渗入地下，以改变原有的渗透状态或补偿城市建设所造成的影响。雨洪渗透技术的优点和传统的技术方案相比，在于其操作简单、运行方便、成本低、成效明显等，与此同时，还能减少洪涝灾害，补充地下水资源，缓解地面下沉，改善水环境等。此技术还能充分利用土壤的净化能力对径流导致的面源污染进行控制，这对城市径流导致的面源污染的控制有重要意义。可以将雨洪渗透技术分为分散式和集中式两种不同的方式。

分散式渗透可以在城区、生活社区、道路等各种场所应用，因地制宜，设施简单，可以减轻对雨洪收集等各种系统的压力，同时可以利用地表植被和土壤的净化功能，减少径流带进水体的各种污染物。该技术主要通过增加雨洪在绿地上的渗透量来实现雨洪的渗透，而绿地的建设规格直接影响雨洪的渗透量。相关试验结果表明，草坪地面低于路面的入渗量比高于路面时多 2～3 倍，根据这一结果在相对标高设计上采取下凹式绿地的模式。

集中式渗透设施主要有渗透集水井、透水性铺装、渗透管、渗透沟、渗透池等，可以广泛用于道路敷设、市政管道、雨水管网、河道综合治理等。在一个小区内可将渗透地面、绿地、渗透井和渗透管等组合成一个渗透系统，其优点是可以根据现场条件选用适宜的渗透装置，取长补短。

常用的城市雨洪入渗设施有：低洼绿地、人造透水地面、渗透管沟、渗透井、渗透池、组合渗透设施、洼地入渗、深井回灌等。雨洪渗透设施特点各异，其构造、设计参数、施工管理应根据当地具体条件试验确定，同时还应考虑大气、地面污染对雨洪水质的影响。

6. 雨洪储存技术与径流传输

雨洪储存技术包括雨洪蓄存和水质的改善两方面技术。前者是指将回流面收集的雨水先引流至储存池中，随取随用。但是因为降雨有时空不均匀性和随机性，所以雨洪收集和储存技术难度都比较高，在系统的基础上还要加入配套的设置，能够在降水到来的时候自动的收集和储存。储留池的容积要依据具体所在地集雨面积、降雨量以及用水方式来进行设计和建造。通过储留池积蓄起来的雨洪可就地处理使用。除了建筑屋顶和道路的雨水收集储存，市区内一般都分布有一定面积的低洼地，对于这类低洼地可以在其与地下蓄水池之间修建输水沟、渠或输水管，将水直接引入地下蓄水池。

雨洪的传输主要有地下管道和地表明沟传输两种形式。地面雨洪传输依赖地下管道和排水沟，多为重力流。除屋面雨水直接通过排水沟进入储水池外，地面雨洪需通过地面径流和入渗两措施进入储水池。其中，地面排水沟可以是明沟或暗沟，雨洪经初步过滤后进入储水池。雨洪明沟既是雨洪径流传输的通道，还能把多余雨水和部分洪水储存起来，蓄洪补枯，以此来减少缓解排涝泵站的压力和城市洪涝的危机，滞留的雨洪还可以作为城市市政的用水。地表明沟传输，通常是模拟水流的自然轨迹，雨洪的传输与储存和城市景观建设融为一体，有利于美化改善城市环境。

7. 雨洪调蓄技术

雨洪调蓄技术，是为了解决由于不透水面积增加，导致雨洪流量的增大，而市政排水管道本身的容积调节流量有限，不能够满足雨洪利用要求的问题而设置一些天然水体作为雨水的暂存空间，待降雨停止后将储存的雨洪净化后再使用的技术。它是以削减洪峰流量为目的，对城市雨洪进行调节和储存。雨洪调蓄技术包括调蓄池容量的计算、调蓄方式的选择布置、以及水质改善的技术。设置雨洪调蓄池，就可降低下游雨洪干管的尺寸，可以降低雨洪泵站的装机容量。

调蓄池的容积对于雨洪利用的工程投资和利用效率均有较大的影响。在设计雨洪蓄水池时，按照水量平衡原则进行设计，也可按最大次降雨全部收集的原则进行设计，但是所需的蓄水池容积较大。当雨洪调蓄池中仍有部分雨洪时，则下一场雨的调节容积仅为最大容积和未排空水体积的差值。

雨洪调蓄池的方式有很多种，根据雨洪调蓄池与雨洪排水管系的关系有在线式和离线式之分。在线式调蓄，指利用排水管线中的未被充分利用的容量储存雨水，达到设计流量后再将雨水排放。在管网末端设置调节装置，通过特定管段安置自动控制调节装置，实现管线储存容量的充分利用。离线式储存指当雨洪达到一定流量时，通过管线转移到管线系统之外的调蓄池储存，待流量减小后，再由重力流或泵抽升返回管网系统送污水厂处理。

8. 雨洪回灌技术

在很多城市由于地下水过量开采，导致漏斗性沉降，不少地区甚至出现了严重的地面沉降和断裂带。如果地下水长期得不到补充，地面沉降和断裂幅度将不断增大，造成更严重的损失。由于影响地下水人工回灌的因素有很多，所以必须对其进行综合的考虑，在该项回灌技术中充分利用渗井和两用井等设施，将该类设施建设在地下水库所在的位置，这样一来可以在补充地下水的同时还能改善地质环境。在我国，该类技术有应用，但是尚未推广，一般都是用地表水补充地下水，利用雨洪补充地下水的较少见，但是作为一种地下水补充的有效方法，这种做法是十分值得提倡的。在每年的汛期利用这种技术，将大大增加地下水的水量，同时可减少地表水的径流量，一举两得。

9. 雨洪综合利用技术

为了将雨洪资源的利用率提高些，将雨洪资源集蓄、渗透、废水再回用等相结合，目前主要有以下几种典型的综合利用技术。

（1）人工湿地处理。人工湿地一般用于城市的雨洪处理，它包括主体湿地与前处理系统两部分。前者用于种植水植物，主要通过微生物和植物的降解对雨水作出净化等处理，后者是表示通过沉淀去除掉重颗粒等杂质，降低后期的处理负担，延长人工湿地的使用寿命。

（2）MR 处理系统。MR 处理系统（mulden rigolen system）是德国在 2000 年以来发展的一项雨水处理系统。该处理系统由上至下可分为浅水洼和渗透渠层，其中浅水洼主要种植草类植物，铺设活土，有植物和土壤双层结合处理净化雨水；渗透渠层铺设渗透性较好的颗粒物，储存雨水并将其缓慢地渗入到地下水中，补充地下水。

（3）MBR 处理系统。MBR（membrane bio - reactor）雨水处理系统是中水回用技术中一项较为广泛利用的技术，该系统是通过生物滤池和膜分离器两种技术相组合的工艺，它既发挥了滤池的生物降解作用，又将膜的高效分离作用充分显现。该技术想雨水通过膜分离器去除剩余的微细颗粒和溶解性的物质。作为广泛应用的技术，其特点在于占地面积不大，中期维护比较方便，而且后期处理的水质状况也比较良好。

（4）雨洪深度处理系统。雨洪深度处理系统通常在城市公共建筑中应用，其中可以分为膜分离和消毒等流程，并且可以获得不错的成效。该项措施也是在大部分的雨水回用之前必须采取的一项措施，这样做不但可以提高水质，还能解决雨水回用中存在的卫生问题。

综上所述，雨洪综合利用技术是可以将雨洪利用工程很好地融入城市现存的自然等水体系统中，既能提高城市生态景观的建设，还能处理利用好雨洪，促进了生态城市的建设。城市雨洪综合利用系统的特点在于，其通过植物、土壤、微生物等生态系统来净化雨洪，这样可以有效避免人工处理所带来的能源、资源消耗等负面影响，在降低城市发展对自然系统破坏的同时还保持了城市的自然状况。

7.4.3 国外典型雨洪管理经验

7.4.3.1 美国

1. 最佳管理措施

最佳管理措施（Best Management Practices，BMPs）是在美国联邦水污染控制法及其后来的修正案中提出来的。最初最佳管理措施的主要作用是控制非点源污染问题，而发展到现在，最佳管理措施强调利用综合措施解决水量、水质和生态等问题。

最佳管理措施可以分为工程性措施和非工程性措施两大类。工程性措施主要包括雨水池（塘）、雨水湿地、渗透设施、生物滞留和过滤设施等；非工程性措施则主要指雨洪控制与管理有关的政策及相关法律、法规。

最佳管理措施的目标主要包括以下几个方面：①对城市雨洪峰流量及城市雨洪总量的控制，而总量控制主要的对象是年均径流量而非偶然的暴雨事件；②对径流污染物总量的控制；③对地下水回灌与接纳水体保护；④生态敏感性雨洪管理，目的是要建立一个生态可持续的综合性措施，包括以生物、化学和物理的标准来确定最佳管理措施实施的效果。图 7.7 为美国最佳管理措施（BMPs）类型图。

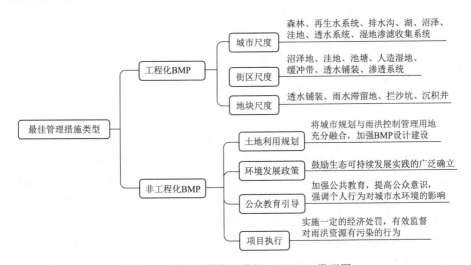

图 7.7　美国最佳管理措施（BMPs）类型图

2. 低影响开发模式

低影响开发（Low Impact Development，LID）模式于 1990 年在美国马里兰州提出，LID 是从基于微观尺度景观控制 BMPs 发展而来的，其核心是通过合理的场地开发方式，模拟自然水循环，达到降低运行费用、提高效率、减小对现有自然环境破坏的目的。与传统的雨水径流管理模式不同，低影响开发模式尽量通过一系列多样化、小型化、本地化、经济合算的景观设施来控制城市雨水径流的源头污染。它的基本特点是从整个城市系统出发，采取接近自然系统的技术措施，以尽量减少城市发展对环境的影响为目的来进行城市径流污染的控制和管理。因此，社区尺度是 LID 发挥的最佳尺度。

LID 策略的实施包含两种措施，即结构性措施和非结构性措施。结构性措施，包含湿地、生物滞留池、雨水收集槽、植被过滤带、塘、洼地等。非结构性措施，包括街道和建筑的合理布局，如已增大的植被面积和可透水路面的面积。在不同的气候条件，不同的地区，不同措施的处理效果也有所不同。根据目前的实验资料可知：LID 可以减少 30%～99% 的暴雨径流并延迟 5～20min 的暴雨径流峰值时间；可有效去除雨水径流中的磷、油脂、氮、重金属等污染物，并具有中和酸雨的效果，是可持续发展技术的核心之一。美国西雅图市 SEA Street 采用自然排水系统后，经过 3 年监测表明暴雨径流总量减少 99%。在美国波特兰，设计者将雨水花园、植被浅沟等技术措施巧妙地融入街道的绿化和景观设计中，形成一个集雨水收集、滞留、渗透和净化等多功能的综合系统，赋予街道雨洪控制利用功能。表 7.4 为美国低影响开发（LID）措施技术体系分类表。

表 7.4　　　　　　　　　　　美国低影响开发（LID）措施技术体系分类表

分　类	内　容
保护性设计	通过保护开发空间，如减少不透水区域的面积，减少径流量
渗透技术	利用渗透既可减少径流量，也可以处理和控制径流，还可以补充土壤水分和地下水
径流调蓄	对不透水面产生的径流调蓄利用、逐渐渗透、蒸发等；减少径流排放量，削减峰流量，防止侵蚀
径流输送技术	采用生态化的输送系统来降低径流流速、延缓径流峰值时间等
过滤技术	通过土壤过滤、吸附、生物等作用来处理径流污染。通常和渗透一样可以减少径流量，补充地下水、增加河流的基流、降低温度对受内水体的影响
低影响景观	把雨洪控制利用措施与景观相结合，选择合适场地和土壤条件的植被，防止土壤流失和去除污染物等，低影响景观可以减少不透水面积、提高渗透潜力、改善场地的美学质量和生态环境等

7.4.3.2　英国

英国为解决传统的排水体制产生的洪涝多发、污染严重以及对环境破坏等问题，将长期的环境和社会因素纳入到排水体制及系统中，建立了可持续城市排水系统（Sustainable Urban Drainage Systems，SUDS）。可持续城市排水系统可以分为源头控制、中途控制和末端控制 3 种途径。可持续城市排水系统综合考虑在城市水环境中水质、水量和地表水舒适宜人的娱乐游憩价值。可持续城市排水系统由传统的以"排放"为核心的排水系统上升到维持良性水循环高度的可持续排水系统，综合考虑径流的水质、水量、景观潜力、生态价值等。由原来只对城市排水设施的优化上升到对整个区域水系统优化，不但考虑雨水而且也考虑城市污水与再生水，通过综合措施来改善城市整体水循环。

1. 可持续城市排水系统（SUDS）设计理念

可持续城市排水系统体系要求从源头处理径流和潜在的污染源，保护水资源免于点源与非点源的污染。首先利用家庭、社区等源头管理方法对径流和污染物进行控制，再到较大的下游场地和区域控制，在径流产生到最终排放整个链带上分级削减、控制（渗透或利用）产生的径流，而不是通过管理链的全部阶段来处置所有的径流。

2. 可持续城市排水系统的特点

与传统的城市排水系统相比，可持续排水系统具有以下特点：①科学管理径流流量，减少城市化带来的雨水洪涝问题；②提高径流水质、保护水环境；③排水系统与环境格局的协调并符合当地的需求；④增加雨水的入渗，补充地下水等。图 7.8 为传统系统与 SUDS 系统的关系图。

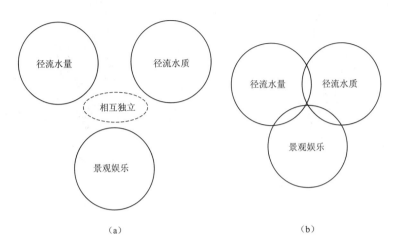

图 7.8 传统系统与 SUDS 系统的关系
（a）传统排水系统；（b）SUDS 排水系统

7.4.3.3 澳大利亚

水敏感性城市设计（Water Sensitive Urban Design，WSUD）是澳大利亚对传统的开发措施的改进。通过城市规划和设计的整体分析方法来减少对自然水循环的负面影响并保护水生态系统的健康，将城市水循环归为一个整体，将雨洪管理、供水和污水管理一体化。

1. WSUD 的理念

水敏感性城市设计体系是以水循环为核心，主要是把雨水、给水、污水（中水）管理作为水循环的各个环节，这些环节都相互联系、相互影响，统筹考虑，打破传统的单一模式，同时兼顾景观、生态。雨水系统是水敏感性城市设计中最重要的子系统，必须具备一个良性的雨水子系统才有可能维持城市的良性水循环。

2. WSUD 的原则

水敏感性城市设计认为城市的基础设施和建筑形式应与场地的自然特征相一致，并将雨水、污水作为一种资源加以利用。其关键性的原则包括：①保护现有的自然和生态特征；②维持汇水区内自然水文条件；③保护地表和地下水水质；④采取节水措施，减少给水管网系统的供水负荷；⑤提高污水循环利用率，减少污水排放；⑥将雨水、污水与景观结合来提高视觉、社会、文化和生态的价值。图 7.9 为传统城市发展及与 WSUD 结合的城市发展模式之比较图。

7.4.3.4 新西兰

新西兰提出的低影响城市设计和开发（Low - impact Urban Design and Development，LIUDD）是美国低影响开发（LID）理念与澳大利亚水敏感性城市设计（WSUD）理念的结合。它不仅应用于城市范围，还可用于城市周边及农村，从而促进低影响农村住区的设计和开发。

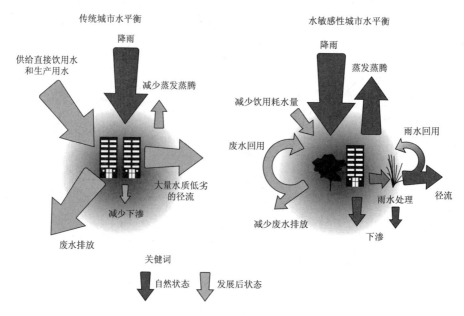

图 7.9　传统城市发展及与 WSUD 结合的城市发展模式比较

LIUDD 的综合理念可以用式（7.1）表示：

$$LIUDD = LID + CSD + ICM(+SB) \tag{7.1}$$

式中：LID 代表低影响开发；CSD 为小区域保护；ICM 为综合流域管理；SB 是可持续建筑/绿色建筑。

可见，在城市发展区域中，选择最适宜的场地是 LIUDD 成功的关键。LIUDD 的控制原则主要体现为：实现自然和谐循环的共识，最大限度减少负面效应和优化各类设施；通过场地的合理选择，进行基础设施的建设及生态保护设计，最大限度地实现资源利用和废物处置本地化；利用小区域保护方法（分散式）来保持开放空间和提高基础设施的效率，综合管理给水、污水、雨水，形成水环境的良性循环。

除此之外，在新西兰奥克兰市的雨洪管理实践中，典型且行之有效的实践经验包括：①详细的信息系统的构建，随着现代雨洪管理的发展，有关雨洪管理的信息包括来自其他部门或居民的信息大量增加，如何收集、分类、储存和共享这些信息越发重要；②规范计算机模型评价导则，通过计算机模型模拟洪水水量、洪水水位和地表径流，并根据模型模拟的结果对实际措施进行相应的调整；③雨洪基建项目管理采用决策优化管理措施，对于包括新建、改建或扩建项目利用雨洪基建项目重要性评价系统，从经济、环境、文化和社会4方面进行打分；④除了对雨洪控制系统进行详细设计计算之外，还要建立健全相应的机制对系统进行运营与维护，并且建立相应的工作小组来应对雨洪紧急问题。

7.4.3.5　新加坡

新加坡作为一个面积狭小的东南亚岛国，随着其城市发展和人口密度的增加，城市问题已经到了难以解决的地步。城市住房短缺以及不卫生的生活条件在城市中心区随处可见。为了应对城市化进程中的环境问题，从 20 世纪五六十年代开始，新加坡根据本国的自然和社会条件进行总体城市规划，并且逐步形成了一套集人文、自然、经济为一体的城市良性发展模式。

2006 年，由新加坡政府和德国戴水道设计公司共同参与设计的中央地区水环境总体规划和"活力 Active、美观 Beautiful、洁净 Clean Water"的城市导则 ABC 城市设计导则正式开始推行。

ABC（活力 Active、美观 Beautiful、洁净 Clean Water）城市设计导则作为城市长期发展策略的环境指导，其旨在转换新加坡的水体结构，使其超越防洪保护、排水和供水的功能。综合环境（绿色）、水体（蓝色）和社区（橙色）创造充满活力、能够增强社会凝聚力的可持续城市发展空间。到 2030 年，将有 100 多个地点被确认阶段性实施，与已经完成的 20 个项目一起，成为新加坡未来发展的基础。

从 2014 年 1 月 1 日起，新加坡公共事务局 PUB 发出强制性指标，所有的新建和重建地区必须通过计算，设立就地调蓄和滞留设施削减雨水径流量，并规定排入市政管网的雨水流量不得超过该地区峰值流量的 65%～75%。调蓄设施的计算需要考虑构筑物、地表高程和地下空间，并兼顾宜居和景观效果。目前新加坡超过 80% 的降雨都被变成饮用水源加以利用。

7.4.3.6　德国

德国在雨洪管理方面位居世界前列，20 世纪 80 年代以来陆续建立及完善了雨洪管理利用措施。1989 年德国出版了第一版雨洪利用标准《雨水利用设施标准》。1996 年德国联邦水法新增条款中甚至补充"避免雨水径流增加""雨水零排放"等规定。德国的雨水利用技术已经进入标准化、产业化阶段，并且不断走向集成化、综合化方向。城市雨水兼具有资源化、减量化、缓解洪涝灾害、补充灌溉地下水及使雨水利用措施与公园绿地相结合的综合性目标。

德国城市雨水利用目标的实施不仅依赖技术上的保障，还要与当地政府政策法规配合。德国是一个水资源充沛的国家，年均降雨量达到 800mm 以上。不仅如此，其降雨在时间及空间上的分配较为均匀，不存在较大的缺水问题，能够成为世界上雨水利用技术最为先进的国家，究其原因，一方面是通过经济手段，以价制量，征收高额的雨水排放费用，让用户及开发商在进行经济开发时必须考虑雨水利用措施；另一方面由于国家层面的法律规定，大型公用建筑、居住小区、商业区等地新建或改建的时候，必须采用雨水利用措施，否则不予立项。除此之外，德国还鼓励雨水相关市场的发展，积极推广雨水技术的普及。在德国，国家根据雨水利用程度减免用户的雨水排放费，其雨水排放费用与污水排放费用一样昂贵，通常为自来水费的 1.5 倍。由于德国年均降雨量较大，所以对于独门独户的德国家庭来说，少交和免交雨水排放费可以节省一笔相当可观的费用。从开发商的角度来说，一方面只有具有雨水利用措施的开发方案才可以获得政府批准，项目才可获得立项；另一方面，如果其开发方案中包含有雨水利用措施也会成为客户重点考虑的对象，产品会更受住户青睐。总而言之，通过技术手段作为保障，并且利用经济及法律手段鼓励开发商及业主共同推广雨洪利用技术，可以达到雨水利用的良性循环。

7.4.3.7　日本

日本也是较早开始实施雨水利用的发达国家。日本首都东京及其周边地区年平均降雨量可以达到 1400mm 以上，降雨充沛，但是充沛的降雨并没有给城市居民带来不便，雨后湿润的路面上很难找到积水的洼地。这一切源于 100 多年来东京地下排水设施的发展。这些地下排水设施包括蓄水设施，准确来说，应该是蓄水"宫殿"。从 20 世纪 80 年代开始就运用地下储水设施来集中应对公园、小区、街道的降雨。遇到超重现期的暴雨时，如果下水道的水位急剧上升，雨水将会自动溢流进入蓄水"宫殿"，以此来缓解城市内涝；待降雨减少或者干旱之时，下水道水位下降，蓄水池内积存的雨水又自动回流到下水道。

除此之外，日本东京的外围排水系统更加著名。该系统是迄今为止世界上规模最大的排水系统，其深埋地下超 50m、全长 6.3km。外面排水系统与上述的市内蓄水池类似，不过前者的规模比后者大好几倍。该系统由 5 个巨大的圆形蓄水坑、管径达到 10m 的输水管道以及更为巨大的"调压水槽"构成。

日本除了地下排水系统闻名世界，其雨水收集与利用措施也值得借鉴。此处笔者主要介绍一下东京的雨水利用及补助金制度。在东京的墨田区内设置雨水利用装置的单位及居民可以申请补助。只要申请者在施工前提交工程配置图、给水排水系统图、蓄水规模等文件，并在竣工后提交雨水储蓄装置的安装说明书等证明材料，即可向当局申请数量可观的补助金。

7.4.3.8　法国

法国是现代城市建设的起源国之一，城镇化进程起步早、水平高。由于境内河流纵横、地势多元，面临较为严峻的内涝威胁，历史上曾发生过巴黎被淹的严重事件。对此，法国在城镇化建设中，始终注重增强城市的海绵功能，逐步形成了一系列成熟做法。总体看，法国城市建设因地制宜、各有侧重，通过"渗、滞、蓄、排、净、用"等多种功能匹配，对降水进行全程管控，缓解了内涝风险，有效提升了水资源循环利用率。其主要做法如下。

（1）注重源头整治，做大"海绵体"，提升"渗、滞"功能。法国一向重视做好雨水的源头控制，通过建造屋顶绿地、下凹式绿地、活水公园、道路绿化带、透水砖铺装等"低影响开发"，不断做大、做厚城市海绵体，实现地表雨水源头分散、慢排缓释，不断增强"渗、滞"能力，达到削减降水峰值流量、缓解管网压力的效果。除了建设传统绿地外，特别注重对路面、楼面、广场和停车场的开发利用。针对路面，在市政道路两侧建造低洼的人行道或绿地，通过对地形塑造将降水引流至树池、草坪等缓冲区，削弱和控制地表径流。针对楼面，大力推进"绿色屋顶"建设。民众在屋顶和阳台种花植树、开辟绿地已蔚然成风。2015 年法国通过专门法律，规定在新建商业楼顶必须开辟绿地（或安装太阳能板），充分发挥"绿色屋顶"的环境功能。针对广场，采用透水铺装或下沉式设计。在雨量正常时，雨水渗入地下或流入周边专用雨水收集池。遇暴雨时，广场本身可成为巨型蓄水池，有效滞留过量雨水，分担市政管网压力。针对停车场，在社区周边地下或半地下大型停车场底层开辟专门雨水涵道和蓄水池，一旦雨量增大可视情"丢车保帅"，化解社区内涝威胁。此外，法国非常注意利用自然水系池沼，在大型城市周边建设防涝泄洪缓冲地带。

（2）加强中段管理，重视管网建设，确保"蓄、排"得力。着力修建城市雨水调蓄池，打造降水缓存设施。波尔多市在城市环线铁路、轻轨沿线地下修建多个大型调蓄池，普通调蓄池直径 60m、深 24m，能够储存周边 170hm² 流域的 65000m³ 雨水，最大调蓄池储量高达 2.0×10^5 m³。雨水进入调蓄池内部，经沉淀后按不同清浊程度分别被引入河流或污水处理厂，沉淀物运至垃圾处理厂。巴黎地区在不同时期共建有 6000 多个规模各异的地下调蓄池。科学建设排水管网，许多城市建有常态排水和超级排水两大管网系统。遇到不足 10 年一遇的降雨时，利用常态系统通过管线、泵站等迅速排水，保障城市正常运转。遇到持续暴雨等超量降水时，启用溢洪沟渠和部分道路等，将超量雨水迅速导至城市外围的河流、湖泊进行调蓄和排水。法国著名设计师奥斯曼于 1852 年依据年人体循环原理，设计建造了堪称全球典范的巴黎城市排水系统。他认为，排水管道犹如人体血管，应深埋地下，及时吸收地表渗水；排污则如人体排毒，应通过管道直接排出城区，避免直接倾入市内河流。经过一个多世纪的发展，巴黎地下排水系统密如蛛网，长度约 2500km，部分干线深埋地下超 50m。主要管线宽如隧道，中间是 3m 宽的排水道，两侧是 1m 宽的检修道，应对超大量排水游刃有余。尽管今年巴黎遭遇百年一遇的强降水，但得益于完善的排水系统，城区未发生大的内涝。此外，管网内部还建有饮用水、天然气、电缆、真空式邮政速递管道，较好地实现了城市地下管线综合利用。

（3）抓好末端治理，重视水循环利用，实现"净、用"结合。法国在建设海绵城市的过程中，形成了"节水＋护水"的绿色发展理念，不仅重视防治内涝，也注意污水处理，避免径流污染。巴黎市于 1999 年实现对城市废水和雨水 100％ 处理，有效保护了塞纳河的水体质量。目前，该市共建有 4 座大型污水处理厂，日净化能力超过 $3 \times 10^6 \, \mathrm{m}^3$，每年从污水中回收 $1.5 \times 10^4 \, \mathrm{m}^3$ 固体垃圾。建有多座备用污水处理站点，专门在雨季对增量排水进行净化。污水经净化后直接排入塞纳河。巴黎市每天从塞纳河抽取 $4 \times 10^5 \, \mathrm{m}^3$ 非饮用水，用于冲洗市内街道和浇灌绿地。塞纳河底建有 7 条自动虹吸渠，可将雨水或污水从低到高、自城南向城北传输，统筹调配水处理能力和水资源分配。近年来，在当地政府主推的"大巴黎计划"中，将继续增建蓄水和净水站点，以提高对雨水的收集与再利用。加强雨水循环利用已成为法国城建规划的重点之一。里昂市将市内各处道路规模、土壤类别、地形走势等信息统一梳理并公示，新建项目须以此为参考，将雨水管理纳入建设规划，接受当地政府查验。政府负责对水质进行监测和管控中凭借精细化的城市水循环和监管体系，里昂市多次在国际城市水务管理评比中获得冠军。

（4）完善监控和预警网络，智能、高效地辅助管控雨洪。波尔多市的 RAMSES（Remote Autometic Monitoring System）是法国最早建成的综合远程雨洪监控系统。该系统由苏伊士环境集团开发，具有强大的数据监测和处理能力，其数据库每 5min 更新一次，借助大型计算机实时分析气象、计量、水文和水力数据，24h 监控流域内 150 多条河流和市内调蓄池、泵站等防洪排涝系统，对蓄排水管网进行动态管理。RAMSES 系统可在旱季提前 24h、在雨季提前 6h 预测洪水的生成时间、位置和水量，并在第一时间发出 A、B、C 三级预警，每年启动 4～5 次。历史上波尔多市洪涝灾害频发，但自 1990 年 RAMSES 系统建成后，该市已成功应对 300 多次洪涝威胁。巴黎、马赛等大型城市也在积极建设和不断完善城市雨洪监控系统。巴黎市自 1992 年启用下水道网络管理系统，该系统拥有 20 处终端，由 15 个 4 人工作组负责监控，以确保每段下水道每年检查两次，由 600 多名专业人员"智能、高效"地对排水管网进行维护与清洁。

7.4.3.9　韩国

韩国首都首尔市在过去 60 年间经历了急速的城市化进程，在跨入国际一流大都市行列的同时，也染上了区域性水循环恶化等都市病。在这一时期，首尔地区的地表不透水率增长了 6 倍，降水排水越来越多地依赖人工排水设施，削弱了自然水循环能力。为改变这种局面，首尔市政府制定了《建设健康的水循环城市综合发展规划》，从提高地表的渗透性入手，提升土地自身的蓄水能力，将首尔市打造成"让水可以呼吸的绿色城市"。

根据首尔市的统计数据，1962 年首尔市的地表不透水率仅为 7.8%，而到了 2010 年，这一比率已经高达 47.7%。与之对应的是，首尔市 1962 年降水总量中通过地表排出的比例仅为 10.6%，而 2010 年这一数值已经增长到 51.9%。地表排水比例的提升使下水管道等城市排水系统面临的压力越来越大，同时还带来了包括地表水蒸发减少、城市热岛化、地下水水位下降、河川干涸、气候变化引发的干旱或洪水等许多复杂问题。

城市水循环与市民生活息息相关，问题的不断升级迫使首尔市政府下决心从制度上保障城市水循环的改善，并于 2013 年 10 月底发布了《建设健康的水循环城市综合发展规划》，提出到 2050 年大气降水地表直接排出比例下降 21.9%，地下基底排出增长 2.2 倍，使年平均降水量的 40% 成为地下水的推进目标。该规划的实质就是发挥土壤如海绵似的吸水、储水作用。

为此，首尔市提出了五方面的解决方案：①以政府机关为先导，改善地表透水状况。首先在沥青、花岗岩覆盖的道路两侧修建绿化带，同时使道路地形便于雨水的自然渗入，分阶段地将路边人行道和停车场的不透水地砖更换为透水地砖。特别是从 2015 年开始，首尔市将确保人行道等设施的透水性列为义务性措施。②引导城市拆迁改造工程优先考虑水循环恢复。首尔市规定，未来针对老旧小区的拆迁改造工程在设计审核阶段，主管部门必须首先和水循环管理部门对方案进行事先商议，有效降低城市开发对自然水循环的影响。③扩大雨水利用设施的普及率。首尔市从 2013 年下半年开始，积极通过媒体宣传雨水的利用价值，引导市民提高水循环意识，提高雨水在城市农业和景观中的使用率。④引导市民积极参与水循环城市建设。首尔市选定几个生活小区进行水循环改造，包括铺设透水地砖、建造雨水花坛、设置雨水收储设施。⑤加强水循环技术研究和制度建设。包括水循环的实地监测体系、水循环技术和改造模型的研究。

7.4.3.10　以色列

以色列是一个极度干旱的国家，然而，以色列又是一个绿化最好的国家之一。以色列人用他们的智慧自己创造了一个关于水的未来。以色列的水利管理经验，值得全世界学习和借鉴。

1. "滴灌" 奇迹

行进在以色列的高速公路上，荒凉的沙丘比比皆是，但是沙漠中的绿洲也时隐时现。长长的黑色滴灌管道匍匐在路边，不放过一株绿苗——这是以色列的特有风景。就是在这样 60% 土地严重缺水的情况下，以色列人用水科技创造了举世闻名的"农业奇迹"。事实上，用"奇迹"来形容以色列农业取得的成就一点都不过分。提到以色列现代沙漠农业，其举世瞩目的滴灌技术令人咋舌。最不可思议的是，这个弹丸小国居然在沙漠上种出了世界上屈指可数的无污染绿色洁净蔬菜，而且还大量出口国外。目前，以色列食品在国际上安全信誉有口皆碑，甚至在食品安全标准非常严格的欧洲也广受欢迎，赢得欧洲"冬季厨房"的美名。"滴灌"这项偶尔得知的技术，改变了以色列的农业，也在一定程度上成就了以色列的未来。

发明滴灌以后，以色列农业用水总量 30 年来一直稳定在 $1.3 \times 10^9 \, m^3$，而农业产出却翻了 5 番。滴灌的原理很简单，然而，让水均衡地滴渗到每颗植株却非常复杂。以色列研制的硬韧防堵塑料管、接头、过滤器、控制器等都是高科技的结晶。以色列滴灌系统目前已是第 6 代，最近又开发成小型自压式滴灌系统。如今，世界 80 多个国家在使用以色列的滴灌技术，耐特菲姆滴灌公司年收入 2.3 亿美元，其中 80% 来自出口。滴灌从根本上改变了传统耕作方式，以色列大地遍布管道，公路旁蓝白色输水干管连接着无数滴灌系统。

实践证明，滴灌有以下好处：水可直接输送到农作物根部，因此比喷灌节水 20%；在坡度较大的耕地应用滴灌不会加剧水土流失；从地下抽取的含盐浓度高的咸水或污水经处理后的净化水（比淡水含盐浓度高）可用于滴灌，而不会造成土壤盐碱化。

特别值得一提的是，包括滴灌方式在内的以色列所有的灌溉方式都可以采用计算机控制。计算机化操作可完成实时控制，也可执行一系列的操作程序，完成监视工作，而且能在一天里长时间地工作，精密、可靠、节省人力。在灌溉过程中，如果水肥施用量与要求有一定偏差，系统会自动关闭灌溉装置，并做出相应调整。

2. 污水再利用

由于有限的淡水资源远不能满足需求，以色列不得不充分利用每一滴水，包括污水的回用，这也使得以色列在污水净化和回收利用方面始终处于世界领先地位。1972 年以色列政府制定了"国家污水再利用工程"计划，规定城市的污水至少应回收利用 1 次。目前，以色列 100% 的生活污水和 72% 的城市污水得到了回收利用，这使得以色列成为世界上水资源回收利用率最高的国家，而在发展中国家仅有约 10% 的污水用于回收利用。污水处理后的出水 46% 直接用于灌溉，其余 33.3% 和约 20% 分别灌于地下或排入河道。利用处理过的污水进行灌溉，不但可增加灌溉水源，而且能起到防止污染、保护水源的作用，并使许多因灌溉农田而干涸的河流恢复生机。目前，以色列重新利用的污水已经占到总供水量的 20%，全国 37% 的农业灌溉也在利用处理过的废水。以色列的设想是，未来农业灌溉全部用上污水再处理后的循环水。在卫星云图上看内盖夫沙漠，能看到片片绿洲，内盖夫沙漠的边缘正一点点地被常绿针叶林覆盖，这些沙漠植物所用的水源几乎全部来自污水处理后的循环水。

3. 海水淡化

以色列水资源委员会认为解决水资源问题的根本出路只能靠淡化海水，并将目光投向了地中海。自 20 世纪 60 年代起，以色列就致力于海水淡化技术的研究并于 1999 年制定了"大规模海水淡化计划"，以期缓解淡水的供需矛盾。根据该计划，至 2015 年，海水淡化水将占以色列淡水需求量的 22.5%，生活用水的 62.5%；至 2025 年，海水淡化水将占淡水需求量的 28.5%，生活用水的 70%；至 2050 年，海水淡化水将占全国淡水需求量的 41%，生活用水的 100%。如有多余淡化水，将用于以色列自然水资源的保护。

所谓海水淡化即利用海水脱盐生产淡水，是实现水资源利用的开源增量技术，可以增加淡水总量，且不受时空和气候影响，水质好、价格渐趋合理，可以保障沿海居民饮用水和工业锅炉补水等稳定供水。2002 年，以色列开始启动海水淡化项目。第一个海水淡化厂就建在阿什克隆。目前，以色列已经拥有了全球领先的海水淡化技术和设备。有资料显示，

2004 年以色列海水淡化的水量约为 $2.15 \times 10^8 \, m^3/a$，约占总供水能力的 8%。近年来，技术的进步使海水淡化的成本不断走低，海水淡化大规模发展的前景越来越光明。值得一提的是阿什克隆海水淡化厂，它创造了至今世界海水淡化价格的最低纪录，目前的成本维持在全球最低的 53 美分/m^3。

4. 雨洪利用

以色列降水主要集中在冬季 4～6 个月内，尤其是北部山区，易形成径流洪水。以色列建设了多处雨洪利用设施，主要做法是将洪水引入水库或低洼地区，雨后或通过渠道将水引至海滨平原沙地渗入含水层，或就地入渗补充地下水，实现资源利用。1993—2005 年雨洪水年平均利用量为 $5.1 \times 10^7 \, m^3$。

7.4.4 我国基于海绵城市的雨洪管理

目前，我国出现的城市水问题与这些国家相比，更大、更复杂、更困难。所以我国需要从水的自然和社会循环全局加以考虑，需要构建多目标低影响开发设施。因此，我国在"节水优先、空间均衡、系统治理、两手发力"的现代治水理念下，于 2013 年 3 月 25 日发布了《国务院办公厅关于做好城市排水防涝设施建设工作的通知》（国办发〔2013〕23 号），通知提出，力争用 5 年时间完成排水管网的雨污分流改造，用 10 年左右的时间，建成较为完善的城市排水防涝工程体系。

2013 年 12 月，中央城镇化工作会议要求"建设自然积存、自然渗透、自然净化的海绵城市"，经过一系列政策和指南的引导，于 2015 年开始了第一批全国海绵城市建设试点城市的实施。海绵城市建设最主要的理念就是改变传统以"排"为主的排水思路，将"排""蓄"结合，做到雨水就地消纳。海绵城市建设涉及技术、政策及教育宣传层面，从技术层面上出发，海绵城市措施就是恢复因为开发而减少的自然土地，要让雨水径流量恢复到开发前的水平，将被城市硬化路面阻断的水文循环路径打通，恢复原来的自然水文过程；从政策角度上来说，国家应该立法强制推行雨水管理与利用措施，明确责任——谁排放谁负责，对于个人住户来说应该适当缴纳雨水排放费用，对于开发企业来说也要缴纳因为开发而导致的雨水径流增多费用，对于积极推广落实雨水利用措施的个人或组织给予相应奖励；从教育层面上思考，要宣传节约用水，积极利用雨水资源的观念，推广一系列家庭雨水利用措施，将海绵城市建设与国家生态文明建设相结合，让海绵城市建设成为常态。

1. 海绵城市建设的技术框架

海绵城市建设涉及城市水系、绿地系统、排水防涝、道路交通等多领域规划，同时需要政府规划、排水、道路、园林、交通等部门与地产项目业主之间协调合作，以及排水、园林、道路、交通、建筑等多专业领域协作，是一个立体的系统工程。

在城市总体规划阶段，应加强相关专项（专业）规划对总体规划的有力支撑作用，提出城市低影响开发策略、原则、目标要求等内容；在控制性详细规划阶段，应确定各地块的控制指标，满足总体规划及相关专项（专业）规划对规划地段的控制目标要求；在修建性详细规划阶段，应在控制性详细规划确定的具体控制指标条件下，确定建筑、道路交通、绿地等工程中低影响开发设施的类型、空间布局及规模等内容；最终指导并通过设计、施工、验收环节实现低影响开发雨水系统的实施；低影响开发雨水系统应加强运行维护，保障实施效果，并开展规划实施评估。城市规划、建设等相关部门应在建设用地规划或土地出让、建设工程规划、施工图设计审查及建设项目施工等环节，加强对海绵城市——低影响开发雨水系统相关目标与指标落实情况的审查。图7.10为海绵城市建设示范区总体建设技术路线框架图，图7.11为某城市海绵城市建设规划编制技术路线图。

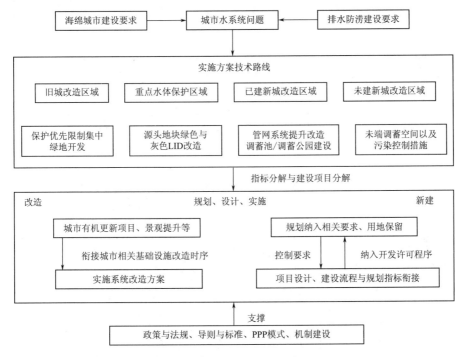

图 7.10　海绵城市建设示范区总体建设技术路线框架图

海绵城市建设具体落实时的几个关键技术环节如下：

（1）现状调研分析。通过当地自然气候条件（降雨情况）、水文及水资源条件、地形地貌、排水分区、河湖水系及湿地情况、用水供需情况、水环境污染情况调查，分析城市竖向、低洼地、市政管网、园林绿地等建设情况及存在的主要问题。

（2）制定控制目标和指标。各地应根据当地的环境条件、经济发展水平等，因地制宜地确定适用于本地的径流总量、径流峰值和径流污染控制目标及相关指标。

（3）建设用地选择与优化。本着节约用地、兼顾其他用地、综合协调设施布局的原则选择低影响开发技术和设施，保护雨水受纳体，优先考虑使用原有绿地、河湖水系、自然坑塘、废弃土地等用地，借助已有用地和设施，结合城市景观进行规划设计，以自然为主，人工设施为辅，必要时新增低影响开发设施用地和生态用地。有条件的地区，可在汇水区末端建设人工调蓄水体或湿地。严禁城市规划建设中侵占河湖水系，对于已经侵占的河湖水系，应创造条件逐步恢复。

（4）低影响开发技术、设施及其组合系统选择。低影响开发技术和设施选择应遵循以下原则：注重资源节约，保护生态环境，因地制宜，经济适用，并与其他专业密切配合。结合各地气候、土壤、土地利用等条件，选取适宜当地条件的低影响开发技术和设施，主要包括透水铺装、生物滞留设施、渗透塘、湿塘、雨水湿地、植草沟、植被缓冲带等。恢复开发前的水文状况，促进雨水的储存、渗透和净化。合理选择低影响开发雨水技术及其组合系统，

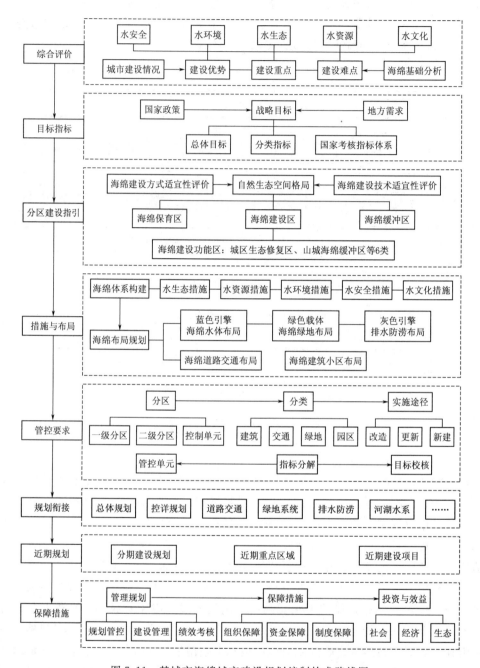

图 7.11　某城市海绵城市建设规划编制技术路线图

包括截污净化系统、渗透系统、储存利用系统、径流峰值调节系统、开放空间多功能调蓄等。地下水超采地区应首先考虑雨水下渗，干旱缺水地区应考虑雨水资源化利用，一般地区应结合景观设计增加雨水调蓄空间。

（5）设施布局。应根据排水分区，结合项目周边用地性质、绿地率、水域面积率等条件，综合确定低影响开发设施的类型与布局。应注重公共开放空间的多功能使用，高效利用现有设施和场地，并将雨水控制与景观相结合。

（6）确定设施规模。低影响开发雨水设施规模设计应根据水文和水力学计算得出，也可根据模型模拟计算得出。

2. 海绵城市建设控制指标的分解

图7.12为基于海绵城市建设的低影响开发雨水系统构建技术框架图。各地应结合当地水文特点及建设水平，构建适宜并有效衔接的低影响开发控制指标体系。低影响开发雨水系统控制指标的选择应根据建筑密度、绿地率、水域面积率等既有规划控制指标及土地利用布局、当地水文、水环境等条件合理确定，可选择单项或组合控制指标，有条件的城市（新区）可通过编制基于低影响开发理念的雨水控制与利用专项规划，最终落实到用地条件或建

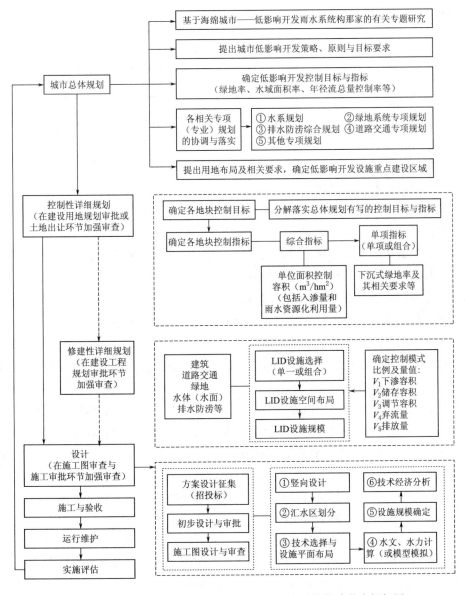

图7.12　基于海绵城市建设的低影响开发雨水系统构建技术框架图

设项目设计要点中，作为土地开发的约束条件。表 7.5 为基于海绵城市建设的低影响开发控制指标及分解方法。

表 7.5　　　　　　　基于海绵城市建设的低影响开发控制指标及分解方法

规划层级	控制目标与指标	赋值方法
城市总体规划、专项（专业）规划	控制目标：年径流总量控制率及其对应的设计降雨量	选择年径流总量控制率目标，通过统计分析计算年径流控制率及其对应的设计降雨量
详细规划	综合指标：单位面积控制容积	根据总体规划阶段提出的年径流总量控制率目标，结合各地块绿地率等控制指标，计算各地块的综合指标——单位面积控制容积
	单位项指标： 1. 下沉式绿地率及其下沉深度； 2. 透水铺装率； 3. 绿色屋顶率； 4. 其他	根据各地块的具体条件，通过技术经济分析，合理选择单项或组合控制指标，并对指标进行合理分配。指标分解方法： 方法 1：根据控制目标和综合指标进行试算分解； 方法 2：模型模拟

有条件的城市可通过水文、水力计算与模型模拟等方法对年径流总量控制率目标进行逐层分解；暂不具备条件的城市，可结合当地气候、水文地质等特点，汇水面种类及其构成等条件，通过加权平均的方法试算进行分解。

海绵城市建设控制目标分解方法如下：

（1）确定城市总体规划阶段提出的年径流总量控制率目标。

（2）根据城市控制性详细规划阶段提出的各地块绿地率、建筑密度等规划控制指标，初步提出各地块的低影响开发控制指标，可采用下沉式绿地率及其下沉深度、透水铺装率、绿色屋顶率、其他调蓄容积等单项或组合控制指标。

（3）计算各低影响开发设施的总调蓄容积。

（4）通过加权计算得到各地块的综合雨量径流系数，并结合上述（3）得到的总调蓄容积，确定各低影响开发雨水系统的设计降雨量。

（5）对照统计分析法计算出的年径流总量控制率与设计降雨量的关系确定各低影响开发雨水系统的年径流总量控制率。

（6）各低影响开发雨水系统的年径流总量控制率经汇水面积与各地块综合雨量径流系数的乘积加权平均，得到城市规划范围低影响开发雨水系统的年径流总量控制率。

（7）重复（2）～（6），直到满足城市总体规划阶段提出的年径流总量控制率目标要求，最终得到各地块的低影响开发设施的总调蓄容积，以及对应的下沉式绿地率及其下沉深度、透水铺装率、绿色屋顶率、其他调蓄容积等单项或组合控制指标，并将各地块中低影响开发设施的总调蓄容积换算为"单位面积控制容积"作为综合控制指标。

（8）对于径流总量大、红线内绿地及其他调蓄空间不足的用地，需统筹周边用地内的调蓄空间共同承担其径流总量控制目标时（如城市绿地用于消纳周边道路和地块内径流雨水），可将相关用地作为一个整体，并参照以上方法计算相关用地整体的年径流总量控制率后，参与后续计算。

思考题

1. 城市生态系统有哪些特点？
2. 城市化的水文效应主要表现在哪些方面？
3. 城市雨洪的特性包括哪两部分？
4. 比较分析各国雨洪管理经验的异同点。
5. 简述海绵城市建设的要点。
6. 城市雨洪资源利用技术有哪些？

第8章 应用生态水文学

应用生态水文学是一个正在发展的新兴学科，其总体研究任务是面向流域/区域水问题解决和水生态与水环境保护与修复的实践需求，结合生态水文耦合机制识别，在生态水文监测的基础上，进行生态水文评估，提出生态水文调控和管理方案。根据其知识结构，本章主要内容包括生态水文过程集成模拟与管理、河道生态需水评估、水生态修复与规划以及水库联合生态调度等方面的基础理论知识。

8.1 生态水文过程集成模拟与管理

8.1.1 生态水文模型概述

传统的水文和生态模拟研究一直集中于建立单一模型，孤立地看待生态过程与水文过程。水文模型关注流域的产汇流等物理过程，很少或没有考虑植被的生物物理和生物化学过程。生态模型则重点关注土壤-植被-大气连续体垂向机制，基本不考虑或者采用"水桶模型"简化处理土壤水运动，并且忽略水平方向上的侧向径流过程。流域生态水文模型的兴起一方面得益于地理信息技术、遥感等空间信息获取技术为流域过程模拟提供详细的流域下垫面条件的空间分布信息；另一方面流域分布式水文模型的出现，使得在各个空间上耦合田间尺度的生态模型成为可能。流域生态水文模型的起源有两大分支：①从水文模拟忽略植被的问题出发，在降雨-径流过程模拟中考虑植被的物理和生物化学作用，主要包括植被蒸腾、根系吸水、冠层能量传输及 CO_2 交换等过程的描述；②从植被生态过程模拟的角度出发，增加了垂向的土壤水运动和二维水文循环过程的模拟。目前，国内外对生态水文模型已开展了一定深度的研究，并取得了一些阶段性成果。根据不同的标准，流域生态水文模型有着不同的分类。以下按照模型中对流域植被与水文过程相互作用的描述，将现有模型归为两大类：①在水文模型中考虑植被的影响，但不模拟植被的动态变化，为单向耦合模型；②将植被生态模型嵌入到水文模型中，实现植被生态-水文交互作用模拟，为双向耦合模型。

1. 单向耦合模型

单向耦合模型，主要是从水文模拟的角度出发，显式地引入了植被层，在降雨-径流过程模拟中详细描述植被的冠层截留、降水拦截、入渗、蒸散发等生物物理过程，使得模型对水文过程的模拟更符合实际，主要模型有 DHSVM（The Distributed Hydrological Soil Vegetation Model）模型、SHE（System Hydrological European）模型、VIC（Variable Infiltration Capacity）模型。但这一类模型仅考虑植被对水文过程的单向影响，不考虑水文过程对植被生理、生化过程及植被动态生长的影响，因此，也就不能描述植被的动态变化［如 LAI（Lcaf area index）的季节性增长］对水文过程的影响。DHSVM 模型是单向耦合模型的典型代表，该模型是 Wigmosta 等于 1994 年开发的具有物理意义的流域生态水文模型。

该模型充分考虑了植被对于蒸散发作用的影响，采用双源模型区分计算植被蒸腾与土壤蒸发，在垂直方向上划分植被林冠层和地面植被层，详细描述冠层内的短波、长波辐射传输，分别计算各层的蒸腾作用。采用 Penman - Monteith 公式结合冠层导度计算蒸散发，冠层导度采用 Jarvis 提出的多环境因子的阶乘公式计算。该模型在空间上为全分布式，通过将流域划分为栅格单元充分体现下垫面的空间异质性，栅格之间通过坡面流和壤中流的逐网格汇流发生进行物质交换。

2. 双向耦合模型

随着生态水文研究的不断深入，学者们逐渐认识到植被的生长发育及其季节性变化会对水文过程的重要影响，流域生态水文双向耦合模型开始出现。双向耦合模型中植被与水文过程的耦合体现在植被为水文模型提供动态变化的叶面积指数、根系深度、枯枝落叶层厚度等，水文模拟为生态过程模拟提供土壤含水量的动态变化等。根据模型中对于植被-水文过程相互作用机制描述的复杂程度本书将双向耦合模型分为概念性模型、半物理过程模型、物理过程模型三大类。

(1) 概念性模型。概念性生态水文模型主要是在水文模型的基础上，耦合了参数模型或光能利用率模型或经验性的作物生长模型建立起来，主要模型有 SWAT（Soil and Water Assessment Tool）模型、SWIM（Soil and Water Integrated Model）模型、EcoHAT（Ecohydrological Assessment Tool）模型等。其特点是：①采用简单的、经验性的关系计算植被动态生长，大多通过先计算潜在生长，再引入水分胁迫、养分元素胁迫等来计算实际生产，如光能利用率模型；②对于蒸散发的计算，通过先计算潜在蒸发再折算实际蒸发；③这一类模型对流域空间异质性的表达，大多呈空间半分布式，各个子单元之间相互独立。这一类模型的缺陷主要在于对植物生长和植被-水文相互作用关系的描述缺乏机理性，植被与水文过程之间只是松散的耦合关系，限制了模型对环境变化引起的流域生理生态响应的模拟能力。SWAT 模型是概念性生态水文模型的典型代表，该模型是由美国农业部开发的农业流域生态水文模型，模型采用简化的作物生长模型 EPIC 模块（erosion - productivity impact calculator）来计算植被的动态生长，根据光能利用率计算潜在的生物生长量，再根据各种生长胁迫计算实际生长，对作物生长描述缺乏机理性。模型中对于蒸散发的计算，基于彭曼线性假设，先计算潜在蒸发，再根据潜在蒸发与实际蒸发的线性关系，以及相关植被参数（叶面积指数等）和土壤水分状况计算实际蒸发。在空间尺度上，模型将流域离散为土地利用和土壤类型同质的水文响应单元（Hydrological Response Unit，HRU），在 HRU 上独立计算再通过加和获得流域出口的值，HRU 在空间上的不明确性以及各 HRU 之间的相互独立所导致的空间互动的缺乏是该模型存在的一大缺陷。

(2) 半物理过程模型。半物理过程模型相对于概念性模型来说，对植被动态生长过程和植被-水文相互作用的描述机理性更强，例如，对于光合作用过程的描述，采用半经验半机理的模型，如碳同化模型；对植被冠层蒸散发过程的模拟，采用 Penman - Montieth 方法，引入冠层导度直接计算植被的实际蒸腾量。模型在空间划分上，通常是将流域离散成全分布式的空间单元，详细刻画流域的空间异质性。之所以定义为半物理过程模型，是因为模型对光合作用过程的简化，不能刻画水文过程对植被生化过程的影响。TOPOG 模型为这一类型模型的典型代表。该模型是澳大利亚联邦科学与工业研究院（Commonwealth Scientific and Industrial Research Organisation，CSIRO）研究机构为模拟土地利用变化而建立的流域全分布式生态水文模型。模型中的日光合同化速率，是根据最大同化速率与植被生长指数的函数来计算的植物生长过程，其中植物生长指数是温度、水等各种胁迫因子的函数，反映各种环境胁迫对植物生长的影响。对于蒸腾作用，TOPOG 模型采用 Penman - Montieth 公式结合冠层气孔导度来计算实际蒸腾发量，其中对于冠层气孔导度采用修正的光合-气孔导度耦合模型。Ball - Berry 模型是描述气孔导度和光合作用速率之间耦合关系的半理论模型，具有一定的理论基础，在一定程度上耦合了蒸腾-光合作用。模型在空间上根据等高线和分水岭将流域划分为大量的山坡单元，并确定流域的汇水路径。模型汇流采用理查德方程实现逐单元水流演算，计算量非常大，因此只适合于小流域的应用。

（3）物理过程模型。20 世纪 90 年代以来，植物生理学及生态学研究取得了重大进展，人们逐渐意识到光合作用与蒸腾作用同时受控于气孔行为从而把植被的生化过程与水文过程耦合在一起，考虑植被生理作用生态水文机理过程模型不断出现。早期，Band 等于 1993 年在流域分布式水文模型 TOPMODEL 的基础上耦合森林碳循环模型 Forest - BGC（Forest - BioGeochemica），建立了分布式生态水文模型 RHESSys，用以模拟森林流域侧向径流过程对土壤水空间分布的影响以及土壤水的空间分布差异对森林冠层的蒸散发以及光合作用的影响。该模型进一步改进，采用 Biome - BGC（Biome - BioGeochemica）来模拟多种植被类型的碳循环过程和 Century 模拟生态系统的氮循环过程。此后，涌现了许多物理过程模型，如 Macaque、VIP、tRIBS - VEGIE、BEPS - Ter - rainLab 等模型。这一类模型的主要特点是采用植被生理生态机理过程模型来描述植被的光合作用等生理过程，将植被的生化过程与水文过程耦合在一起，一方面能够刻画水文过程尤其是土壤水对于植被生化过程的影响，另一方面能够模拟植被的动态生长如 LAI 的季节动态变化对于水文过程的影响。模型的缺陷在于计算复杂，涉及植物生理特性参数（如电子传输率、酶活性等）、植被形态参数（如冠层高度）等众多参数，且大部分参数都难以获得，限制了模型的推广与应用。BEPS - Terrain-Lab 模型是物理过程模型的代表模型之一。该模型是在 DSHVM 模型基础上耦合生物地球化学循环模型 BEPs 建立的流域生态水文模型，用于加拿大北部森林区碳循环与水循环耦合的基础和应用研究。模型中对于光合作用的模拟采用区分受光叶和隐蔽叶的二叶模型，叶片光合作用基于 Farquhar 生化模型；植被蒸腾作用的计算，采用引入冠层气孔导度的 Pen-man - Monteith 方程，冠层气孔导度采用环境因子阶乘公式。模型为全分布式模型，在空间上将流域划分为栅格单元，模型采用逐网格进行汇流演算，栅格之间通过坡面流和壤中流的逐网格汇流发生水文联系，这一算法充分考虑了栅格单元的交互作用，但该汇流方法计算繁琐，在较大的流域应用困难。

8.1.2　生态水文过程集成模拟功能

1. 生态水文过程集成模拟的目的与任务

从学科发展方向来看，变化环境下生态水文模拟是资源与环境领域研究的前沿和热点问题；从实践应用方面来看，生态水文模拟又是水利工程设计和区域水资源规划与评价的关键支撑技术。通过确定生态水文过程内涵，明晰生态演变及其要素过程、水循环及其要素过程和能量传输及其要素过程，以区域多尺度生态水文耦合作用机制为基础，在生态水文概念模式指导下，系统定量化辨识气候变化与人类活动下流域/区域生态水文的演替规律及其相互作用机制，将为生态环境评价及其综合调控提供基本理论依据。由于实验观测方法较易获取微尺度信息，而野外试验观测方法不同尺度的研究往往可以得到不一致的观测结果，因此有必要采用模拟模型对多时空尺度下的生态水文相互作用过程进行有效耦合，从而将两个系统的异质性整合于其中。结合实验观测、多圈层生态水文立体监测与多源数据同化技术，从不同时空尺度下生态水文基本要素过程出发构建流域/区域生态水文耦合模型，将成为解决上述科研和实践问题的重要技术手段。

但是，由于地理、水文水资源、生态与环境等相关学科的分工和关注重点不同，当前国内外将水循环过程的大气过程、地表过程、土壤过程和地下过程进行分离式模拟、预测和评价，生态过程和水循环过程的相互作用也是采用离线耦合分析的范式进行研究，在一定意义上割裂了水循环的整体性和生态-水文相互作用机制的物理系统性，成果难以进行相互校验，急需在统一物理机制下，整体研究气候、水文、生态的相互作用机制，为水利工程对生态环境影响评价提供核心支撑。其中，统一物理机制包括模拟要素过程统一、过程表达统一、参数统一、时间尺度统一和空间尺度统一。为满足机理识别和综合调控的要求，统一物理机制下的生态水文模型需要具备历史仿真模拟功能、驱动机制识别功能以及演变趋势预测功能。

2. 生态水文模型分类

从模型构建的空间结构来看，可分为集总式和分布式；从耦合方式来看，主要分为单向与双向耦合两类；从描述生态水文过程的复杂程度来看，可分为概念性模型、半物理模型和物理模型 3 类；根据研究区域的空间尺度，生态水文模型主要涉及区域/流域和典型生态系统两个层面的应用。

3. 生态水文模型的不确定性

生态水文模型的发展虽日渐成熟，但还不能完全模拟生态水文系统的要素演变。一方面，生态水文过程包括许多生理和生化过程，系统具有高度的复杂性；另一方面，由于各种限制因素，或多或少都需要对模型做一些简化处理。因此，生态水文模型往往会出现"失真"现象，在模拟过程中，必然存在着不确定性。

8.1.3 生态水文模型集成范式

1. 模拟框架

在上述模拟策略研究背景下，以统一（过程、参数、表达、时间、空间）的物理机制为约束范式，以位于大气圈、生物圈、地表、土壤圈和岩石圈边界处的植被和土壤"集合体"为主要研究对象，结合各模型的优势和研究需求，构建生态水文基础模拟框架（图 8.1），重点模拟能量过程、生态过程和水文过程。

其中，能量过程重点模拟地表辐射过程、感热通量、潜热通量以及土壤冠层热通量等；水文过程包括两部分：①自然水循环，包括冠层截留、蒸散发、地表产流过程、土壤水过程、地下水过程、坡面汇流和河道汇流等水文过程；②社会水循环，包括取水-输水-用水-耗水-排水-再生水处理与利用。生态过程以碳循环为主线，侧重于模拟净第一性生产力（NPP）产生、物质分配及其流转、死亡和土壤有机质分解等基本生态过程。

2. 模拟结构

（1）空间结构。模型将流域划分为正方形网格，采用马赛克法对基于植被功能类型的单元进行空间划分，将各单元格划分为水域、裸地、植被域和不透水域，再根据研究区植被类型亚类、CLM（CommunityLand Model）及 CLM - DGVM（CLM - Dynamic Global Vege-

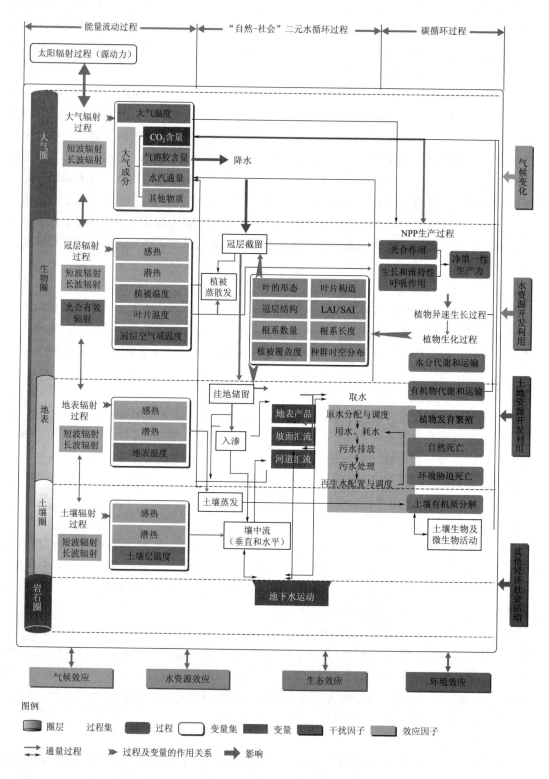

图 8.1　生态水文过程模拟框架

tation Model）的植被功能类型对植被域进行重组，对每个单元格进行关键生态水文要素模拟，模型的水平结构和垂向结构如图 8.2 和图 8.3 所示。

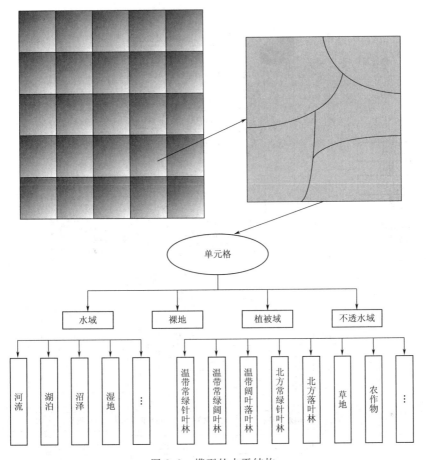

图 8.2　模型的水平结构

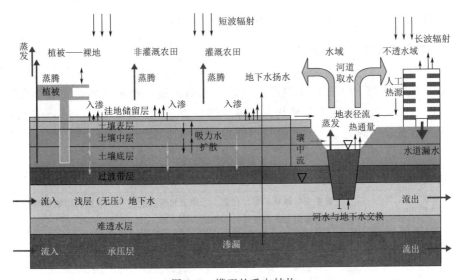

图 8.3　模型的垂向结构

（2）时空尺度嵌套。基本模拟时间尺度为日，同时可以根据图 8.4 中模型的时间尺度嵌套实现各要素之间的时间尺度转化。

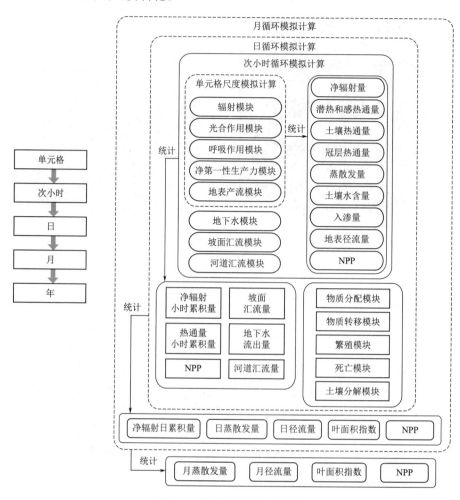

图 8.4　模型的时间尺度嵌套

8.1.4　生态水文关键过程模拟方法

1. 能量过程

基于 CLM 和 CLM-DGVM 中的能量传输、辐射通量、动量、感热和潜热通量过程进行模拟，生态水文模型中主要能量模块及其原理详见表 8.1。植被覆盖区以冠层能量平衡为基础进行水汽通量、感热通量和潜热通量等能量过程的计算。

表 8.1　　　　　　　　　　　　　　　主要能量模块及其原理

模　　块	原　　理
Biogeophysics	根据冠层能量平衡，计算：①地表和植被的感热、潜热和动量粗糙系数；②地表和植被逸散通量的初值；③地表湿度变量
Temperature and pressure	表征气压和相对湿度对温度的响应
Monin ObukIni	依据莫宁霍夫（Monin-Obukhov）理论计算莫宁霍夫长度及稳态时的风速
Friction Velocity	描述地表风速剖面、温度剖面和湿度剖面

模　　块	原　　理
Fraction wetdry	计算干、湿叶片的比例
Two stream	采用 two - stream 方法冠层辐射传输
Surface Radiation	利用能量收支平衡定律计算植被和地表系吸收的辐射通量、阳/阴生叶片的有效光合辐射通量
Canopy	计算空气动力学阻抗、温度和湿度阻抗以及叶片边界阻抗，以描述大气、冠层空气域、叶片和地表之间的能量通量和水汽通量变化

2. 生态过程

（1）光合作用：光合作用速率受到叶片中核酮糖二磷酸羧化酶储量、光能转变速率和产物输出速率的综合影响。

（2）自养呼吸：植被自养呼吸释放的能量主要供给叶片、边材、心材和根的生长过程，分为生长性和维持性呼吸作用。

（3）净第一性生产力：干物质增量是光合作用率和呼吸作用率的差值函数，进而能够计算净第一性生产力的日变量。

（4）物质分配：借鉴 CLM - DGVM 的分配模拟过程，本模型的分配过程以"管模型"理论、叶质量与根质量的比例关系、高度与顶冠面积之间的比例关系等 3 个基本假设为前提，物质增量在叶片、边材和根部进行分配。

（5）物质流转：根据不同植被类型的叶片、边材和根的寿命值，可以计算进入地面枯枝落叶层上下空间固化碳的总量和边材转变成心材的总量。

（6）死亡：依据各植被类型的生长过程，该模型将非常绿型植被的落叶过程概化为强制落叶过程，即考虑自然死亡和热胁迫死亡的同时，从某月开始将全部的叶片生物量转移至地上枯枝落叶库中。而常绿型植被只考虑自然死亡和热胁迫死亡，不加入强制落叶过程。

（7）物质分解：枯枝落叶通过自身分解和土壤异养呼吸被分解成有机物。其中，模型假设土壤分解具有快、慢过程，其分解速率取决于温度、土壤含水量及分解时间。分解后的碳通量 70% 进入大气中，30% 留在土壤中。后者的 98.5% 进入快分解碳库，剩余部分进入慢分解碳库。再计算土壤分解进入大气中的碳通量，更新土壤快/慢碳库及异养呼吸量。

3. 水文过程

水文过程主要考虑积雪融雪、冠层截留、洼地储留、入渗、土壤水运动、地下水运动、蒸散发作用、地表产流、坡面汇流和河道汇流等水循环基本要素过程，主要模拟方法见表 8.2。

表 8.2　　　　　　　　　　关键水循环要素过程模拟方法

水循环要素过程	模　拟　方　法	水循环要素过程	模　拟　方　法
积雪融雪	温度指标法（也称度日因子法）	地下水运动	Bousinessq 方程、达西定律、储流函数法等
地表产流	霍顿坡面产流和饱和坡面产流	蒸散发作用	Penman 公式和 Penman - Monteith 公式
入渗	Green - Ampt 模型	坡面汇流	Kinematic Wave 模型
土壤水运动	Havercamp、Mualem 公式	河道汇流	Kinematic Wave 模型或 Dynamic Wave 模型

（1）冠层截留：降雨经过林冠后，被分成冠层截留、穿透雨和树干茎流 3 部分，根据水量平衡模拟计算。

（2）洼地储留：洼地储留量与地被物层的持水能力相关，若地被物层保存很好，盖度大、厚度深，那么蓄积量多。不同植被类型之间，由于下木层组成不同，以及分布的海拔、坡向不同，林内光照条件存在差异，地被物的组成、盖度、厚度、蓄积量不同，导致其持水能力也不相同。据研究，在中等或平缓山坡上的填洼量一般为 5～15mm，农田为 10～40mm，而对于平整的土表面，常小于 10mm。洼地储留量的计算采用了经验公式和经验系数等统计学的方法。

（3）入渗：降雨时的地表入渗过程受雨强和非饱和土壤层水分运动所控制。由于非饱和土壤层水分运动的数值计算既费时又不稳定，而许多研究表明，除坡度很大的山坡以外，降雨过程中土壤水分运动以垂直入渗占主导作用，降雨之后沿坡向的土壤水分运动才逐渐变得重要。因此，水文模型采用 Green - Ampt 垂直一维入渗模型模拟降雨入渗及超渗坡面径流。Green - Ampt 入渗模型物理概念明确，所用参数可由土壤物理特性推出，并已得到大量应用验证。

（4）产流：地表产流过程随下垫面条件不同而不同。水域的地表径流等于降雨减蒸发，而裸地-植被域（透水域）的地表径流则根据降雨强度是否超过土壤的入渗能力分为霍顿坡面径流和饱和坡面径流两种情况计算。

（5）壤中径流：在山地丘陵等地形起伏地区，同时考虑坡向壤中径流及土壤渗透系数的各向变异性。壤中径流包括从山坡斜面饱和土壤层中流入溪流的壤中径流，以及从山间河谷平原不饱和土壤层流入河道的壤中径流两部分。

（6）深层入渗：均质土壤降雨时的深层入渗计算可直接采用 Green - Ampt 入渗模型。Mein 等（1973）及 Chu（1978）曾将 Green - Ampt 入渗模型应用于均质土壤降雨时的入渗计算。Moor 等（1981）将 Green - Ampt 入渗模型扩展到稳定降雨条件下的两层土壤的入渗计算。考虑到由自然力和人类活动（如农业耕作）等引起的土壤分层问题，Jia 等于 1997 年提出了实际降雨条件下的多层 Green - Ampt 模型，即通用 Green - Ampt 模型。

（7）地下水过程：地下水运动按照多层模型考虑。将非饱和土壤层的补给、地下水取水及地下水出流作为源项，按照 Bousinessq 方程进行浅层地下水二维数值计算。在河流下游及四周，根据河床材料的特性以及河流水和地下水两者的水位差按照达西定律来计算两者的相互补给量。另外考虑到包气带过厚可能会造成地下水补给滞后问题，在表层土壤与浅层地下水之间设一过渡层，用储留函数法处理。

（8）坡面汇流：陆面模型采用基于数字高程模型（DEM）的运动波模型计算坡面汇流。利用 DEM 和 GIS 工具，按最大坡度方向定出各计算单元的坡面汇流方向，并定出其在河道上的入流位置。

（9）河道汇流：根据 DEM 并利用 GIS 工具，生成数字河道网，根据流域地图对主要河流进行修正。搜集河道纵横断面及河道控制工程数据，根据具体情况按运动波模型或动力波模型进行一维数值计算。

8.2　河道生态需水评估

8.2.1　河道生态需水的内涵及相关概念

1. 河道生态需水的内涵

从自然水循环角度出发，生态需水的内涵可从以下两个方面进行论述。

从全球生态系统水分平衡角度出发定义的生态需水，认为维持全球生物地理生态系统水分平衡所需要的水即广义的生态需水主要靠天然降水等满足，属于大尺度的范围。如"从广义上讲，维持全球生物地理生态系统水分平衡所需要的水，包括水热平衡、生物平衡、水沙平衡、水盐平衡等所需要的水都是生态环境用水"。

从生态系统本身的结构与功能以及维持生态系统健康与稳定角度定义的生态需水，如"提供一定质量和数量的水给天然生境，以求最大程度地改变天然生态系统的过程，并保护物种多样性和生态整合性""生态需水是维持生态系统健康发展所需的水量""水资源不仅要满足人类的需求，而且生态系统对水资源的需求也必须得到保证"等。

基于自然水循环，河流生态需水可以定义为：在特定时段内，在一定生态保护目标下，维持河流基本结构与功能所需要的一定水质目标下的水量。其内涵可以理解为：①维持河流系统现状；②避免河流退化；③提供水来支撑自然过程，以保留关键的生态服务和社会服务功能。具体可以归结为以下几个方面：①维持河床沉积物的大小和移动性；②维持常年性河流不断流；③维持河道的纵向连续性；④维持河流特征和生境；⑤维持洪泛平原；⑥维持河滨植被；⑦维持河口的生态平衡；⑧维持娱乐和舒适性。

需要指出的是，对于遭受到人类严重干扰的河流，如果要使河流从结构和功能上恢复到干扰前的状态几乎是不可能，因此，河流保护的目标是部分地回到干扰前的状态。即使这样也很难通过人工措施达到上述目标。所以，需要通过自然的水体流动来实现，即留有一定的水量给河流，用河水的流动来冲刷河床沉积物，而不是从河床挖走沉积物，通过河道的径流来维持河流两岸植被的生长和存活，而不是靠人工浇灌来维持沿岸的河滨植被。当然，并不是要求保留未受干扰前的全部天然的河道流量，而是保留维持河道生态系统必须的流量。河道到底需要多少水，究竟应该给河流留多少水，这正是本书要探讨的问题。

2. 相关概念辨析

自然界水循环的存在，使得水资源不断获得更新，成为可再生的资源。降水、径流以及地下水构成了河流生态系统最主要的水分来源。蒸发、渗漏则是河流生态系统最主要的水分消耗，它主要取决于河流所在的地理位置、气候条件、地质特性等。对于任何一个河流生态系统，在人类活动以及水资源开发利用的影响下，随着气候波动、季节性变化，水有以下几种存在的形式。

（1）生态需水。在河流生态系统所处的特定时空范围内，为维持一定的保护目标，维持其结构、功能而需要的水，包括降水、天然储存的水（如地下水）以及天然获取的水（如径流）等部分。生态系统在长期自然选择中形成了相当的自我调节能力，对水的需求有一定的弹性，因此，生态系统需水有一定阈值区间，不同的保护目标有不同的需水等级。生态需水包含两部分：一部分是非消耗性的，它构成生态系统得以维持健康的环境条件，如为维持一定地下水水位所需的地下水储量；另一部分则是消耗性的，它参与了生态系统的生理过程以及水循环过程。

（2）生态用水。它是实际存在于河流生态系统中的水量，即所谓在现状生态目标下河流实际存在的水量。生态用水的多少主要受人为因素的影响，常常取决于开发利用率、水资源消耗水平等。

（3）生态缺水。它指特定状态下生态系统的生态需水与生态用水之差。生态缺水会挤占生态系统需水的部分，指特定状态下生态系统满足一定生态目标，系统缺乏的、需要在水资源配置中加以考虑和补充的水量。如"维护生态与环境不再恶化并逐渐改善所需要消耗的水资源总量"、"水资源的规划和管理需要更多地考虑环境需求"、"在水资源总量中专门划分出一部分作为生态环境用水，使绿洲内部及其周围的生态环境不再恶化"等。

（4）生态耗水。它是生态系统为维持自身的生态平衡，在水循环过程中需要消耗的水量，表现为两种形式，一种是通过蒸发进入大气中，另一种是通过渗漏进入地下。生态耗水与消耗性生态需水之间有着重合和交叉部分。

（5）生态盈余水。它在满足该河流（段）生态保护目标所需要的水量的前提下，还有部分盈余水量提供给其他河流（下一河段），将这部分水量称为盈余水或者生态弃水。

河流生态需水及有关概念间的相互关系可以用图 8.5 表示。

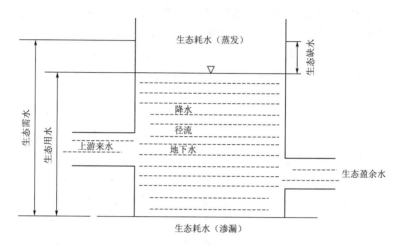

图 8.5　河流生态需水及有关概念间的相互关系

在上述几个概念中，存在以下关系。

当生态需水等于生态用水时，河流系统内的水分保持平衡，生态系统处于良好状态。

当生态需水大于生态用水时，出现生态缺水，河流生态系统难以维持正常的功能，需要人为给生态系统补水，也即狭义的生态需水。两者的差值越大，生态缺水越多，生态系统受损越大。生态缺水不能超出一定的限度，否则，生态系统失去抗干扰的能力，难以恢复。

生态需水小于生态用水时，系统有部分水需要或者可以下泄到另一个系统，这部分水就是生态盈余水。

3．河道生态需水的特点

（1）质与量的统一性。水量的维持是生态系统存在的前提，而水质的保证是生态系统功能正常发挥的重要基础。因此，生态需水是质与量的统一体，必须同时达到水量目标和水质目标，才能满足生态系统结构与功能的需要。如果达到推荐的水量目标，而不能达到水质目标时，通过对流量目标进行调整，以保证水量和水质目标都能得到满足。但是如果水质目标不能满足是由于点源或者非点源的超标排放造成的，那么就要加大污染源治理和管理的力度，以减少进入水体的污染负荷，而不是通过调整流量目标来达到稀释目的，以造成生态需水的增多。

（2）时间与空间性。河流具有纵向、横向、垂直、时间等四维特征。在人类干预之前，生态系统与水资源在空间格局上表现出自然、和谐的关系，这是生态系统长期演化的结果，这种关系是生态系统稳定的基础。在人类的干预下,生态水文过程受到人类的影响,偏离了自然规律,形成了人类参与下的流域水文过程,其结果导致水资源在流域空间格局上发生了重新分配,这种分配大多时候都违背了自然规律,形成了水资源空间上的不合理富水区、缺水区分布格局。

生态需水的空间性不仅表现在要保持总量的满足,而且还要保证在区域空间和立体空间上的合理分布,这就是生态需水的空间优化问题,这种优化实质就是从水资源的角度进行流域景观的空间优化。例如黄河上游龙羊峡以上区间人类活动较少,其河道功能以维持水生生物栖息地环境为主,河道需水以生态基流量为主。从龙羊峡至下游的花园口区间,人类活动影响逐渐增强,河道接纳的废水、污染物逐渐增多,河流的生态功能不仅表现在维持水生生物栖息地的功能,同时还应具有稀释自净的功能。黄河下游区间因河流水体含沙量大,河道淤积严重,河流的输沙功能显得特别突出,入海需水维持黄河河口三角洲湿地及近海环境功能等。

生态系统随着时间的演进发生着变化。如长时间的生态系统进化,中长时间的生态系统演替,短时间的年度、季度和昼夜变化等,不同时间段具有不同的需水要求,不同类型的植物、动物,其生活周期不同。因此,对于河流生态系统,必须按照自身的特点在时间上满足其对需水量的要求。如河道生态需水的年际变化、年内变化、河漫滩湿地对洪水出现的时间的要求,河口鱼类在产卵、洄游季节对水量的需求等。

(3)尺度多样性。河流在纵向上的连续性以及从河源到河口在物理、化学和生物方面表现出的差异性导致河流在纵向上分为离散河段,从空间尺度上看,河流从大到小可分为:河流、河区、河段、断面等,对于不同尺度的生态需水之间存在着尺度转换的问题。一般情况下,以某一河段作为生态需水的计算单元,但该河段的生态需水并不代表整条河流的生态需水,下游的生态需水也不能代表整条河流的生态需水,特别是对于一些大型河流,如黄河下游的生态需水仅能代表利津站下游河段需要满足的生态流量,并不是整个黄河的生态需水。因此,河流生态需水不仅具有上、中、下游河段的差异性,而且在河流、河区、河段之间存在着尺度差异性问题。

河流与其所在流域的横向联系同样十分重要,河岸的植物提供了生态环境,并且起着调节水温、光线、渗漏、侵蚀和营养输送的作用,如果保护河流的最终目标是对整个流域进行正确的规划和控制,那么河边区域的管理则是重要的第一步。河流洪泛平原与河道在功能上的相互联系性决定了对于河流生态需水的研究不能只局限在河道的尺度上,还应考虑河岸植被、洪泛平原等与河流关系密切的河岸交错带生态系统。

河流系统的时间尺度在许多方面都显得十分重要。不同时间段具有不同的需水要求。不仅要从量上保证其需水量,还要从时间上对需水量进行合理分配,这样才能保证生态环境功能的充分发挥。

河道生态环境需水的年内变化主要表现为汛期需水和非汛期需水的差异。在汛期和非汛期,河流的来水条件不同,所期待发挥的生态环境功能也各异,因此对流量的要求也不同。例如,鱼类的产卵和繁殖主要在4—7月,如果这个时间段水量过少,会造成产卵栖息地的不足,导致鱼类减少。河流泥沙80%是在汛期,也就要求在这个时期满足河流的输沙功能。

生态需水年内变化可以用生态需水过程线来表示,横坐标以月为单位,相应的流量作为月平均生态需水，如图 8.6 所示（以黄河下游利津站多年平均的最小生态基流量为例）。

河道生态环境需水的年际变化就是指河道生态环境需水的丰水年、平水年、枯水年的特征。这种丰枯变化可以用保证率来表示，生态环境需水随丰枯年的变化可以用流量频率曲线表示。将 25％频率的年份作为丰水年的代表，50％频率的年份作为平水年的代表，75％频率的年份作为枯水年的代表，95％频率作为特枯年份的代表，如图 8.7 所示（以黄河下游利津站最小等级生态基流量为例）。

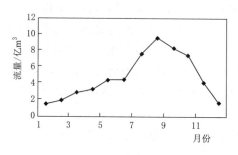

图 8.6 河道生态需水的季节性变化

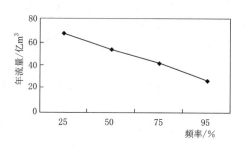

图 8.7 河道生态需水的频率曲线

因此，在河流生态需水的研究中，必须注意在横向、纵向以及时间方面的尺度转化问题。

（4）最优性与阈值性。根据自组织理论，生态系统能够承受一定范围内的水量变化，但是如果水量的减少或增大超过系统的承受范围，系统的自组织能力和自我调整能力将丧失，系统组分秩序发生不可逆变化，达到另外一种结构稳态，形成自组织演化过程。生态用水量与生态价值之间存在着一定的数学关系，图 8.8 大致描绘了两者之间的关系。

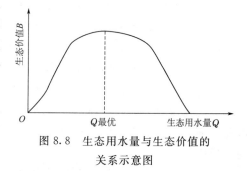

图 8.8 生态用水量与生态价值的关系示意图

横坐标代表生态用水量（Q），纵坐标代表生态价值（B）。如果生态价值为正值（$B>0$），则表示生态用水有利于生态系统结构和功能的改善与提高；如果生态价值为负值（$B<0$），则表示生态用水过多，将对生态系统造成一定的损害，如洪涝灾害等。Q 最优表示使生态系统状态保持最好时的生态用水量。为维护生态系统的健康和正常功能，必须保证足够的生态用水，但是，并不是说生态用水量越多越好。意味着生态需水不仅存在最小生态需水，而且还存在最大生态需水，具有上下两个安全阈值。如果在生态需水阈值范围内，则生态系统能够维持正常功能，当超出限度范围，生态系统的结构和功能将发生变化，并发生逆向演替。因此，必须综合考虑生态需水的上下阈值、最优值，根据实际情况加以控制和调整。

8.2.2 河道需水类型

河道需水关键在于维持河流最基本的功能，如为水生生物提供栖息地、在允许范围内的自净功能、保持河道形态等。对应着有基本生态流量、自净需水、输沙需水等。

（1）基本生态流量。河道基本生态流量是对于维持栖息地（包括河道形态和底层），保证水生动物产卵和洄游，能够维持正常的生态演替和生物多样性水平，维持河流所需要的营养结构的河道内流量。当河道流量断流后，河道原有的水生环境就会受到严重破坏，水生生物赖以生存的环境消失，水生生物也随之消亡。对于常年性河流而言，维持河流的基本生态功能不受破坏，就是要求年内各时段的河川径流量都能维持在一定的水平上，不出现诸如断流等可能导致河流生态环境功能破坏的现象。对于季节性河流，应维持其自然的季节性变化特征，在汛期保证河道不断流。

（2）自净需水。自净需水是发挥河流对污染物质的自净作用所需要的河道流量。河流两岸是人类活动的主要场所，河流不仅为社会经济发展提供水资源以及其他服务功能，同时也接纳着人类经济活动所产生的污染物，发挥着消化人类废物的功能，从这个意义上讲，河流的这种环境功能是不可缺少的。水环境是人类污染物排放的主要场所，保持水体的一定环境容量，发挥对污染物的自净功能，对于维持流域生态系统健康具有重要意义。河流在维持一定流量下，可以使污染物在排入水体后，经过物理的、化学的与生物化学的作用，进而将污染物浓度降低或总量减少，受污染水体能够部分地或完全地恢复原状。

水体的净化过程包括3种方式，即物理净化、化学净化和生物化学净化，其中生物化学净化是水体自净的最重要途径。物理净化是指水体中的污染物通过稀释、混合、沉淀和挥发等，使污染物浓度降低的现象，主要依靠对流和扩散两种运动形式完成。化学净化是水中的污染物通过分解合成、酸碱反应、氧化还原、吸附凝聚等过程，使污染物存在发生变化及浓度降低的现象。生物化学净化作用是在水生微生物的作用下，水中复杂的有机物逐渐分解为简单的无机物，无机物被藻类和水生植物吸收合成新的有机物，并随食物链迁移转化，使水体得到净化的过程。而这些过程的完成均需要一定的水量及流速才能完成。

需要注意的是，在研究自净需水时，要将自净需水和稀释用水加以区别。自净需水是河流的固有特性，是河流生态环境需水的一部分；而稀释用水不是河流的固有特性，而是人类对河流污染状况所采用的一种应急措施，不应属于河道生态环境需水的范畴。

河流的自净需水量大小不仅与河流基本特性、流量状况相关，而且与水体的用途和功能、污染物的排放量、浓度等因素相关。河流所在区域的自然条件以及水体本身的特性，如河宽、河深、流量、流速以及天然水质、水文特征等，对自净需水量的大小也有影响，污染物的特性，包括扩散性、降解性等，也都将影响自净需水量大小。水环境要求的水质目标越高，其水环境容量必将越少，自净需水量也随之增大，反之亦然。因此，在具体研究中，决不能以污染物的多少来确定自净需水的大小，而是通过自净需水量的大小限制污染物的排放。一般采用近10年最枯月平均流量或90%保证率最枯月平均流量来确定自净需水量。

（3）输沙需水。水沙平衡主要指河流中下游的冲淤平衡。为了维持冲刷与侵蚀的动态平衡，就必须在河道内保持有一定的水量，输沙需水是指为了维持河道冲淤平衡所需要的河道水量，称为输沙需水量。

当进入河流的泥沙与河流输沙能力达到平衡时，河道冲淤就会处于一种动态平衡状态。虽然局部地区存在不稳定现象，如浅滩有时也被冲刷成主渠，而主渠有时也会变成浅滩。

但是河道形态以及整个河流的断面轮廓基本不变。当河道内泥沙与河流输沙能力存在不平衡时，河流就发生冲刷和淤积。假如流域所产生的泥沙增加，但河流流量却没有增加时，则河流就会发生淤积。当泥沙的来量不变而河流流量的规模和频率减少时，河道同样会发生淤积。淤积造成河道变浅变宽，因此，为了维持冲刷与侵蚀的动态平衡，就必须在河道内保持有一定的水量。

　　河道内水沙冲淤平衡，主要受河道外和河道内两方面因素的制约和影响。河道外的影响主要包括来水、来沙条件，其与流域土地资源利用、水资源开发利用、生态植被保护建设、水土流失治理，以及河流整治等诸多人工要素有关。河道内的影响主要指河床边界条件，其直接影响水沙动力条件。在输沙总量一定的情况下，输沙需水量主要取决于水流含沙量的大小。由于水流含沙量因流域产沙量的多少，流量的大小以及水沙动力条件的不同而异，因此，输送单位泥沙所需的水量不同。一般情况下，根据来水、来沙条件，可将河道输沙需水量分为汛期输沙需水量、非汛期输沙需水量和洪峰期输沙需水量。对于北方河流系统而言，汛期的输沙量约占全年输沙总量的 80%，即河流的输沙功能主要在汛期完成。

8.2.3　河流生态需水重要水文要素与性能指标

　　1. 重要水文要素

　　(1) 水文指标，河流生态需水研究的一个重要问题就是如何选取水文指标。目前，国际上描述河流水文条件的指标大约有 171 个；能够反映一条河流水文基本特点的、比较重要的指标大约有 38 个。这些指数中包括以下几个方面。

　　1) 与流量状况总体趋势密切相关的指数：平均日流量，平均的、最小的和最高的月流量，低流量；最小流量和最大流量的持续时间等。

　　2) 描述流体多样性成分的指数：日流量、月流量、年流量以及低流量、低流量和高流量在频率上的变化、低流量和高流量在持续时间上的变化、流变化的速度等。

　　3) 其他比较重要的指数包括：每年流量的变化，高峰期的流量的峰值，洪水频率，低的超标流量以及高的流量持续时间等。

　　目前，河流生态需水研究中涉及到的水文指标有年径流量、月径流量、日流量等。究竟应该采用什么样的水文要素来表征生态需水，目前国内外还没有统一的认识，而在实际的研究过程中经常涉及水文要素。由于河流生态需水与水文特征有着密切的关系，所以，反映河流生态需水的重要水文要素应来源于上述主要的水文指标。生态需水是为了保证河流生态系统的结构与稳定，因此，应在上述主要水文指标中选择与生态联系较大的、能够提供潜在生态信息的指标，作为生态需水的关键水文要素。

　　(2) 选择水文指标的原则。考虑到河流生态需水的特点，在选择生态需水的水文指标时，应遵循以下几条原则。

　　1) 重视生态特征。生态需水水文要素的选择必须要考虑到流量的变化是和生态联系在一起的特性，例如，影响河流的生态过程的水文要素，如低流量、高流量等。

　　2) 重视流量过程及持续时间。指标的选取必须与流量过程有关，因为流量过程对生态健康来说十分重要。如年内 12 个月的流量过程，某些季节鱼类产卵的流量过程等。持续时间也是需要考虑的内容。特别是对于河滨湿地，洪水的持续时间、洪水的演进与消退过程等，对于维持河滨湿地十分重要。

　　3) 时间变化性。应考虑流量的季节变化、径流的时间分布等特点。河流的高流量洪水的波动和流量状况变动的速率等均是比较适用的指数。在自然情况下，河道存在低流量期和无流量期。

　　4) 日流量。在所有的溪流类型中，日流量的偏态是最起主导作用的一个指数，通过对水坝以下不规则的放水所造成的鱼群聚集反应的研究说明，在生物繁殖的季节，日流量的变化对成熟的物种或者爬行的物种都特别重要。

5）一些特殊需求。对于多泥沙河流，还需要涉及输沙率、输沙用水等指标。在实际的研究当中，应按照上述原则进行河流生态需水水文要素的选择。

本书参照 RVI 方法的水文参数，提出包括流量大小、发生时间、频率、持续时间和变化率等 5 个方面的指标，作为描述河流生态需水的水文要素，其特征描述见表 8.3。

表 8.3　　　　　　　　　河流生态需水的水文要素及其特征

组别/类别	水文特征值	水文参数	参数个数	对生态系统的影响
月平均流量量级	流量大小	月平均值	12	水生生物的栖息地,陆生动物供水
极端流量的量级和持续时间	频率	频率	7	河道形态、化学特征
年度极端流量的发生时间	发生时间	发生时间	3	生物生命周期,繁殖期,洄游鱼类
高/低流量脉冲的频率和持续时间	持续时间	持续时间	4	河道、河漫滩生物群落栖息地,影响输沙、河道沉积物基本结构

2. 性能指标

在水资源规划与水资源配置中，常常需要涉及到一些表征生态需水的性能指标，以便于在实践中操作。这些指标往往具有典型性和代表性，且对河流生态系统健康具有十分重要的作用。由于必须对每个指标设定一个流量目标，目标通常需要建立在未开发之前的相关统计指标的基础上。因此，这些指标一般与流量过程有关，具有相同特点的河流，其性能指标应具有同一性，不同的河流，其性能指标存在着差异。流量目标视河流恢复的程度而定，一般根据历史统计确定。如澳大利亚牟牛河采用 4 个性能指标作为生态需水在水资源规划与配置中执行的指标，这些指标是：①河口流量，即河流出口时总流量；②低流量，即河流低流量的天数；③有利的洪水流量，即每年 90 天最湿润时期的平均流量；④2 年一遇洪水，即每 2 年平均发生一次的洪水流量。通过将上述指标作为在水资源管理的目标，从而实现生态需水在水资源规划与水资源配置中的具体应用。

需要指出的是，性能指标还应该考虑枯水年、平水年和丰水年 3 种不同水平年以及年内不同月份的差异，并针对不同情况提出性能指标的目标。例如，美国萨瓦纳河选择低流量、高流量脉冲和洪水水位适宜的范围作为描述河流生态需水的性能指标。分别提出浅滩的流量建议、河漫滩流量建议、河口流量建议，同时区分了季节变化、枯水年、平水年和丰水年等不同情况下的流量目标。

由于特定的动物或者植物种群对水体的不同偏好，短期洪水的分洪会导致水流达到相当大的河漫滩区域，从而使植被受益。长期洪水中同样水量的分洪则会有益于水鸟的繁殖。因此，在确定性能性指标时，持续时间也是必须考虑的内容。

由于流量建议必须适用于整个河流生态系统和有关的河漫滩、河口系统，针对所有的流量矢量，在特定的地点，在一年中特定的时间以及在多年间以一个特定的频率表示（例如，某个特定的洪水可能必须 3 年才发生一次或者 10 年才发生一次）。每种期望流量大小的详细说明及其发生时间的位置将成为水资源管理者的一个管理目标。因此，性能指标一般应描述为在一个或者多个流量量度下的期望流量状况。

不同的性能指标实现不同的河流生态功能，从而达到保护河流的目标。为此，针对我国北方河流季节性的特点，提出以下指标可作为河流生态需水的性能指标：①非汛期低流量，即河流低流量的天数；②汛期流量占比，即每年汛期平均流量的百分比（如 60%、40% 等）；③n 年一遇的洪水，即每 n 年平均发生一次的洪水流量；④入海流量，河流流入河口的总流量。

8.2.4 河流生态需水估算方法

8.2.4.1 水文学方法

水文学方法以历史流量为基础确定河道生态需水，主要依据水文学数据，如日流量或月流量等。水文学方法的优点在于如果水文资料是正确的，就能很快得出结果，具有操作性简单的优点。对于全流域尺度上的规划或者提供最初的评价比较合适，一般作为战略性管理方法而使用，其缺点是没有明确考虑栖息地、水质和水温等因素。具体包括以下几种方法。

（1）Tennant 方法。Tennant 法也称为 Montana 法，以平均年流量的百分比作为推荐流量，在不同的月份采用不同的百分比（表 8.4）。

表 8.4　　　　Tennant 法对栖息地质量和流量关系的描述

流量主相应栖息地的定性描述	推荐基流标准（平均流量百分数）		流量主相应栖息地的定性描述	推荐基流标准（平均流量百分数）	
	一般用水期（10 月至次年 3 月）	鱼类产卵育幼期（4—9 月）		一般用水期（10 月至次年 3 月）	鱼类产卵育幼期（4—9 月）
最大	200	200	较好	20	40
最佳范围	60～100	60～100	一般或较差	10	30
很好	40	60	差或最小	10	10
好	30	50	严重退化	<10	<10

1964—1974 年，Tennant 等对美国的 11 条河流实施了详细的野外研究，这些河流分布在蒙大拿州、怀俄明州和内布拉斯加州，其中 6 条河流在蒙大拿州，4 条河流在怀俄明州，1 条河流在内布拉斯加州，研究河段长度共计 315.4km，研究断面 58 个，共 38 个流量状态。Tennant 等用观测得到的数据建立了河宽、水深和流速等栖息地参数和流量的关系，研究在不同地区、不同河流、不同断面和不同流量状态下，物理的、化学的和生物的信息对冷水和暖水渔业的影响，得出如下结论：

1）10% 的平均流量对大多数水生生命体来说，是建议的支撑短期生存栖息地的最小瞬时流量。此时，河槽宽度、水深及流速显著地减少，水生栖息地已经退化，河流底质或湿周有近一半暴露，支流河道将严重或全部缺水。

2）对一般河流而言，河道内流量占年平均流量的 60%～100%，河宽、水深及流速为水生生物提供优良的生长环境，大部分河道急流与浅滩将被淹没，只有少数卵石、沙坝露出水面，岸边滩地将成为鱼类能够游及的地带，岸边植物将有充足的水量，无脊椎动物种类繁多，数量丰富，可满足捕鱼、划船、及大游艇航行的要求。

3）河道内流量占年平均流量的 30%～60%，河宽、水深及流速对鱼类觅食影响不大，可以满足捕鱼、筏船和一般旅游的要求。

4）对于大江大河，河道流量 5%～10% 是保持绝大多数水生生物短时间生存所必需的瞬时最低流量。Tennant 法的主要限制之一是要求在地貌上和田纳特等研究的河流具有相似之处。该方法更适合于较大河流，通常作为在优先度不高的河段研究河流流量推荐值使用或作为其他方法的一种检验。其优点是简单、易操作，在有历史资料记载的地区均可应用，在美国16个州均有使用，在我国的应用也较为普遍。

（2）Texas 法，又称作三分段概念。Matthews 和 Bao 在研究了得克萨斯州的河流后发现，在该地区采用 Tennant 方法计算的结果偏高，于是在进一步考虑季节变化因素后，提出将50%保证率下月流量的特定百分率作为最小流量，即 Texas 法。该法是根据各月的流量频率曲线进行计算，其中特定百分率是以研究区典型植物以及鱼类的水量需求设定的。由于 Texas 河流都属于暖水性河流，所以该法更适合于流量变化主要受融雪补给为主的河流。

近年来，得克萨斯州重新修改《州水资源规划》，以满足其长期、多目标的水资源要求。提出在干旱时期减少对环境水的供给，以保证社会系统对水资源的需求。这一观点形成了"三分段概念"，即3个时段划分的观点，对应不同"时段"，河道流量满足以下不同的目标。

时段1：在正常流量和高流量期间，其目标是促进和维持自然环境的长期健康。

时段2：在较干旱期间，其目标是维持最小生态流量，此时，水生物种会受到低流量的影响，但仍能短期存活。

时段3：在极度干旱期间，其目标就是保证水量。

在3种不同的水文"分段"内制定了河道内流量的标准（表8.5），以保证水库下游河流系统的需求以及河道外的引水。

表8.5 Texas 法3个水文"时段"的生态流量标准

分　　段	从河道直接引水		水　库　下　游	
	标准	环境流量	标准	环境流量
时段1	流量大于天然流量月平均值	流经下游的最小流量在数量上已经达到天然流量月平均值	水库水位大于存储容量的80%	流经下游的流量在数量上已经达到天然流量月平均值
时段2	流量介于天然流量月平均值的25%和天然流量月平均值之间	流经的最小流量将在数量上达到天然流量月平均值的25%	水库水位介于存储容量的50%~80%	流经下游的流量在数量上达到天然流量月平均值的25%
时段3	流量小于等于天然流量月平均值的25%	流经的最小流量将是维持水量必需的流量或者一个连续的流量阈值（例如，天然流量月平均值的15%）中较大的一个，从而保证引流不至于使得河流干涸	水库水位小于存储容量的50%	代替任何特定站点数据，7Q10 低流量值是流经下游的默认标准值

注　资源来源：Texas Parks and Wildlife Department，2003。

基于3个水文"时段"及相对应的河道内流量，充分考虑了水文变化的季节性。在所有的水文分段内，其目的是使流经河道内的流量也能满足相应的海湾和河口系统的生态需求。除了保证环境流量，还要提供足够的流量以保护下游水权。该方法在最初的 Texas 法基础上得到了发展，能够提供一种更为详尽的、基于月流量延时曲线而不是平均流量的百分比。

（3）基本流量法。依据水文统计资料，构建一个1日、2日、…、100日最小值系列的年平均模型。计算1和2、2和3、…、99和100点之间的流量变化情况，基本流量定义为当考虑1和2点、2和3点直到99和100点之间增加时，在所有年份有最大相对增加的流量，即将相对流量变化最大处点的流量设定为河流所需基本流量。该法能反映出年平均流量相同的季节性河流和非季节性河流在生态环境需水量上的差别，而且计算简单。

在有相同年平均流量的河流中，低流量时间短的河流比低流量时间长的河流有更高的基本流量值，进一步表明流量与生物的相关性，因为在后一类型的河流中，生物更加适应于长时间的低流量。表 8.6 是从 11 条河流研究中得出的推荐流量范围。该方法的优点在于容易计算，当计算小河流的基本流量时更加保守，基本流量的值一般与其他方法获得的最小生态流量值相符。该方法主要应用于西班牙。

表 8.6　　　　　　　　　　　　　　　基本流量法推荐的流量

河流补给类型	占年平均流量的百分比/%	河流补给类型	占年平均流量的百分比/%
季节性降水	50	融雪	15~16
地中海式降水	5.7~27	融雪和降水	17~37

（4）RVA 法。RVA 方法于 1997 年提出，采用流量大小、发生时间、频率、持续时间和变化率等 5 个方面的水文特征值评估整个河流系统，包括源区、河道、河岸带、洪泛区、地下水、湿地和河口地区，其基本原则就是保持河流流量的完整性、天然季节性和变化性。具体包括 6 个基本步骤：①采用 32 个水文参数确定天然状况下河流的水文特征；②基于以上参数，确定目标水体的变化范围；③根据水文参数值，给出满足河流生态要求的流量目标值，以此作为河流管理的目标，并进行实际操作；④实施生态需水，并进行监测，评价新流量模式下的生态响应；⑤同时，对 32 个水文参数的实际水流状态进行监测，并将这些参数值与目标值进行比较；⑥根据生态监测和评价结果，重新设定流量管理目标和流量管理模式。RVA 法将流量与生态指标相结合，通过监测随时调整流量目标，具有可操作性。

除了具备一般水文学方法的优点外，RVA 法最突出的特点是根据河流的水文资料确定具有生态意义的关键水文特征值，提出与流量有联系的生态特点的描述，并根据管理目标的需求，适时调整水文特征值的变化范围。这种方法可用于确定河流管理的年度目标，已在美国、加拿大、南非、澳大利亚等国家的 30 多项研究中得到应用。

（5）最小月平均实测径流量法。以河流最小月平均实测径流量的多年平均值作为河流的基本需水量。该方法采用实测径流量作为计算依据。其计算公式为

$$W_b = 1/n \sum Q_{i\min} \tag{8.1}$$

式中：W_b 为河流基本生态需水量，亿 m³；$Q_{i\min}$ 为第 i 年实测最小月平均流量；n 为统计年数。

该法在我国海滦河、东辽河等的研究中得到了应用。

（6）假设法。假设以某一水平年作为标准年，认为该年的水环境状况基本能够保持原有自然景观，满足最低水循环要求以及河口冲淤平衡和基本维持河流生态系统平衡，则将这一年的水量作为河道所需环境需水量。首先对近几年的水量情况进行统计，计算河流年平均河干天数。其次对标准年（如 20 世纪 50 年代、60 年代）偏枯水年份进行统计，计算河流的平均流量。接近年平均干天数与标准年偏枯水年份河流平均流量的乘积即为河流维持原有自然景观使其不干涸平均所需的水量。

8.2.4.2　水力学方法

与水文学法相比较，水力学方法将生物区的栖息地要求以及在不同流量水平下栖息地的

变化性纳入了考虑之中。对于实地数据的需要使得这个方法更加耗时和消耗财力。其缺点是体现不出季节变化因素。在 20 世纪 60—70 年代期间，主要用于为价值较大的鲑鱼渔场推荐流量的估算。目前，重点是对洄游通道、产卵、饲养以及特殊的、具有经济或者休闲娱乐的鱼类等与流量相关的研究。该方法涉及水力参数的测量，例如，湿周或者最大水深通常是在横跨单一河面的横切面上进行测量，作为假设对目标生物群有影响的诸多栖息地因子的一个代表。在这个方法中存在着一个假设，即选定的水力参数存在一个阈值，在变化的流量状况下，如果这个阈值不被打破，河流的健康就能得到维持。代表方法有湿周法、R2 - CROSS 断面法等。

（1）湿周法。根据河道水力参数（如宽度、深度、流速和湿周等）确定河流所需流量，所需水力参数可以实测获得，也可以采用曼宁公式计算获得。一般情况下，在代表性的浅滩设置横切面，测量不同流量下的水深和水速，坡度上的第一个拐点通常被用作最优可用水的一个指标拐点，如图 8.9（a）所示。图 8.9（b）描绘出湿周与流量变化的关系，曲线上的第一个突变点作为对具有价值的生物区的最优、适宜、最小流量的指示。在这一点上流量的增加会造成较小的湿周变化。

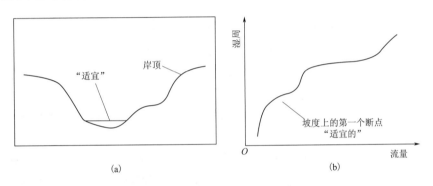

图 8.9　湿周法示意图
（a）假设水道横切面；（b）流量与拐点的湿周关系

湿周法中存在的主要问题是对于湿周/流量曲线突变点选择上的主观性。因此，该方法的关键是需要选择一种确定突变点的方法。在澳大利亚新南威尔士对这种方法进行了精炼，利用详细的地形浅滩调查数据和 GIS 对物理栖地（自然栖息地）面积（湿周）随流量的变化进行建模。与传统的横切面调查相比，这个模型提供了更多有关可用栖息地的空间分布的信息，同时可以证实多种低流量情景对生物栖息地的影响。我国学者从湿周-流量曲线临界点的两种不同确定准则入手，分析湿周法推求河道内最小生态需水量。通过对南水北调西线一期工程调水区流域的 6 条河 35 个河道断面进行分析，得出宜采用曲率法确定临界点的结论。

湿周法受到河道形状的影响，适用于宽浅矩形渠道和抛物线型河道，同时要求河床形状稳定。湿周法是目前世界范围内最常使用的水力学方法。

（2）R2 - CROSS 断面法。R2 - CROSS 断面法由美国林业部开发，因而，其应用较之湿周法更具有地方性。在美国科罗拉多州，这种方法是作为评价冷水河流区域的环境流量的适用于全州范围的标准方法。

这个方法依赖于水力模型，以使流量和河道内水力学之间产生关联，利用水力学临界参数和专家意见得到有利于鱼类生存的流量。它使用法定标准单位和来自位于浅滩一个断面的现场数据，用曼宁公式标准化水力模型。该方法适用于一般浅滩式的河流栖息地类型。该方法的河流流量推荐值是基于如下假设，即浅滩是最临界的河流栖息地类型，而保护浅滩栖息地也将保护其他的水生栖息地，如水塘和水道。确定平均深度、平均流速以及湿周长百分数作为冷水鱼栖息地指数，平均深度与湿周长百分数标准分别是河流顶宽和河床总长与湿周长之比的函数，这 3 种参数是反映与河流栖息地质量有关的水流指示因子。如能在浅滩类型栖息地保持这些参数在足够的水平，将足以维护冷水鱼类与水生无脊椎动物在水塘和水道的水生生境。起初河流流量推荐值是按年控制的。后来，生物学家根据鱼类的生物学需要和河流的季节性变化分季节制定相应的标准（表 8.7）。该法比水文学方法相对复杂，采用一个河道断面水力参数代表整条河流，容易产生误差。

表 8.7 R2 - CROSS 断面法确定最小流量的标准

河流顶宽 /m	平均水深 /m	湿 周 率 /%	平均流速 /(m³/s)
0.30~6.10	0.06	50	0.30
6.40~14.94	0.06~0.12	50	0.30
12.50~18.29	0.12~0.18	50~60	0.30
18.59~30.48	0.18~0.30	≥70	0.30

（3）华盛顿方法。华盛顿方法是由华盛顿渔业部和美国地理研究会在 20 世纪 70 年代提出的确定鱼类所需的最小河道内流量的需求的一种方法，至今仍在使用。通过 9 年的实地试验，沿着产卵地区的横切面收集了 28 条河流 8~10 个不同的流量水平下的水深和流速的数据，在不同流量水平下，依据每一种鱼类产卵和繁殖所需的水深和流速，计算鱼类的生境面积（图 8.10）。

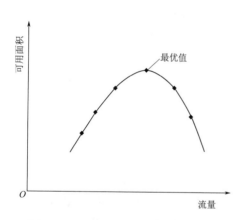

图 8.10 "最优"流量对应最大可用生境面积示意图

此基础上，绘制鱼类栖息地与河流流量的关系，确定最优值，发现河床宽度是相关性较高的唯一变量。该方法为预测某种特定的鱼类所需的产卵和饲养流量提供了简便方法。以河流宽度测量为基础，幂函数被用于计算鲑鱼（大马哈鱼）和虹鳟产卵和饲养所需的流量。

（4）流量-水面宽关系曲线法。我国学者提出了将实测流量和水面宽关系曲线突变点的相应流量作为最小生态流量。该方法避免了 Tennant 法对所有河流采用同一百分比的不足。对淮河、海河等流域水文站断面流量和水面宽关系的分析后，得出突变点相应的水面宽一般占多年平均天然流量相应水面宽的 55%~75% 的结论。

8.2.4.3 生物栖息地法及生物-流量法

通常来说，河流的时空可变性和生物多样性是密切联系的。假设水质和水文条件在时间上保持稳定，栖息地的物理生境质量和生物环境之间的假设关系在大多数范围内呈线性关系（图 8.11）。

栖息地法不仅仅只考虑物理栖地（自然栖息地）伴随河流流量的变化机制，而且还将这

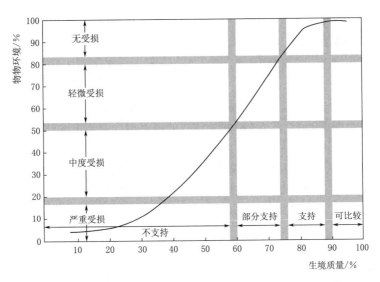

图 8.11　物理生境质量和生物环境之间的理论关系（引自：王西琴，2007）

些信息与给定物种的栖息地偏好结合起来，确定在一定的河流流量范围内可用的栖息地的数量。其结果通常是以一个曲线的形式表明可用的栖息地面积与河流流量之间的关系。从这个曲线上，可以确定大量特定物种的最优河流流量，作为推荐的环境流量。

（1）IFIM。最著名的栖息地法就是河道内流量增加法（instream flow incremental methodology，IFIM）。IFIM 是世界范围内最常用的流量评价方法，IFIM 最初是在 20 世纪 70 年代末期由美国科罗拉多州的渔业与野生服务部和河道内流量服务小组共同提出的，主要是为了最优化某个特定的重要鱼类（如鲑鱼）的栖息地。IFIM 建立在解释群落分布的生态小生境概念（水力模型）基础上，同时还结合了大生境和微生境的概念，其依据的河流物理栖息地评价的尺度见表 8.8。大生境应用于沿着河流具有大尺度纵坡度特征的生境，而微生境是通常发现特定物种的准确位置。微生境分析方法通过两项研究证实了其合理性，这两项研究结果表明鱼类物种之间的竞争因为物理栖息（自然栖息地）的隔离而减少了。

表 8.8　　　　　　　　　　　　　　河流物理栖息地评价的尺度

名　称	河道长度（宽度）/km	可区分的水力学特征	描　述
大生境	>100	水文学、河道几何学	河流的延伸通常是始于和终于一个主要的汇合
河段	10~100	浅滩、曲流循环	包含一个以上浅滩或者曲流循环的河流的一段
生态区	0.1~10	河床地形学	河床纵向剖面的地形高点和低点
水力学小区	0.01~1	表面流条件，底层、流速、水深、在河道中的位置	一个特征生物群生活的一定范围的河流环境
物理小生境	0.001~1	流速、水深、河床剪应力、底层、湍流、边界层水力学	通常发现特别物种的具体位置

IFIM 综合了两个模型，一个是描述鱼类（有时是大型无脊椎动物）适合生存的深度、速度和底质的生物学模型，另一个是评估栖息地鱼类对流量变化的水文模型。

加权可用面积（Weighted Useable Area，WUA）微生境模型是 IFIM 的核心栖息地分级成分。PHABSIM（Physical HABitat SIMulation）是一系列用于为 WUA 建模的计算机程序。

IFIM 栖息地建模过程最重要的是对 WUA 随流量的变化进行建模。WUA 是应用于给定河段的处于特定生命阶段的特定物种的适用性的指示剂。在特定的河流流量下，物理栖息地的分布类型在河段上进行评价。结合栖息地适应性指数确定对应流量下的 WUA。在每个流量下重新定义物理栖地（自然栖地），并且重复计算以获得 WUA 关于流量的函数。PHABSIM 模型首先将河道断面分隔成间隔为 w 的 n 个部分，确定每个部分的平均垂直流速（v_i）、水位高程（h_i）、基质属性（s_i）和河面覆盖类型（c_i）等。然后，调查分析指示物种对这些参数的适宜要求，绘制环境参数的适宜性曲线，根据该曲线确定每个分隔部分的环境喜好度，即水位喜好度（S_h）、流速喜好度（S_v）、基质喜好度（S_s）、河面覆盖喜好度（S_c），它们都被表示为 0~1 之间的值。最后，根据公式（8.2）计算每个断面、每个指示物种的总生境适宜性，将其称作权重可利用面积（WUA），其中 A_i 作为宽度为 w、长度为两个相邻断面距离的每个单元的水平面积。

$$WUA = \sum_{i=1}^{n} A_i (S_h S_v S_s S_c)_i \qquad (8.2)$$

重复计算不同流量下的 WUA，绘制成 WUA -流量曲线，它能显示出流量变化对指示物种某个生活期的影响，代表性曲线在低流量处具有一个最大值，其常作为水资源规划的依据而使用。该法是基于以下假设建立：①水深、流速、基质和覆盖物是流量变化对物种数量和分布造成影响的主要因素；②这些因素相互影响，共同确定河流微生境条件；③河床形状不随流量变化而改变；④WUA 与物种数量之间存在一定比例关系。

PHABSIM 通常是用于模拟河流流量与某一种鱼类（或者某种休闲娱乐）在不同的生命阶段的物理栖地（自然栖地）之间的关系，根据目标生命阶段把年划分成生物重要时期。在每一个生物重要时期，计算复合物理生境与流量的关系，并由渔业科学家检查（作为渔业规律曲线）。然后，可以定义一个最小流量，或者通过渔业规律曲线拐点来考虑。另一个替代方法是选择生境超过 80% 保证率的流量。对应于不同的水文年，如涝、自然、旱年，定义"平均"流量基于最佳值的 50%，或者生境超过 50% 保证率的流量等。

IFIM 为管理流量状况发生变化的河流提供了有用的框架，然而，其中存在的大量选项会降低结论的客观性，如在 WUA 的计算值上可能会存在一定的差异，对于栖息地模拟模型的应用的一个关键的限制因素就是缺乏定义明确的栖息地-适宜性曲线。因为这些曲线本质上是经验相关性，而河流之间这些经验相关性是不可转移的。对 PHABSIM 最强烈的批评意见主要集中在对于 WUA 指标的生态学解释。在河道内流量中应用的假设是如果栖息地得到维持，鱼类种群也就得到维持。一些研究为这一假设提供了证据，但是也有一些研究对它提出了异议。其他因素，例如食物的供给、生物之间的关联（例如竞争、捕食）、营养物质、溶解氧、冰层覆盖的存在、温度和流量状况（包括洪水的影响），比起物理栖地（自然栖息地）在限制物种生物量或者丰度上更为重要。

尽管近年来对于这一方法存在很多争议，在美国许多州中，IFIM 还是被认为是最具科学和法律可靠性的方法，因此它已经成为大型河流的标准。目前，共有 616 个 IFIM 方法的应用案例，全球迄今已有 20 个国家在应用。

（2）流量事件法。流量事件法是在 RVA 理论的基础上，由澳大利亚流域研究中心提出的，以考察在一定的空间尺度上物理栖息地随时间的变化情况。该方法通过了解流量事件对生物和地貌过程的影响，表征用于环境流量研究的流量变化性。这种方法的优点在于对环境流量的生态意义进行解释。

一个环境事件可以视为流量状况影响地貌或者生物过程的一个离散的时间段。这些事件是通过收集多领域的专家意见选择出来的。流量事件的一个案例是河床的干涸，它可以表征为河道湿周面积。水力学模型用于将选中的栖息地参数与流量联系起来，接着从流量记录中可以得出这些参数的时间序列（通常是比较当前的、天然的和未来建议流量状况）。这些时间序列用于与这些事件的时间分布有关的统计学分析。这些分析的形式类似于对于流量记录的分析，利用年均和局部持续时间序列来表征洪水频率或者产生流量持续时间曲线。流量事件法不是一种新的理论框架，而是可用于任何理论框架的分析工具，就像 IFIM 一样。

（3）鱼类生境法。通过鱼类产卵需要的水流条件来确定生态流量，该方法是由南京水利科学研究院在 2004 年提出的，通过鱼类产卵需要的流速、水深等水力学条件计算。目前，由于我国缺乏实测资料，一般依据中国科学院武汉水生生物研究所刘建康院士 1992 年编的《中国淡水鱼类养殖学》进行研究，采用鱼类产卵的适宜流速为 $0.3 \sim 0.4 \text{m/s}$。该方法在辽河、松花江、嫩江的河道生态需求研究中得到了应用。

（4）水生生物量法。鱼类是河流生态系统中的顶级生物，其多样性的变化能反映整个河流系统的健康状况，因此可建立鱼类多样性和流量之间的相关关系，进而计算适宜生态流量。以鱼类的多样性作为评判的指标，分析鱼类多样性变化与水流条件变化的关系，通过建立流量与多样性的相关关系，确定满足大部分鱼类生长繁殖的河流适宜生态流量。

通过历年水文、水生生物实验观测，获得鱼类多样性指数系列（d_1、d_2、d_3、…），其平均值为 d，建立流量和鱼类多样性的关系：

$$D = f(Q, C) \tag{8.3}$$

式中：Q 为流量；C 为对应的河流水质条件。

在历史记录或对比试验分析的基础上，根据水生态系统的保护目标，确定鱼类多样性可接受的最大损失值为 d^*，以 $(1 - d^*/d)$ 为多样性指数所对应的水流条件，确定为适宜生态需水，此时，水体中鱼的种类多，鱼类多样性高，当低于这个条件时，敏感鱼种消失，导致鱼种单纯，鱼类生物多样性大幅度降低，水生态系统恶化。

在缺乏实测资料的条件下，以鱼类生物量与流量间的关系来代替，前者采用鱼类捕捞量变化来代替。采用该方法对松嫩水系、淮河支流颍河和涡河的河道生态需水进行了研究。鱼类生物量法适合较大的河流和平原型河流，而对于较小的山区河流来说，其适应性还有待进一步研究。

（5）生物空间最小需求法。将鱼类作为河道生态系统的关键生物指标，分析鱼类对生存空间的需求参数。生物空间最小需求法从水文、地形和生物及其相互关系角度研究生物对生存空间的最小需求。从河道径流、河床和生物子系统着手，研究生物生存对环境的需求，基于鱼类在河道生态系统中特殊的作用，将其作为河道生态系统的关键生物指标，分析鱼类对生存空间的需求资料，研究鱼类需求的最小空间参数。本方法可以采用水文站资料计算，具有和水文与河道形态分析法相似的特点，避免了湿周法采用一到几个月内数次实测的流量和断面水力参数确定生态需水而出现的随机性的问题。在现有中国河流缺乏生物数据的条件下，该方法可以作为一种生物学方法确定生态需水的比较好的方法。采用该方法对淮河支流颍河和涡河进行了分析，认为鱼类需求的最小空间参数为水面宽率约 60%～70%，断面平均水深约 0.3m，最大水深约 0.6m。

由于生物资料的缺乏，目前我国生物-流量关系分析法处于初步研究阶段，以上几种方法仅是作为一种生物学方法确定生态需水的尝试，采用的相关参数较为粗糙，难免影响到计算结果的精度。

总之，生物栖息地及生物-流量关系分析法虽然将流量与生物关系相联系，但流量并不是决定生物种群以及生物量变化的唯一因素，还存在许多其他影响因素，特别是水质状况，所以这种方法并不能完全解释流量与生物种群的内在关系。另外，该法的应用还容易受到生物数据的限制，同时对影响因素之间的相互作用关系缺乏了解也制约了该法的应用。目前，这种方法主要是应用于受人类影响较小的河流。

8.2.4.4　整体法及综合法

近年来，在计算生态/环境流量时，整体法的应用越来越广泛。全球范围内的整体法共有 16 种，其中主要有南非发展起来的构建模块法（building block methodology，BBM）以及在 BBM 方法基础上发展而来的一种交互式的、自下而上的整体法（downstream response to imposed flow transformation，DRIFT），另一种是澳大利亚发展起来的整体分析方法（holistic evaluation approach，HEA）等。整体法本质上是利用与流量相关的数据和信息的理论框架。这种方法不受分析工具的限制，通常它可以利用多种不同的方法。水文学法、水力法和栖息地法通常是集中在一些关键的洄游鱼类如鲑鱼（大马哈鱼）或者一些具有很高的保护价值的鱼类，而整体法注重对于整个生态系统的考虑，利用所有可利用的信息，其中一些信息可能是假定的。通过利用保守的"预防原则"以及通过建议，进行持续不断的监测和适应性管理来克服不确定性问题。整体法是以天然水文状况为基础的，而且旨在提供包括河道、河滨地带、洪泛区、地下水、湿地以及河口在内的整个生态系统所需的水体。联系流量和河流地形地貌、水质或者生态系统各方面的数学模型，通常是用作制定决策的援助工具，而非对适宜的调节之后流量状况进行定义的一种数字化解决方案。具体包括以下几种方法。

（1）BBM 法和 DRIFT 法。BBM 法应用最为广泛，在南非有 15 个应用的实例。BBM 法是目前仅有的两个拥有完整的使用手册的生态需水计算方法之一，另外一个是 IFIM 方法。BBM 法的目的是确定河流、湿地、湖泊的水质和水量要求，保证它们在一个预定的状态，这种预定状态包括 4 种水平（A～D），A 是接近自然状态，D 接近人工状态。该法主要是根据专家意见定义河流流量状态的组成成分，利用这些成分确定河流的基本特性，包括干旱年基流量、正常年基流量、干旱年高流量、正常年高流量等。生态学家和地理学家对河流流速、水深和宽度提出要求，水文学家根据水文数据尽可能地进行分析，以保证河流推荐流量可以得到满足，并且符合河流实际情况。BBM 法中河流流量的组成成分根据以下原则建立：①人工影响的河流应该尽量模拟其原始状态；②保留河流的季节性或非季节性状态；③更多地利用湿润季节河水，尽量少用干旱季节水量；④保留干旱和湿润年的基流季节模式；⑤保留一定的天然湿润季节洪水；⑥缩短洪水持续时间，但要保证洪水的生态环境功能，如保证鱼类在洪泛区产卵和返回河道；⑦不要求保留所有天然发生的洪水。

近年来，由BBM法改进而来的作为一个交互式的、自上而下的整体法—DRIFT法，包括4个部分（生物物理的、社会的和情景的发展、经济上的），对于受到影响的流量变化过程响应为环境流量评价提供了创新。通过一系列流量以及随之产生的特殊的生物物理功能，它通过多学科小组鉴定减少河流的流量的后果，以及依据河流系统状况的退化来鉴定其独特的水文学和水力学特征。因为这种方法是建立在实际情况基础上的，对于大量的被推荐的流量状况的评价具有值得考虑的余地。此外，对于使用者的社会重要性之间的联系可以和生态学上的、地形学上的以及经济影响等综合进行评价，目前在南非得到应用。

DRIFT由4个模块构成（图8.12）。在模块1（生物物理模块）中，模型主要是用来预测河流生态系统随流量变化的机理，通常会用到一些其他方法，如湿周法或者PHABSIM法。在模块2（社会模块）中，目标是为了提出不同的流量对利用河流资源的河滨居民的产生生活影响机理的预测能力。在模块3中，设置了有关潜在的未来流量及其对河流生态系统和河滨居民的影响的情景。在模块4（经济模块）中，列出了进行补偿和实施缓解措施的成本。

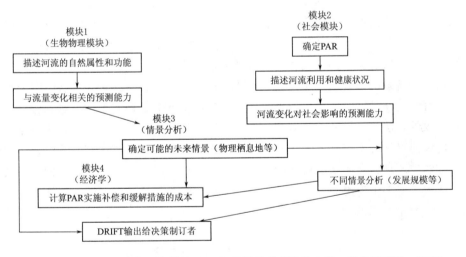

图8.12 DRIFT评价的4个模块（PAR是指受到威胁的人数，引自王西琴，2007）

（2）HEA法。HEA法与南非的BBM法相似，是针对澳大利亚河流提出的。这个方法要求评估整个河流系统，包括源区、河道、河岸带、洪泛区、地下水、湿地和河口地区，其基本原则就是保持河流流量的完整性、天然季节性和变化性。

该法认为较小的洪水可以保证所需营养物质的供应以及颗粒物和泥沙的输送，中等的洪水可以造成生物群落重新分布，较大的洪水则能造成河流结构损坏，低流量可以保证营养物质循环、群落动态性和动物迁移、繁殖，影响湿地物种种子存活，避免鱼类死亡和在季节性河流中产生有害物种。因此，洪水和低流量都是河流生态系统保护所需要的，其规模和持续时间根据保护要求确定。

实施 HEA 法要求有实测和天然时间系列流量数据（以日为步长）、跨学科的专家组、现场调查、公众参与。

（3）专家组评价法。整体法中关于生物物理方面处理的核心思想是整合来自各个领域的专家小组，在综合他们的专业知识的基础土，提出能够满足特定站点目标的流量状况。这个专家组将判断河流不同水量和时间的生态后果。在河流受上游蓄水影响的地方，专家组会在不同流量下直接观察河流，否则，将结合现场考察与水文数据分析。

当作为一种快捷、成本相对低的方法来评价环境状况时，专家组评价法过程显得尤为重要。最终结果可能会受到专家之间交互关系、专家组内划分小组的潜力以及个别专家的影响。

尽管专家组具有不同的背景知识，在一定程度上使结果存在差异，但一般而言，专家组对流量的分级都是以提供最适宜于生态系统的状况作为最高等级，在有关流量的适宜性的分级上具有较好的一致性。Cottingham 等于 2002 年对专家组法在澳大利亚环境流量评价中的应用进行了总结回顾，发现他们在新的《联邦和州立法提案》的应用取得了较好效果，因为它要求所需的评价必须在较短的时间（6～12 个月）内完成。通过提出用于选择小组成员的指导手册以及提出用于对评价过程管理进行指导的协议等可以改善专家小组评价法的效能。

目前，综合方法在世界各地得到了广泛的应用（占所有方法应用案例数的 16.9%）。在这些方法中，其中大约有一半明确规定相关程序。这些方法包括结合水力学和栖息地方法，基于生态评估程序的、应用物理生境/功能栖息地的更大尺度的方法。最常用的综合法是管理泄洪所用的方法或者基于泻流试验的类似的方法，主要在非洲、亚洲和美国得到应用。在确定推荐的环境流量的时候用到了河流健康快速评估工具，如 RIVPACS 已经用于推荐环境流量，并将有两类非常有意义的可控高流量——河漫滩和湿地被淹没的流量和针对地貌过程的流量也归入综合法中。另外，还有其他两类特殊的河道内流量研究——与生态系统有关的地下水生境和河口生态系统研究，还有一类河道内流量研究包括了休闲娱乐流量的评价也归结到综合方法中。规划和实施高流量的方法不是一类单独的方法，但是，它们却涉及了在其他的方法或理论框架中应用的一些工具，特别是整体法——其强调河流的整体健康，所以其考虑到了流量变化的范围。

8.3　水生态修复与规划

8.3.1　水生态修复的定义

水生态修复（aquatic ecological restoration）是指在充分发挥生态系统自我修复功能的基础上，采取工程和非工程措施，促使水生态系统恢复到较为自然的状态，改善其生态完整性和可持续性的一种生态保护行动。

如上所述，由于我国快速的工业化、城镇化进程，以及对于水资源和水能资源的大规模开发，引起水文情势、河湖地貌形态和水质发生了重大变化，导致我国水生态系统发生严重退化，水生态修复已经成为我国重要而紧迫的战略任务。

水生态修复的目标是促使河湖生态系统修复到较为自然的状态。这是因为水生态系统的演进是不可逆转的，试图把已经退化的水生态系统恢复到原始生态状况是不现实的，而"重新创造"一个新的水生态系统更是不可能的。现实的目标是部分恢复水生态系统的结构、功能和过程，改善生态系统的完整性和可持续性。为实现水生态修复的目标，一方面，要采取适度的工程措施进行引导；另一方面，也要充分发挥自然界自修复功能，促进生态系统向健康方向演进。水生态修复采取的策略应是工程措施和非工程措施并重。这里所说的"非工程措施"，包括生态保护立法和执法、流域综合管理以及生态管理等。

8.3.2 水生态修复规划的原则

水生态修复规划要遵循自然规律，尊重自然，顺应自然，保护自然。水生态修复还应遵循社会发展规律，实现社会、经济和生态环境协调发展。

1. 协调发展原则

我国水资源短缺、水环境污染、水生态退化日趋严重，已经成为社会经济发展的瓶颈之一。水生态保护与修复，应该与水资源管理、水环境综合治理协调发展。具体落实在水生态修复规划编制上，水生态修复规划应服从流域综合规划、水资源保护规划并与其他相关规划协调与衔接。

水生态修复规划应服从流域综合规划。《中华人民共和国水法》规定："开发、利用、节约、保护水资源和防治水害，应当按照流域、区域统一制定规划。规划分为流域规划和区域规划。流域规划包括流域综合规划和流域专业规划；区域规划包括区域综合规划和区域专业规划。""流域范围内的区域规划应当服从流域规划，专业规划应当服从综合规划。"水生态修复规划属于水资源保护专业规划，应服从流域综合规划的基本原则和要求。流域水资源合理配置是流域综合规划的重要内容之一，其核心是科学的配置流域内生活用水、生产用水和生态用水，坚持水资源的可持续利用，促进社会、经济和生态环境协调发展。

水生态修复规划应服从水资源保护规划。《全国水资源保护规划》按照"以人为本""人水和谐""水量、水质、水生态"并重的原则，以水功能区为主线，建立、健全水资源保护和河湖健康保障体系。规划全面调查和科学评价了我国水资源保护现状和存在的主要问题；提出了我国今后一个时期水资源保护的战略目标和主要任务；针对近、远期保护目标，提出了包括水功能区排污总量控制方案、入河排污口布局与整治、饮用水源地保护、生态需水保障、水生态保护与修复、地下水保护、水资源保护监测以及水资源保护综合管理等规划措施；提出了重点流域区域综合治理措施规划；提出了规划项目、投资规模、近期重点实施安排以及保障措施。

水生态修复规划应与国务院批复的《全国重要江河湖泊水功能区划》相协调。水功能区是指为满足水资源合理开发、利用、节约和保护的需求，根据水资源的自然条件和开发利用现状，按照水资源与水生态系统保护和经济社会发展要求，依其主导功能划定范围并执行相应水环境质量标准的水域。水功能区划是水资源开发利用与保护、水环境综合治理和水污染防治等工作的重要基础。

水生态修复规划要与流域与区域防洪规划相协调。防洪规划确定了防护对象，治理目标和任务、防洪措施和实施方案，划定洪泛区、蓄滞洪区和防洪保护区的范围，规定蓄滞洪区的使用。水生态修复规划区的防洪标准要与防洪规划相一致。河漫滩的生态修复要结合洪泛区、蓄滞洪区防洪功能建设综合考虑。

水生态修复规划要与国土规划相衔接。国土规划确定了一个地区主要自然资源的开发规模、布局和步骤；确定人口、生产、城镇的合理布局，明确主要城镇的性质、规模及其相互关系；合理安排交通、通信、动力和水源等区域性重大基础设施；提出环境治理和保护的目标与对策。制定水生态修复规划，必须充分考虑规划区内土地利用的未来开发状况，确定河流生态修复的总体布局、规模和标准。

涉及的其他相关规划还有流域或区域水环境保护规划、水污染防治规划、城市市政建设规划、自然保护区规划、社会主义新农村建设规划等，所有这些规划，都需要统筹考虑，相互衔接。

2. 生态完整性原则

水生态完整性是指水生态系统与结构功能的完整性。水生态要素包括水文情势、河湖地貌形态、水体物理化学特征和生物组成，各生态要素交互作用，形成了完整的结构并具备一定的生态功能。这些生态要素各具特征，对整个水生态系统产生重要影响。生态完整性强调生态系统的完整性，任何生态要素的退化都会影响整个生态系统的健康。

恢复水生态系统的完整性，是水生态修复的重要任务。这就意味着水生态修复应该是河湖生态系统的整体修复，修复任务应该是包括水文、水质、地貌和生物在内的全面改善。恢复水生态系统的完整性，其核心是恢复各生态要素的自然特征，即水文情势时空变异性；河湖地貌形态空间异质性、河湖水质三维连通性；适宜生物生存的水体物理化学特性范围以及食物网结构和生物多样性。

在改善河流水文情势方面，不仅需要恢复水量，也需要恢复自然水文过程。由于人类社会对水资源的开发利用，试图恢复到大规模开发以前的水文情势是不现实的，只能实现部分恢复。通过制定环境水流标准，优化配置水资源，合理安排生产、生活和生态用水，以满足生态用水需求。另外，通过模拟自然水文过程，改善大坝电站的调度方式，以适应鱼类和其他水生生物的繁殖生长需求。在修复河湖地貌形态空间异质性方面，恢复河流蜿蜒性，重建深潭-浅滩序列；恢复河流横断面的地貌单元多样性，包括恢复河槽断面几何非对称形状，河滨带和河漫滩的植被恢复和重建；行洪通道的清理及河漫滩各类地貌单元包括洼地、沼泽、湿地、故道和牛轭湖的恢复。在修复河湖水系三维连通性方面，通过工程措施和调度措施，促进上下游连续性；地表水与地下水连通性；河道与河漫滩连通性；河湖连通性和水网连通性；增加水体动力性。在适宜生物生存的水体物理化学特性范围方面，重点是通过源头治理、污染控制、水库调度、曝气、河岸遮阴等措施，使水温、溶解氧、营养物和其他水质指标满足本土物种生物需求。在生物方面，除了重点保护珍稀、濒危和特有生物以外，还应创造条件，完善"二链并一网"的河湖食物网结构。

如果忽视生态完整性修复，仅修复单一的生态要素（如保证生态基流），往往难以达到修复目标。对于一个具体项目，河湖生态系统的整体修复不等于面面俱到地修复全部生态要素，而应通过对水生态系统的全面评估和健康诊断，识别生态系统的主要问题，在重点生态要素上采取修复措施。

3. 自然化原则

一般认为，人类大规模开发活动前的河流状况接近自然状态，并称为自然河流。当然，这不是严格意义上"原始"状态的自然河流，只是为便于获取规划设计所需数据的一种界定概念。自然河流保留了原始河流大量的天然因素，成为特定条件下大量生物群落的适宜栖息地，从而构造成较为健康的水生态系统。人类社会大规模开发水资源和改造河流，包括对河流自然水文情势的改变和控制，对河流自然地貌形态的人工化改造，加之严重水污染等因素，成为水生态系统退化的主因。水生态修复的主要目标是恢复自然河流生态要素的自然特征。

河湖自然化的措施是多方面的。在改善水文条件方面，制定环境水流标准，改善水库调度方法，恢复自然水文情势的部分特征；在地貌修复方面，遵循生境多样性原理，恢复河流形态的蜿蜒性、空间异质性和连通性；在物理化学特征方面，通过防污治污等措施，满足生物群落的生存、繁殖要求；在生物方面，通过恢复河流自然栖息地的部分特征，促进生物多样性的恢复。

在这里，特别强调恢复自然河湖美学价值问题。如上所述，文化功能是水生态服务的四大功能之一，其中河湖的美学价值更是宝贵的自然遗产。河湖的美学价值其实质是河湖的自然之美，其核心是河湖的生态之美。生态之美主要体现在生态景观多样性和生物群落多样性这两个基本要素上。千百年来人们对于河流湖泊的热爱，无论是高山飞瀑、峡谷激流、还是苍茫大江、潺潺小溪，其形态、流动、韵律、色彩、气息、声音无不引起人们的欢愉之情。至于江河湖泊所特有的"日出江花红胜火，春来江水绿如蓝"，"西塞山前白鹭飞，桃花流水鳜鱼肥"所描述的丰富多彩的生物多样性更令人赞赏不已。当我国进入工业化、城市化的历史时期以后，大量人口生活在由混凝土、沥青、钢铁、塑料、玻璃、机械和电缆等这些人工材料构筑的城市中，高度的人工化环境再加上污染、噪声、异味和堵车、拥挤，形成了大城市综合征。生活在高楼大厦丛林中的人们已经难于接触养育我们的泥土，看不到森林野草，听不到秋虫的鸣叫，城市居民对于自然的依恋心理愈发强烈。所幸在高度人工化的城里或城外，还有一条流淌着生命的河流或静谧蓝色的湖泊，几乎成了唯一的自然景观因子。这使人们对自然河湖寄托着无尽的期望。

但是事与愿违。快速的工业化、城市化进程，使水生态系统面临前所未有的困境。在几十年的建设中，自然江河湖泊被大规模人工化，导致河湖的美学价值遭到严重破坏。所谓人工化包括以下方面：①渠道化。蜿蜒曲折的天然河流裁弯取直，改造成直线或折线型的人工河道或人工河网；把自然河流的复杂断面变成梯形、弧形等几何规则断面；采用混凝土或浆砌块石等不透水材料做护坡护岸，使得岸坡植物不能生长。②园林化。一些城市河段被园林化改造，表征是引进名贵花草树木，堆砌外来山石，把城市河段设计成人工园林。还有沿河建造密集的亭台楼阁，水榭船坞。更有甚者，利用地方史穿凿附会，改变原有的河流地貌格局，建造所谓水城、码头，沿河修建牌楼、雕塑、寺庙、祠堂等"仿古"建筑物，这些密集建筑物把原本美丽的河流变成了一条假古董河流。③商业化。其表征是沿河建设繁华的商业区。建造茶楼酒肆，娱乐场所，码头驳岸，有仿古游船穿梭其间，灯红酒绿，丝竹悦耳。至于餐饮污水、垃圾污染、空气和噪声污染自不待言。严重者，侵占河漫滩行洪滞洪区，开发房地产，设置高尔夫球场等，不仅侵占了公共休闲空间，更成为违反《中华人民共和国防洪法》的违法行为。河湖人工化的后果，不但破坏了河湖自然栖息地，降低了生态功能，更使河湖的美学价值遭到破坏。

总之，恢复河湖自然特征和美学价值，就要去渠道化，去园林化，去商业化，实行河湖自然化，这应成为水生态修复的主要目标之一。

4. 自修复原则

生态系统的自组织是指生态系统通过反馈作用，依照耗能最小原理使内部结构和生态过程建立、发展和进化的行为。自组织是生态系统的一种基本功能，它是对本质上不稳定和不均衡环境的自我重新组织。生态系统自组织功能表现为生态系统的自修复能力和系统的可持续性。

自组织的机理是物种的自然选择，也就是说某些与生态系统友好的物种，能够经受自然选择的考验，寻找到相应的能源与合适的环境条件。在这种情况下，生境就可以支持一个能具有足够数量并能进行繁殖的种群。自组织的驱动力来源于生态系统内部而不是外部。

生态系统的自组织功能对于生态工程学具有重要意义。国际著名生态学家 H. T. Odum 认为"生态工程的本质是对自组织功能实施管理"。Mitsch 认为"所谓自组织也就是自设计。"自组织、自设计理论的适用性还取决于具体条件，包括气候、水量、水质、土壤、地貌、水文特征等生态因子，也取决于生物的种类、密度、生物生产力、群落稳定性等多种因素。

生态工程设计是一种"指导性"设计。生态工程与传统水利工程具有本质区别。像设计大坝这样的水工建筑物是一种确定性的设计，大坝的几何特征、材料强度和应力应变都是在人的控制之中，建成的水工建筑物最终可以具备人们所期望的功能。河流修复工程设计与此不同，生态工程设计是一种指导性的辅助设计。在河流生态修复项目的规划设计阶段，很难预测未来河流的生物群落和物种状况。只有依靠生态系统自设计、自组织功能，由自然界选择合适的物种，形成合理的结构，从而最终完成和实现设计。成功的生态工程经验表明，人工与自然力的贡献各占一半。人工的适度良性干扰，是为生态系统自设计、自组织创作必要条件。像增强栖息地多样性这样的工程，仅仅是为生物群落多样性创造了必然条件。在工程实际中，修复退化的湖泊、湿地，提高了栖息地质量，进而吸引了大量水禽鸟类，丰富了生物群落多样性。说明"筑巢引凤"战略明显优于直接引进动植物方法。又如河流护坡护岸工程采用格宾石笼、块石挡土墙和石笼垫结构，无须种树种草，经过一两年时间，自然长出土著物种植被，既符合自然规律，又可降低工程造价。

河流生态修复战略中，有一种"无作为选择"，主要依靠河流生态系统自调节和自组织功能，即人们尽可能不去干预，让系统按照其自身规律运行和恢复。遵循这种战略，管理者只施行最小限度的干预或者索性"无为而治"，也无须规划设计改善栖息地的特征和功能，这种方法经济成本不高，却可能收到事半功倍的效果。作为成功范例，我国 20 世纪 90 年代推行的封山育林、退耕还林、退耕还湖、退耕还草等举措，已经取得了明显成效。资料表明，一些退耕和休牧的退化土地，在封育后经过 3～5 年，灌草植被已经恢复到 60% 以上。

根据自修复原则，需要加强水生态修复项目的监测和评估，按照适应性管理方法，不断调整修复策略，以实现生态修复的目标。

8.3.3　河湖生态修复措施与技术

在确定了河湖生态修复的目标、任务和优先排序以后，规划工作下一个任务是选择适宜的技术和措施。本节列出可供选择的河湖生态修复工程措施和非工程措施名录。在选择这些措施时，工程措施与非工程措施应相互补充，相得益彰。需注意各类措施的应用条件，坚持因地制宜的原则。采取的各类工程措施要相互配套，具有技术整合性。通过优化比选，充分论证方案的技术可行性和经济合理性。在后面的内容中将详细介绍主要工程技术方法。

1. 河流生态修复技术工具箱

河流生态修复技术包括水文、水质、地貌植被、连通性、洄游鱼类保护和动植物保护等六大类，主要的技术要点见表8.9。

表 8.9　　　　　　　　　　　　　　河流生态修复技术工具箱

分类	技　术	技　术　要　点	原理/法规
水文	河道生态基流维持	通过调控手段维持河道生态基流	环境流计算；自然水流范式；水文情势变化生态响应模型
	兼顾生态保护的水库调度	建立指示物种，改善水库调度规则，按照环境流标准下泄水流	环境流计算；自然水流范式；恢复下游鱼类生存繁殖条件；最优化方法；适应性管理方法
	梯级水电站联合调度	兼顾生态保护的梯级水电站联合调度	梯级开发的生态累积效应
	水库分层取水	分层取水保持自然水温	水库水温计算；恢复鱼类产卵水温条件
	污染防控闸坝群联合调度	基于时空变量的闸坝群联合调度	考虑河道水污染扩散时空变化与水文条件的耦合
	应急生态补水	特枯年份对重要湖泊、湿地实施补水	湖泊、湿地生态水位阈值
	地下水补水	对长期超采地下水地区实施补水	地下水采补平衡
水质	污染控制	①入河污染物总量控制；②排污口控制；③跨境断面水质监测管理；④水功能区达标	水污染防治和管理
	流域面源污染控制	养殖业管理；农村厕所改建和垃圾处理；高污染小型企业治理	面源污染控制
	清洁小流域	小流域水土保持、环境整治、生态保护综合治理	生态系统完整性
	人工湿地	表面流人工湿地、潜流人工湿地、复合流人工湿地	生态系统自设计、自组织原则
	稳定塘技术	好氧塘、兼性塘、厌氧塘、曝气塘	利用自然净化能力，通过生物综合作用，使有机污染物降解
	合并净化槽技术	厌氧/好氧工艺（A/O水处理技术）。解决分散户厕所、生活污水处理问题	好氧处理前，增加厌氧生物处理过程。同时去除碳水化合物和氨氮
	土壤渗滤技术	在人工控制条件下，污水通过土壤-微生物-植物的生态系统，进行物理、化学、生物化学的净化过程，使污水净化，实现污水二级、三级深度处理	土壤颗粒间孔隙截留、过滤作用；土壤表面的生物膜分解作用；植物根部吸收用；土壤颗粒吸附固磷
地貌植被	河流蜿蜒性恢复	深潭-浅滩序列；多级小型跌水序列	河流形态多样性-生物多样性正相关关系
	岸线管理	清除滩区建筑物、道路、设施；退田还河；拓展堤距，恢复滩区原貌；挖沙管理	贯彻《防洪法》保障行洪；生态红线
	生态型护岸	石笼、土工合成材料、植物梢料、生态型挡土墙、植物纤维垫	保持岸坡稳定，防止坍岸、崩岸；适于鱼类产卵；维持地表水地下水交换条件

续表

分类	技术		技术要点	原理/法规
地貌植被	河滨带保护		利用本地物种植被重建，植被配置；重建河滨带栖息地；增加遮阴功能	建立缓冲带，减少外源污染负荷
	河道内栖息地修复与加强		砾石群；掩蔽圆木；叠木支撑；堰坝；挑流丁坝	形成多样化地貌和水流条件；二链并一网食物网结构；避难所；遮蔽物
连通性	河湖连通性		恢复河湖连通通道；拆除闸坝；改善闸坝调度计划	改善湖泊水文条件；缩短水体置换周期；恢复洄游鱼类通道
	水系连通性		恢复水系连通通道；拆除闸坝；改善闸坝调度计划	增加水动力，促进物种流、信息流、物质流的流动
	河道侧向连通性		扩展堤距，恢复滩区湿地、水塘	漫滩流量、水位；洪水脉冲理论
洄游鱼类保护	溯河洄游过鱼设施	鱼道	①槽式鱼道；②池式鱼道	满足鱼类习性的水力学条件；消能设施改变流态
		仿自然通道	绕过障碍物并模仿自然河流形态的鱼道	不仅提供洄游通道，而且提供适宜栖息地
		鱼闸	由闸室和上下游闸门组成。闸门操作分诱鱼阶段、充水阶段、驱鱼阶段、过渡阶段	类似船闸原理
		升鱼机	用水槽作为输送装置于水底，安装有关闭或翻转的闸门，用水流引导鱼类进出	符合鱼类习性的水力学条件
	降河洄游	物理屏蔽	水轮机前设置筛网阻止鱼类进入，辅助通道引导鱼类进入下游河道	符合鱼类习性的水力学条件
		行为屏蔽	气泡幕、声屏、光屏、水力栅栏等屏蔽	控制鱼群分布，防止进入水轮机室
		旁路通道	利用加速水流，把鱼引入辅助通道	符合鱼类习性的水力学条件
	增殖放流		对野生亲本捕捞、运输、驯养、人工繁殖和苗种培养、苗种标记，实施放流	需研究对种群遗传多样性的影响
	迁地保护		主要环节：引种、驯养、繁育和野化	需研究对种群遗传多样性的影响
动植物保护	重要湿地保护		建立湿地自然保护区；防止湿地退化；保护生物多样性，杜绝非法捕杀行为；防止水源污染	中国国际重要湿地保护名录，国家级、省级湿地自然保护区
	濒危、珍稀、特有物种保护		保护野生动物的主要生息繁衍的地区和水域，划定自然保护区，加强野生动物及栖息地保护管理，保护野生植物的生长条件	《中华人民共和国野生动物保护法》《中华人民共和国水生野生动物保护实施条例》《中华人民共和国野生植物保护条例》
	鱼类越冬场、产卵场、索饵场的保护和改善		布置卵石或圆木结构，圆木群结构，植被覆盖，利于产卵的砾石，恢复河道复蜿蜒型，开辟新的河漫滩栖息地	鱼类生活史环境需求；生境多样性
	生物监测系统建设		①监测设施，传输系统，处理系统，发布系统；②采样技术；实验室处理；生物参数评价；数据处理质量控制	监测网络系统技术；相关生物监测技术标准

注 引自董哲仁《生态水利工程学》(2019)。

2. 湖泊生态修复技术工具箱

湖泊生态修复技术包括物理控制、化学控制、生物控制、生物控制和地貌与植被五大类，表 8.10 为湖泊生态修复技术工具箱，列出了各类技术的要点、原理及可能产生的风险。

表 8.10 湖泊生态修复技术工具箱

分类	技术	技术描述	原理	风险
物理控制	曝气或增氧	①用机械方法向不同深度底层水体补充空气或氧气；②抽取底层水体，曝气后再排入底层	①有氧环境促进磷的沉淀；②减少可溶性 Fe、Mn、NH_3^+ 和 P 的产生	①可能干扰各分层鱼类群落；②成本高
	水力循环	用机械方法或压缩空气，增加水动力	破坏热分层，减少藻类表面堆积；干扰某些藻类生长；改善鱼类栖息地	可能对下游有不利影响
	疏浚	①干式挖掘；②湿式挖掘；③水力绞吸	针对内污染源为主的湖泊，将污染区域的沉积物移出脱水，控制藻类过度生长	破坏沉积层，污染环境；可能摧毁鱼类群落和底栖动物；疏浚物污染
	机械移出	机械打捞藻类、收割沉水植物、挺水植物、漂浮植物	移出藻类及营养物质	收集的藻类需脱水等后处理；成本较高
化学控制	生物化学处理	①除藻剂（如硫酸铜）；②磷钝化剂（液体或粉状铝盐、铁盐、钙盐）	①控制目标藻类增长；②降低水柱中的磷浓度	对非目标物种的影响
	底泥氧化	添加 pH 值调节剂、氧化剂、黏结剂	氧化表层底泥，减少内源磷释放，改变水柱的氮磷比	影响底栖生物；长期效果不确定
生物控制	生物操纵	①强化牧食作用；②去除底层捕食鱼类	①通过生物组成操纵，增强对藻类的牧食作用；②减少底层鱼类扰动和排泄作用	①可能引入外来物种；②对底层鱼类难以控制
	水生植物竞争	①水生植物竞争营养物质，限制藻类生长；②浮叶植物产生遮光效应；③产生化学抑制剂	①重建有根植物主导的生态系统；②大型维管束植物易于管理和收割	可能造成维管束植物泛滥；降低溶解氧水平对非目标物种产生影响
	外来入侵物种控制	预防（国家口岸检查拦截、船舶压载水置换）；管理（及早发现和根除）；扩散控制（机械控制、化学控制、生物控制、生境管理）	重视国际协议和国家立法的作用。遵循早发现，早预防，早根除的原则，预防与控制及缓解相结合	
水文控制	前置库和湿地	河流入湖前设置前置库和湿地	减少入湖污染物，净化水体	
	选择性排水	选择性排泄某一层或某一区域污染水体	抽排低氧或高污染的底层水体；改变温跃层；改变水体热容量	可能影响某些鱼类生境；可能影响下游水质
	水位控制	降低特定水域水位	降低水位，底泥暴露，促进底泥氧化、干化和压缩	可能影响湿地连通性；可能影响越冬两栖动物
	稀释	引入水质较好水体，稀释营养物质	在不削减营养负荷的情况下，稀释可以降低营养物浓度	不能根本解决污染源问题
地貌与植被	湖滨带	利用本地物种植被重建，植被配置	建立缓冲带，减少外源污染负荷；重建湖滨带栖息地	
	截污槽	截断污水，防止汇入湖内	减少外源污染，降低营养负荷	
	生态型护坡	石笼、土工合成材料、植物梢料、生态型挡土墙、植物纤维垫	保持岸坡稳定，防止坍岸、崩岸；适于鱼类产卵；维持地表水与地下水交换条件	
	河湖连通	恢复河湖连通通道；拆除闸门；改善闸门调度计划	改善湖泊水文条件；缩短水体置换周期；恢复洄游鱼类通道	污染转移；外来入侵物种；病原体进入
	湖泊面积恢复	退田还湖，退渔还湖，清除湖滨非法建筑物和其他设施	恢复湖泊自然面貌	

注 引自董哲仁《生态水利工程学》（2019）。

3. 河湖生态修复非工程措施工具箱

河湖生态修复非工程措施包括管理制度、体制机制、监测评估和能力建设 4 大类，其技术要点主要包括以下几个方面。

（1）管理制度建设方面，包括法制和制度建设及执法监督。制定和完善不同层次的水生态保护与修复的法律、法规和部门规章，促使水生态修复行动走上法制轨道。对于水土保持和小流域治理、自然保护区划定和管理、重要湿地划定和保护、生态修复建设和管理、水利工程建设环境影响评价、水环境与水生态保护以及水景观建设等，都应制定完善相应的法规和规章。当前，要充分重视河道岸线管理工作。在生态修复规划和其他相关规划中，要确定河道的岸线和堤线，确定河道管理的控制线。堤线布置应留出足够的河道宽度，既可蓄滞洪水，又可保护河漫滩栖息地。严格禁止任何侵占河湖滩区的非法行为，如房地产开发、兴建旅游设施、开发耕地、修建道路。要消除滩区违法建筑物，退田还湖、退渔还湖、退田还河、退渔还河。严格管理采砂生产，防止河道采砂影响河势稳定以及破坏栖息地。保护和恢复河漫滩湿地、水塘和植被。

（2）在体制机制改革与创新方面，首先要提倡水资源综合管理。所谓"水资源综合管理"，是指以公平的方式，在不损害重要生态系统可持续性的条件下，促进水、土及相关资源的协调开发和管理，以使经济和社会财富最大化。水资源综合管理强调以流域为单元管理水资源。在流域内以水文循环为脉络，在各个水文环节的实行综合管理。这包括上中下游和左右岸、河流径流与土壤水、地表水与地下水、水量与水质、土地利用与水管理等的综合管理。水资源综合管理是力图在经济发展、社会公平和环境保护这三者间寻求平衡。其中"经济和社会财富的最大化"的核心是提高水资源的利用效率，实行最严格的水资源管理制度，大力推行全面节水。社会公平的目标是保障所有人都能获得生存所需要的足量的、安全的饮用水的基本权利，高度关注贫困人口和儿童的饮水安全问题。"不损害重要生态系统可持续性"的原则，主要是限定河湖的开发程度，加强污染控制，保护生物多样性，维护河湖健康和可持续性。

要建立河湖生态环境保护的共同参与机制。河湖生态修复必然涉及各个政府部门，包括经济计划、水利、水电、环保、国土、林业、农业、交通、城建和旅游等部门。在处理开发与保护、不同开发目标之间利益冲突时，需要建立解决矛盾的协调机制和评价体系。在河湖的管理者、开发者及社会公众之间达成河湖健康标准共识。

水环境治理和生态保护关系到流域环境质量和人居环境，与全流域居民的切身利益息息相关。需要扩大公众参与的范围和深度，保障公众的知情权、参与权、表达权和监督权。参与方式包括向社会发布河湖环境与生态状况公报；公布河湖生态修复规划征求公众意见；通过问卷调查了解社会公众对于人居环境的满意程度；面向社会公众，召开环境立法、规划、立项等各类听证会和咨询会，接受公众的监督。广泛传播促进人与自然和谐的先进理念，建立河流湖泊博物馆、展览室，对社会公众特别是青少年开展热爱自然、保护生态的科普教育。推动当地居民和青少年开展保护生态环境的志愿者行动。

（3）在生态监测评估方面，由于水生态系统是一个动态系统，只有掌握系统的变化过程，才能把握系统的演进方向，进行适应性管理。因此，生态系统的监测与评估要贯穿于河湖生态系统修复的全过程。自生态修复项目立项之初，就应该着手建立生态监测系统。生态修复建设过程中的监测与评估是鉴别规划措施是否适合特定河湖生态系统的依据。项目建成后的监测与评估是评价生态修复工程有效性的基础。河湖生态系统修复规划应包括建立长期生态监测与评估的规划，不仅包括监测网络布置、监测项目、仪器设备和方法，也应包括人员和管理费用概算。

（4）在能力建设方面，有计划地开展管理人员的技术培训，掌握岗位技能。针对生态修复的重大课题，开展跨学科的科学研究。加强信息化建设，应用信息技术，包括网络、遥感、地理信息系统和全球定位系统，实现生态系统的实时监测和预警。

8.3.4 河湖生态修复项目监测与评估

监测与评估方案设计是生态修复项目规划设计的重要组成部分。我国水利行业标准《河湖生态保护与修复规划导则》对河湖生态监测与评估专门做了规定。《导则》指出："河湖水生态监测应结合规划区水生态特点和实际情况，提出包括生态水量及生态水位、河湖重要栖息地及标志性水生生物、河湖连通性及形态、湿地面积及重要生物等内容的河湖监测方案。监测方法及频次等应满足河湖水生态状况评价要求。"国外一些涉及生态修复的法律法规，如《欧盟水框架指令》以及《欧盟栖息地指令》都要求进行生态监测，并且要求欧盟各国向欧盟委员会报告所有水体状况（水文地貌、物理化学和生物）并对生态修复方法进行评估。

1. 河湖生态修复项目监测与评估的目的

河湖生态修复项目监测与评估的目的，首先是评估所实施的生态修复项目有效性，即是否达到规划设计的预期目的。有效性评估包括两部分内容，第一部分在项目完成后的初期阶段，监测与评估重点是水生态系统物理特征的变化，诸如河流蜿蜒性修复、连通性修复、鱼类栖息地增加等，评估内容为是否达到规划设计的预期目标。第二部分在项目完工初期以后阶段，监测与评估重点是生物要素的变化，诸如生物群落组成、鱼类多度、植被恢复等，评价内容是通过项目的人工适度干预，系统物理特征变化是否导致预期的生物响应。

2. 监测类型

根据生态修复工程规划设计任务，项目监测有以下类型：①基线监测。指在项目执行之初，对于项目区的生态要素实施的调查与监测，目的在于为项目完工后监测生态变化提供参考基准，基线监测值即修复项目的本底值。②项目有效性监测。评估项目完工后是否达到设计的预期目标。③生态演变趋势监测。考虑生态演变的长期性，监测项目的长期影响。有关生态演变趋势监测的设计原则与有效性监测基本相同，只是时间尺度延长，评估方法侧重趋势性分析。本书重点讨论项目有效性监测问题（表8.11）。

表 8.11　　　　　　　　　　　　　　监 测 类 型 及 任 务

监测类型	目　　的	任　　务	作　　用
基线监测	项目区生物、化学、物理、地貌现状	在实施修复之前调查项目区水质、地貌现状，收集动植物物种状况数据	有助识别栖息地状况，识别修复机会；有助修复行动优先排序；为评估项目有效性提供对比本底值
有效性监测	确定河湖修复或栖息地修复项目是否达到预期效果	生态要素（地貌、水质、水温、连通性等）变化及其导致的生物响应（生物群落、多度、多样性等）	项目验收；项目绩效评估；提出管理措施，改善生态管理
趋势监测	确定河湖和生物区系变化，预测未来演变趋势	监测水生态系统长期变化，预测未来水生态系统的演变趋势	改善生态管理；科学研究

注　引自董哲仁《生态水利工程学》（2019）。

3. 制定监测与评估方案步骤

制定监测与评估方案步骤详见图 8.13。

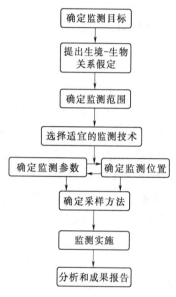

图 8.13 监测程序设计步骤

需要说明的是，监测范围不仅要包括项目区，还应在项目区上游和下游选择河段进行监测和对比分析。工程前后监测选用的参数和采用的监测技术应是一致的以便进行对比。制定监测方案时应明确每个监测参数的特征，同时选择有效的技术方法进行测量或评价。

监测范围的选择还需考虑鱼类和鸟类的迁徙以及无脊椎动物幼虫和卵的分布状况，这些物种往往是评价河湖生态恢复的关键物种，这些动物的活动范围往往超过项目实施区的范围。在时间尺度方面，考虑到河流生态修复是一个生态演进过程，一个动态稳定的河流生态系统的形成需要十几年到几十年的时间，因此监测年限应超过工程期限。根据生态修复工程项目的规模和重要性，应考虑建立长期监测系统，为河流生态管理服务。

监测方法通常包括定性描述和定量测量。定性描述的费用相对比较低，可在相对较大的区域内进行快速评价。定量测量主要通过勘察测量、现场采样和室内试验等技术手段获得所需数据。定量数据应以表格数据展现，将所有监测结果按照时间顺序进行对照，也可用曲线图进行展现，反映数据随时间变化规律并可显示极值。应用信息技术，建立具有学习、展示和分析功能的数据库，能够极大提高监测与评估的管理水平。

8.4 水库联合生态调度

8.4.1 生态调度的内涵

1. 水库（群）修建运用的生态效应

水库的修建运用对生态环境造成的影响，主要表现在 3 个尺度：①下游减水河段河流廊道的一维"线"尺度；②水库淹没区及消落带的二维"面"尺度；③水库气候影响区的三维"空间"尺度。从影响程度方面考虑，前两种是主要的。水库（群）调度调节的主要生态环境效应见表 8.12。

表 8.12　　　　　　　　　　　水库（群）调度的生态环境效应

类　　别	影　　响
库区及淹没区	库区生境变迁，原陆生生境消失，水生生境亦发生大幅变化； 库区水体温度垂向分层； 库区水动力条件变化，泥沙淤积； 水、陆交替作用，水库消落带易发生污染； 库区水文情势发生变化，营养物质富集，易发生富营养化； 库区周边地下水位抬高，易发生土壤盐渍化

续表

类 别	影 响
下游河流	阻隔河流连通性； 下游河流径流规律变化，生态驱动力改变； 下泄水流大量掺气，导致坝下河段鱼类死亡； 下泄水体温度过低，影响坝下一定长度河段的生境条件； 下泄水体含沙量偏小，下游河道冲刷严重； 河流滨河带长期得不到淹没，生境退化； 河口水动力特征变化，湿地萎缩、盐潮入侵等
气候影响区	影响局地小气候

水库调度生态效应的累积性表现在时间及空间两个尺度。

（1）在时间尺度上，水库调度将改变下游河流天然径流规律，从而改变河流原有物种对生境条件的适应性。其长期效应可能导致外来物种入侵，原有物种消失；此外，水库调度将大幅削减下游河流汛期洪峰流量，从而导致河岸带数年或更长时间得不到淹没，致使河岸带生态退化。

（2）在空间尺度上，由于区间汇水的影响，水库对下游河流径流过程的影响随距离的增加而递减，水库调度下游影响区为有限的区域。可当水库发展为水库群时，各水库影响区互相重叠，水库调度对水文情势的影响相互累加，从而造成范围及程度上更为严重的生态胁迫。

2. 水库（群）生态调度的内涵识别

人类对水资源的开发利用经历了原始水利阶段、工程水利阶段、资源水利阶段的发展，并逐渐向生态水利、环境水利阶段过渡。水库生态调度是针对水库及库群调度运行造成的一系列生态环境问题提出的新兴调度方式，旨在缓解水库修建运用的负面生态效应、保护或修复河流生态安全，属生态水利、环境水利范畴，与之类似的词还有"生态友好型水库调度"等。

国外水库生态调度的相关理论与实践研究始于20世纪70年代，其中以美国、澳大利亚、日本等国家最为成熟，经过多年发展已形成较为完整的理论体系及技术方法。我国生态调度研究起步较晚，但也有许多成果。如胡和平等（2008）提出了基于生态流量过程线的水库生态调度方法；史艳华（2008）对三峡水库生态调度方式进行了研究；康玲等（2010）以丹江口水库为研究对象对水库生态调度模型进行了研究。

截至目前，国内外许多学者从不同角度提出并论述了水库生态调度的思想，但其概念及内涵仍不统一。Symphorian等（2003）认为生态调度是既满足人类社会对水资源的需求，又要尽量满足生态系统需水要求的水库调度方式；李景波等（2007）认为水库生态调度是利用水库适时适量地调节流量，应对天然径流在时间上分布的不均匀性，满足流域生物种群生存发展动态平衡的要求，最大限度地降低或消除水库对流域生态的负面影响；董哲仁等（2007）认为水库生态调度是指在实现防洪、发电、供水、灌溉、航运等社会经济多种目标的前提下，兼顾河流生态系统需求的水库调度方式；艾学山和范文涛（2008）认为水库生态调度是指在水库控制运用过程中，综合考虑防洪、兴利、生态等目标，在满足下游河流生态需水及库区水环境保护要求的基础上，充分发挥水库的防洪、发电、灌溉、供水、航运、旅游等综合效益的水库调度方式。

　　结合国内外专家对相关概念的研究、论述，本书认为水库生态调度有狭义、广义之分。狭义的生态调度是以改善库区及下游河流生态环境为目标的调度方式，是水库调度工作的一方面；广义的水库生态调度是综合考虑防洪、兴利、生态环境等诸多因素的调度方式，是传统水库综合调度的延展。若无特别说明，文中提到的水库生态调度皆为广义生态调度。

　　与传统的水库调度方式相比，水库生态调度将生态目标纳入水库调度中来，在调度过程中协调防洪、兴利、生态等多方面的要求，在兴利除害的同时维持或修复河流生态健康，从而实现河流水资源的可持续利用。传统的水库调度方式与水库生态调度方式对比见表 8.13。

表 8.13　　　　　　　　　　　　不同水库调度方式对比

项　目	传 统 水 库 调 度 方 式	水 库 生 态 调 度 方 式
考虑因素	防洪（坝体及下游保护目标防洪安全）、兴利（发电、供水、灌溉、航运、渔业等）	防洪（坝体及下游保护目标汛期防洪安全）、兴利（发电、供水、灌溉、航运、渔业等）、生态环境（库区及下游河流的生态环境）
调度目标	在保障防洪安全的基础上提高河流水资源的利用效率及经济效益	在保障防洪安全的基础上，协调兴利目标与生态目标的关系，维护河流健康，实现使河流水资源的可持续利用
效益分析	保障防洪效益的基础上，最大限度地发挥河流水资源的经济效益	保障防洪效益，削减部分经济效益以实现生态补偿，发挥水库调度的生态效益、环境效益

　　防洪、兴利、生态作为水库生态调度的 3 个重要方面，既相互联系又相互制约。在不同区域、不同时期，水库调度的侧重方向有所不同。如汛期应当优先考虑防洪要求，兴利与生态应服从防洪要求；非汛期则应结合区域特点及水库来水、蓄水条件，合理地协调生活、工业、农业等各项兴利目标与生态目标之间的关系，以寻求各部门都能接受的水库调度方案。

　　水库群联合生态调度利用各库在水文特性及调节能力等方面的差异，通过统一的调度管理，实现各库之间的水量协调，从而提高水库群"整体"的社会经济效益及生态环境效益的一种调度方式。与单一水库相比较，水库群联合调度可根据各水库的来水过程、蓄水状态、调节能力、承担任务及各库之间的联系，从库群整体出发，在流域/区域尺度上统筹防洪、供水、发电、灌溉、生态环境等各方面要求，有效协调各库蓄水、供水、放水过程，实现流域/区域尺度的水资源的高效利用。

　　就生态供水方面而言，水库群联合生态调度与单库生态调度的差异主要表现在两个方面。一为"联合"性，即水库群的联合供水，如并联水库群通常具有相同的生态供水区；对于串联水库群（梯级水库群），虽然特定河段（区域）的生态用水通常是由某一特定水库提供，但其供水情况实际上是受上游水库的影响及制约。二是"补偿"，即水库群联合生态调度要充分发挥各库的水文补偿及库容补偿的能力，实现生态用水补偿调度，其核心问题是在生态供水过程一定的情况下，总供水量在各库之间的分配的问题。

8.4.2　生态保护的目标

　　兼顾生态保护的水库调度目标可以分为以下 6 种。

　　1. 保证下游最低环境流量

　　国外最早开展的改进水库调度实践的宗旨是为了保证下游河流的最低环境流量。早在

20世纪90年代，美国田纳西河流域就根据调整水库日调节方式、采用水轮机间歇式脉冲水流等生态调度方法，使大坝下游最小流量基本得到满足，鱼类和大型无脊椎动物有正面响应。近年我国大部分改善水库调度方式的实践也是为了保证大坝下游河流的最低环境流量。例如2000—2008年，我国塔里木河大西海子水库通过增加下泄流量，使下游生态基流得到保证，进而天然植被面积扩大，沙地面积减小，地下水位抬升，水质明显好转，生态恢复效果明显。黄河流域自1999年至今，实行流域水库统一管理，为了保证黄河不断流，增加下泄流量。

2. 改善水库或下游水质

一般通过控制水库运行水位、下泄流量、选择不同的泄水口等措施来改善大坝上、下游的水质。如果大坝具有分层泄水装置，调度对水质的改善作用将会更明显。20世纪90年代，美国田纳西河流域的20座大坝，在保证最小下泄流量的同时，结合水轮机通风、修建曝气堰等工程措施，使下游水流溶解氧低于最小溶解氧浓度时间和河段长度都较调度前大幅缩短，对水质的影响效果明显。我国珠江流域，自2005年以来，通过增加下泄流量，也达到了改善水质的效果。

3. 调整水沙输移过程

河流水沙过程是形成和维护生物栖息地的主要驱动力。调整水沙过程要尽量恢复大坝上下游水流含沙量的连续性，减少库内泥沙淤积，防止下游河流冲刷，营造下游河道的沙洲、河滩栖息地条件等。迄今为止，有两个著名的改进水库调度方式调整河流水沙输移过程的典型案例，第一个是美国科罗拉多河格伦峡大坝，自1996年以来，实行的增大下泄流量，形成"人造洪水"排沙的调度措施，使得大坝下游河流的边滩和沙洲面积增加；第二个是我国的黄河流域万家寨、三门峡和小浪底水库，采用洪水期降低水库运行水位增大泄水量和人工塑造"异重流排沙"的调度模式，有效减少了水库淤积，降低了下游河道高程，加快了黄河口的造陆过程。

4. 保护水生生物

已进行的针对水生生物保护调度实践，保护对象大部分是珍稀或濒危鱼类，种类多达几十种。主要是鲑鱼、鲟鱼等洄游性鱼类，也有少量的蚌类、蟹类。保护方法通常是在水生生物比较敏感的生命阶段，如产卵期、幼鱼期和洄游期，恢复对其生存或繁殖具有重要意义的水文情势以及水质、泥沙、地貌等河流物理化学过程，修复生物栖息地，增加物种数量。通过改进水库调度保护水生生物的典型案例在国内外比较常见，美国的罗阿诺克河，就通过在产卵期恢复自然日流量过程，降低流量小时变化率来保护带纹白鲈；而美国的哥伦比亚河为了保护大马哈鱼和虹鳟，在鱼类洄游期，采用增大泄流量和降低水温的调度方式。

5. 恢复岸边植被

岸边植被是河流生态系统的重要组成成分，具有生态、美学、经济等价值，特别是在干旱、半干旱地区，这些价值显得尤为宝贵。岸边植被的组成、结构和丰富度很大程度上受到水文过程、地下水水位以及河流泥沙输移过程的控制。自然水文情势的改变可能阻碍岸边植被的生长与繁殖，导致岸边植被面积不断减少。恢复岸边植被不但能修复洪泛区的生态服务功能，如削减洪峰、净化水质、涵养水源，还能保护那些以本地岸边森林为栖息地的濒危物种，如鸟类、蝙蝠等。我国塔里木河为了保护胡杨林，就采用了增加河流流量的生态调度方式，胡杨林逐渐恢复生机。在澳大利亚的墨累河，增加了洪水淹没时间和洪峰流量值，在保护湿地森林，尤其是在恢复红桉树方面，取得了很好的效果。

6. 维护河流生态系统完整性

近年来，随着自然水文情势、自然水流范式、河流健康评估等理论和方法的提出，科学家们逐渐认识到，单一生态目标的调度方式调整难以达到维护河流健康的根本目的。究其原因，从自然水文情势的理论看，自然水文过程的高流量、低流量和洪水脉冲过程都具有特定的生态作用；从河流健康的内涵看，只有水文、水质、河流地貌、水生生物等生态要素都满足一定的要求，才称之为健康河流。因此，改进水库调度方式的指导理念逐渐转变为保护本地生物多样性和河流生态系统完整性。所制定的环境水流涵盖了自然水文过程的高流量、低流量和洪水脉冲过程的流量、频率、发生时间、持续时间和变化率的变化范围。基于适应性管理的方法，开展改进水库调度、满足环境水流需求的现场试验，监测下游生态响应，进行反馈分析，进而修正调度方案。如此反复进行，通过多年的调度试验，逐渐完善调度方案。现在正在进行的一些改进水库调度的项目正朝着这个方向努力，如美国的可持续河流项目和澳大利亚的恢复墨累河活力项目。

可持续河流项目是由美国大自然协会和陆军工程兵团合作，在 11 条河流上选择 26 个大坝，进行改进大坝调度方式、修复环境水流的试验研究。该项目于 2002 年正式启动，目前已经在美国格林河、萨瓦那河、威廉姆特河等河流实施了一些较为成功的环境水流试验。这些试验从环境水流的制定到实施，都不是只考虑单一的生态修复目标，而是致力于恢复富于变化的自然水文过程、保护水生生物和岸边植被的关键栖息地、维持河流生态系统健康。

恢复墨累河活力项目是目前澳大利亚最大的河流生态修复项目。其主要目标是通过归还墨累河的生态环境用水，实现墨累河的健康以造福澳大利亚人民。该项目于 2002 年启动，2004—2009 年完成了项目第一步，增加了墨累河 5 亿 m^3 的水量，用于水生生物、岸边植被的保护和修复以及 6 个示范区的环境改善。这些水量主要通过政府从公众手中购买，储存在上游的水库中，在合适的时机以模拟自然水文过程的方式下泄。2005 年的一次模拟洪水过程的环境水流试验，增加了中下游洪泛区湿地的淹没时间和本土鱼类的产卵量，促成了湿地鸟类的大量繁殖。

8.4.3　生态调度原理及技术方法

1. 河流生态水文及生态水力机制

在河流自然-社会经济复合系统中，流量过程是河流水生生态系统的重要驱动力，高、中、低流量组分及其持续时间均有特定的生态学意义。例如，极端枯水流量可为水生生物提供维持生存所必需的最小栖息地；月枯水流量可为水生生物提供充足的栖息场所，并维持适宜的水温、溶解氧及水质条件；高脉冲流量可塑造河道物理特性、防止河岸植被入侵、维持河口盐度平衡，冲刷污染物，缓解水质；小洪水可为鱼类提供洄游、产卵信号，并能够补充洪泛区水量、维持洪泛区植物多样性并控制洪泛区植物的分布与丰度；大洪水有助于塑造洪泛区生境、维持水生及河岸带物种平衡等。

截至目前，国外许多专家学者已从不同角度入手，对水文因子的生态效应进行定量研究，其中 Richter（1997）提出的 IHA（indicators of hydrologic alteration）指标体系比较全面地分析了水文过程各要素对生态系统的影响（表 8.14），在水库调度生态影响评价及生态调度等方面的研究及实践中得到了较为广泛地应用。该体系以河流径流过程的 5 种基本特征为基础，即流量、时间、频率、历史、变化速率，共 5 组 33 个指标。

表 8.14 IHA 指标体系及生态学意义

组号及组名	IHA 指标	生 态 意 义
Ⅰ）月流量	1—12 月各月流量平均值或中值	水生生物栖息地范围，植物生长所需的土壤湿度，陆生动物所需水量的易获性，哺乳动物生活所需食物，陆生动物饮水可靠性，生物筑巢可能性，影响水体水温、溶解氧大小和光合作用
Ⅱ）年极端水文条件量及持续时间	年最小 1、3、7、30、90 日流量平均值，年最大 1、37、30、90 日流量平均值，断流天数，基流指数	生物体间竞争与忍受的平衡，提供给植物散布的条件，构建生物和非生物因素组成的水生生态系统，构建河流地形地貌以及物理生境条件，河岸植物所需土壤湿度的压力，动物脱水，对厌氧植物的压力，河流与洪泛区营养物质交换量，较差水环境状况持续时间，植物群落在湖泊、水塘和洪泛区分布状况，用于河床泥沙中废物处理和产卵场通风的高流量持续时间
Ⅲ）年极端值的发生时间	年最大 1 日流量发生时间，年最小 1 日流量发生时间	生物生命周期、对生物不利影响的预见性/可避性、产卵繁殖期或是为了躲避捕捉能到达特殊栖息地、提供给洄游性鱼类产卵信号、生命历时进化
Ⅳ）高、低流量的频率及持续时间	每年发生高流量/低流量的次数，高流量/低流量的平均持续时间或中值持续时间	植物所需土壤含水胁迫的频率与大小，植物产生厌氧胁迫的频率与历时，洪泛区水生生物栖息的可能性，河流和洪泛区间营养及有要物质的交换，土壤矿物质的可得性，有利于水鸟捕食、栖息和筑巢繁殖等，影响河床泥沙分布
Ⅴ）流量变化的速率及频率	日流量涨水的均值或中值，日流量落水的均值或中值，水流涨落次数	对植物产生的干旱胁迫、生物体在洪泛区等地的截留、低游动性河滨生物干旱胁迫

　　尽管河流水文情势理论在国内、国际上相关领域关注较多，但其自身并未对河流的水流-水生态过程进行更深程度的模拟，难以直接对未来不同工况下的河流生境进行评估及预测。针对这一需求，河流生态水力学及栖息地模拟技术近年来得到越来越多的关注，并在河流生态需水评估、水库生态调度等领域得到了广泛应用。

　　生态水力学是融合水力学及生态学而形成的新兴交叉科学，其研究尺度是中等栖息地和微观栖息地。河流生态水力学旨在河段尺度上构建处于不同生命阶段的物种生境与水力条件之间的关系，并在此基础上分析水力环境发生变化情况下的生态响应，提出相应控制措施。

　　处于特定生命阶段的目标物种对栖息地的需求可由其生存环境的水力因子表征，并通过选择水力环境更适宜的区域来对外界环境变化作出响应。现阶段研究较多的水力因子有水深、流速、水温、溶解氧等。图 8.14 为生态水力因子在河流自然-社会经济复合系统中的位置及与其他方面的关系。

　　2. 水库（群）调度规则优化技术

　　调度规则用于指导和制定水库（群）调度运行决策，并与调度图或调度函数相配套使用。调度图由若干基本控制线组成，这些控制线将调度图划分为若干个区域，调度过程中根据当前水库状态所对应区域来确定具体水库调度方案。调度函数则是在水库长时序优化调度成果的基础上，采用统计回归等技术，提取出入库径流、水库最优调度轨迹及决策序列之间线性、非线性或其他形式的回归方程，以此指导水库调度运行。相较而言，调度图直观实用、易于操作，应用较为广泛。本节在国内外相关研究的基础上，从入库水量过程处理，模

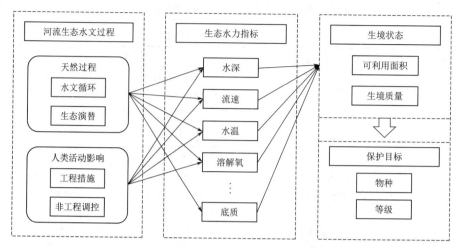

图 8.14　河流自然-社会经济复合系统的生态水力过程

型寻优方式及优化算法 3 个方面对水库（群）调度规则优化技术进行综述。

从入库水量过程处理方式考虑，水库优化调度包括确定性优化方法及随机优化方法两大类。随机优化方法又称为显随机优化调度法，该法将水库入库水量处理为一个随机过程，并用特定的随机函数描述，在此基础上通过适宜的优化算法进行调度规则寻优。在目前的技术条件下，由于"维数灾"等问题，随机优化调度方法不完全适用于 3 个以上库群的联合调度。

水库（群）调度确定性优化方法又称为隐随机优化调度法，该方法将长期实测或人工生成的有限的径流序列作为入库流量随机过程的一个样本，从而对入流进行确定性描述，并在此基础上采用适宜的优化算法进行调度规则寻优。该方法近年来在水库调度规则优化研究中得到了广泛的应用。

从寻优方式上看，水库（群）调度规则优化又可分为模拟优化法及调度规则提取法两类。其中调度规则提取法首先利用优化技术进行水库（群）调度过程长时序优化计算，并基于此通过统计回归、神经网络或其他数据发掘技术提取出调度决策与水库运行要素之间的关系，从而获得相应的水库（群）调度规则。

模拟优化法则首先预设一组或若干组水库调度规则，按照预设的规则进行长系列水库调度调算，并对全调度期的调度情况进行统计评价，在此基础上通过优化技术对预设的调度规则进行反复调整，从而得到最优调度规则的一类方法。近些年来，我国学者分别采用模拟差分演化算法、模拟逐次逼近算法及模拟遗传混合算法对乌江上游梯级水电站调度图进行寻优；也有采用模拟退火粒子群算法进行了普定水电站优化调度研究等。

水库（群）优化调度是一个复杂的非线性多目标决策过程，优化模型的求解算法一直是国内外专家学者关注的重点之一。现阶段我国水库（群）优化调度领域应用较多的算法主要有线性规划、非线性规划、动态规划、遗传算法、粒子群优化算法、蚁群优化算法等，简要介绍如下。

（1）线性规划法。线性规划是运筹学中出现较早的优化算法之一，无需初始决策，收敛于全局最优解，适用于具有线性特征的复杂系统决策，在水库（群）调度中应用较早，应用也最为广泛。需要指出，线性规划在求解具有非线性特征的问题时，需要把非线性的目标函数及约束条件进行线性化处理，将导致计算精度下降，近年来随着动态规划、遗传算法等其他优化算法的出现及发展，线性规划在水库及库群优化调度研究中已应用不多。

（2）非线性规划法。非线性规划适用于具有非线性目标函数或约束条件的优化问题，该方法具有多种求解思路，包括逐次线性规划、逐次二次规划、拉格朗日松弛法、广义梯度下降法等。但由于求解过程中通常要将有约束问题转化为无约束问题，很大程度上限制了非线性规划在水库（群）调度领域的应用。

（3）动态规划法。动态规划是一种适用于多阶段决策问题的优化方法，现阶段在水库及库群优化调度研究、实践中应用广泛。该方法通过分段降维将复杂的原问题简化为一系列较为简单的子问题，并通过求解子问题来寻求原问题的最优解。传统的动态规划在求解复杂水库群联合调度时易出现"维数灾"，近年来专家学者提出了多种改进方法，如逐次逼近动态规划，离散微分动态规划等。值得一提的是，动态规划在显随机优化调度及隐随机优化调度研究中皆应用较广。

（4）遗传算法。遗传算法是由美国密歇根大学 Holland 教授最早提出的一种全局搜索进化算法。该方法仿照生物进化过程，通过选择、交叉、变异等遗传算子实现进化寻优。遗传算法计算简单、鲁棒性强、适用于并行处理，近年来在水库（群）调度优化问题中得到广泛应用，并形成多种改进方法，如模拟退火遗传算法、自适应遗传算法、方向自学习遗传算法、混沌遗传算法等。

（5）粒子群优化算法。粒子群优化算法是一种适用于非线性、不可微、非凸复杂优化问题的进化算法，该方法模仿鸟类群体觅食行为，收敛速度快，鲁棒性强，易并行及分布实现，在水库及库群优化调度中应用较广。值得注意的是，粒子群优化算法在计算后期易收敛于局部最优值，鉴于此国内外专家学者相继提出了多种改进算法，如免疫粒子群算法、混沌粒子群算法、模拟退火粒子群算法等。

（6）蚁群优化算法。蚁群优化算法是一种启发式仿生进化算法。该方法模拟蚁群行为，通过蚁群之间的信息传递实现寻优，近年来在水库及库群调度中应用较多。尤其在样形水库群优化调度中应用广泛。

8.4.4 水库生态调度的适应性管理方法

由于历史资料和监测数据的限制，科学家对于因径流调节改变坝下水文过程引起的生态响应特别是对鱼类繁殖的影响，难有完全清晰的理解，换言之，科学家尚不能明确鱼类等水生生物对水文情势的实际需求。这样，在制定改善水库调度方案时，只能按照当前有限的认识，制定初步方案，先行开展实验，同步进行生物、水文监测，根据反馈的数据分析，再修正调度方案，这种方法称为适应性管理方法，适应性管理方法是一种"试验—监测—反馈—修正"的方法。具体应用到改进水库调度工作的步骤是：首先根据水库调度的目标和约束，制定水库调度调整方案；然后开展改进调度的现场试验，监测生态系统响应，进行反馈分析，进而修正调度方案。如此反复进行多年的调度试验，开展改进水库调度试验的适应性管理方法见图 8.15。

1997 年，科罗拉多河的格伦峡大坝首次在改进水库调度方式的试验中采用适应性管理方法。格伦峡大坝针对多种生态修复目标不断地进行改进调度方式的试验研究。例如，恢复下游沙洲和边滩的栖息地营造水流试验和栖息地维持水流试验，升高夏季水温的稳定水流试

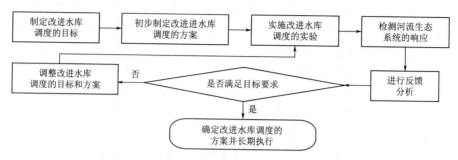

图 8.15　开展改进水库调度试验的适应性管理方法

验，抑制外来鱼类繁殖的波动水流试验等。这些试验结果不断检验并增进人们对水流和生态响应关系的认识，有利于最终确定调度方式的调整方案。

　　适应性管理方法在格伦峡大坝上应用获得成功后，格林河、墨累河、萨凡纳河、罗阿诺克河等河流上的改进大坝调度项目也相继采用这种管理方法。目前，在改进水库调度试验中采用适应性管理方法，基本上已经成为科学家的共识。

　　由于兼顾生态保护的水库调度方式改进通常会带来一定的经济效益或社会效益损失，因此为了达到既定的生态保护目标，水库调度方式的改善往往需要与其他河流生态修复措施相结合。譬如，为了保护濒危鱼类，增加水库的最小下泄流量通常与重建鱼类产卵栖息地、建造过鱼设施、人工增殖放流等措施共同实施。

思考题

1. 生态水文模型的构成及其作用有哪些？
2. 河道生态需水类型及其特征是什么？
3. 试述几种常用的河道生态需水计算的优缺点。
4. 水生态修复的原则有哪些？
5. 河流生态修复技术有几类？
6. 水库联合生态调度中的生态保护目标有哪些？

参 考 文 献

[1] Acreman M C, 2001. Hydro – ecology: Linking hydrology and aquatic ecology [M]. Wallingford: IAHS.

[2] Baird A J, Wilby R L, 1999. Eco – hydrology: Plants and Water in Terrestrial and Aquatic Environments [M]. London: Routledge.

[3] Band L E, Patterson P, Nemani R, et al, 1993. Forest Ecosystem processes at the watershed scale: Incorporating hillslope hydrology [J]. Agricultural and Forest Meteorology, 63 (1 – 2): 93 – 126.

[4] Cottingham P, Thoms M C, Quinn P P, 2002. Scientific panels and their use in environment flow assessment in Australia [J]. Australian Journal of Water Resource, 5 (1): 103 – 111.

[5] Cronk J K, Mitsch W J, 1994. Aquatic metabolism in four newly constructed freshwater wetlands with different hydrologic inputs [J]. Ecological Engineering, 3 (4): 449 – 468.

[6] Deegan L A, 2002. Lessons learned: the effects of nutrient enrichment on the support of newton by seagrass and salt marsh ecosystems [J]. Estuaries, 25 (4b): 727 – 742

[7] Dooge J C I, 1988. Hydrology in perspective [J]. Hydrological Sciences Journal – journal Des Sciences Hydrologiques, 33: 61 – 85.

[8] Gassmann M, Gardiol J, Serio L, 2011. Performance evaluation of evapotranspiration estimations in a model of soil water balance [J]. Meteorological Applications, 18 (2): 211 – 222.

[9] Hatton T J, Salvucci G D, Wu H I, 1997. Eagleson's optimality theory of an eco – hydrologicale quilibrium: Quovadis? [J]. Functional Ecology, 11: 665 – 674.

[10] Kantrud H A, Millar J B, Valk A, 1989. Vegetation of wetlands of the prairie pothole region [M]. Lowa State University Press.

[11] Miller G T, 1992. Living in the Environment: An Introduction to Environmental Science [J]. Journal of Animal Ecology, 60 (3): 1101.

[12] Mitsch W J, Gosselink J G, 2000. Wetlands [M]. 3rd edition. John Wiley & Sons.

[13] Nuttle W K, 2002. Is ecohydrology one idea or many? [J]. Hydrological Sciences Journal, 47 (5): 805 – 807.

[14] Poff L R, Allan J D, Bain M B, et al, 1997. The Natural Flow Regime: A Paradigm for River Conservation and Restoration [J]. Bioscience, 47 (11): 769 – 784.

[15] Richter B D, Summar Y, 1997. How much water does a river need? [J]. Freshwater Biology, 37 (1): 231 – 249.

[16] Rodriguez I, 2000. Ecohydrology: A hydrological perspective of climate – soil – vegetation dynamics [J]. Water Resources Research, 36: 3 – 9.

[17] Roshier D A, Robertson A I, Kingsford R T, 2002. Responses of waterbirds to flooding in an arid region of Australia and implications for conservation [J]. Biological Conservation, 106 (3): 399 – 411.

[18] Steever E Z, Warren R S, Niering W A, 1976. Tidal energy subsidy and standing crop production of Spartina alterniflora [J]. Estuarine & Coastal Marine Science, 4 (4): 473 – 478.

[19] Symphorian G R, Madamom E, Zaag P, 2003. Dam operation for environmental water releases: the case of Osborne dam, Save catchment, Zimbabwe [J]. Physics and Chemistry of the Earth, Parts A/B/C, 28: 985 – 993.

[20] Vannote R L, Minshall G W, Cummins K W, et al, 1980. The River Continuum Concept [J]. Canadi-

an Journal of Fisheries and Aquatic Sciences, 37 (1): 130 - 137.

[21] Wassen M J, Grootjans A P, 1996. Ecohydrology: an interdisciplinary approach for wetland management and restoration [J]. Vegetatio, 126 (1): 1 - 4.

[22] Wigmosta M S, Vail L W, Lettenmaier D P, 1994. A Distributed hydrology - vegetation model for complex terrain [J]. Water Resources Research, 30 (6): 1665 - 1679.

[23] Zalewski M, 2000. Ecohydrology - The Scientific Background to use Ecosystem Properties as Management Tools Toward Sustainability of Water Resources [J]. Ecological Engineering, 16 (1): 1 - 8.

[24] 艾学山, 范文涛, 2008. 水库生态调度模型及算法研究 [J]. 长江流域资源与环境, 17 (3): 451 - 451.

[25] 陈吉泉, 李博, 马志军, 等, 2005. 生态学家面临的挑战: 问题与途径 [M]. 北京: 高等教育出版社.

[26] 陈求稳, 2010. 河流生态水力学 [M]. 北京: 科学出版社.

[27] 董哲仁, 孙东亚, 赵进勇, 2007. 水库多目标生态调度 [J]. 水利水电技术, 38 (1): 28 - 32.

[28] 董哲仁, 2013. 河流生态修复 [M]. 北京: 中国水利水电出版社.

[29] 董哲仁, 2019. 生态水利工程学 [M]. 北京: 中国水利水电出版社.

[30] 董哲仁, 2007. 生态水利工程原理与技术 [M]. 北京: 中国水利水电出版社.

[31] 董哲仁, 2007. 生态水利学探索 [M]. 北京: 中国水利水电出版社.

[32] 高晓薇, 秦大庸, 2017. 河流生态系统综合分类理论、方法与应用 [M]. 北京: 科学出版社.

[33] 郭文献, 刘武艺, 王鸿翔, 等, 2015. 城市雨洪资源生态学管理研究与应用 [M]. 北京: 中国水利水电出版社.

[34] 胡和平, 刘登峰, 田富强, 等, 2008. 基于生态流量过程线的水库生态调度方法研究 [J]. 水科学进展, 19 (3): 325 - 332.

[35] 黄奕龙, 傅伯杰, 陈利顶, 2002. 生态水文过程研究进展 [J]. 生态学报, 23 (3): 580 - 587.

[36] 黄钰玲, 纪道斌, 惠二青, 等, 2017. 河流生态学 [M]. 北京: 中国水利水电出版社.

[37] 康玲, 黄云燕, 杨正祥, 等, 2010. 水库生态调度模型及其应用 [J]. 水利学报, 41 (2): 134 - 141.

[38] Paul A Keddy, 2018. 湿地生态学: 原理与保护 [M]. 兰志春, 黎磊, 沈瑞昌, 译. 北京: 高等教育出版社.

[39] 李博, 2000. 生态学 [M]. 北京: 高等教育出版社.

[40] 李景波, 董增川, 王海潮, 等, 2007. 水库健康调度与河流健康生命探讨 [J]. 水利水电技术, (9): 15 - 18.

[41] 李俊清, 2017. 森林生态学 [M]. 北京: 高等教育出版社.

[42] 李文华, 赵景柱, 2004. 生态学研究回顾与展望 [M]. 北京: 气象出版社.

[43] 刘德明, 2017. 海绵城市建设概论-让城市像海绵一样呼吸 [M]. 北京: 中国建筑工业出版社.

[44] 刘娜娜, 张婧, 王雪琴, 2018. 海绵城市概论 [M]. 武汉: 武汉大学出版社.

[45] 陆健健, 何文珊, 童春富, 2006. 湿地生态学 [M]. 北京: 高等教育出版社.

[46] 吕文, 杨桂山, 万荣荣, 2012. "生态水文学" 学科发展和研究方法概述 [J]. 水资源与水工程学报, 23 (5): 32 - 36.

[47] 孟令钦, 2014. 城市水生态系统可持续管理科学, 政策与实践 [M]. 北京: 中国水利水电出版社.

[48] 穆兴民, 徐学选, 陈霁巍, 2001. 生态水文 [M]. 北京: 中国林业出版社.

[49] 邱国玉, 熊育久, 2014. 水与能: 陆地蒸散发、热环境及其能量收支 [M]. 北京: 科学出版社.

[50] 芮孝芳, 2004. 水文学原理 [M]. 北京: 中国水利水电出版社.

[51] 盛连喜, 2002. 环境生态学导论 [M]. 北京: 高等教育出版社.

[52] 史艳华, 2008. 基于河流健康的水库调度方式研究 [D]. 南京: 水利科学研究院.

[53] 宋刚福, 2019. 闸坝控制下河流生态调度研究 [M]. 北京: 中国水利水电出版社.

[54] 孙儒泳, 2002. 基础生态学 [M]. 北京: 高等教育出版社.

[55] 孙儒泳，2008. 生态学进展 [M]. 北京：高等教育出版社.

[56] 孙艳伟，2019. 变化环境下的城市雨洪调控措施研究 [M]. 北京：科学出版社.

[57] 王超，王沛芳，2004. 城市水生态系统建设与管理 [M]. 北京：科学出版社.

[58] 王根绪，刘桂民，常娟，2005. 流域尺度生态水文研究评述 [J]. 生态学报，26 (4)：236-247.

[59] 王浩，严登华，秦大庸，等，2009. 水文生态学与生态水文学：过去、现在和未来 [M]. 北京：中国水利水电出版社.

[60] 王建，2014. 现代自然地理学 [M]. 北京：高等教育出版社.

[61] 王金凤，周维博，2012. 水文生态学与生态水文学的区别与联系 [J]. 人民黄河，34 (7)：40-43.

[62] 王西琴，刘斌，张远，2017. 环境流量界定与管理 [M]. 北京：中国水利水电出版社.

[63] 王西琴，2007. 河流生态需水理论、方法与应用 [M]. 北京：中国水利水电出版社.

[64] 邬建国，2007. 现代生态学讲座（3）：学科进展与热点论题 [M]. 北京：高等教育出版社.

[65] 伍光和，王乃昂，胡双熙，等，2008，自然地理学 [M]. 北京：高等教育出版社.

[66] 武强，董东林，2001. 试论生态水文学主要问题及研究方法 [J]. 水文地质工程地质，28 (2)：69-72.

[67] 夏军，丰华丽，谈戈，等，2003. 生态水文学概念、框架和体系 [J]. 灌溉排水学报，22 (1)：4-10.

[68] 夏军，李天生，2018. 生态水文学的进展与展望 [J]. 中国防汛抗旱，28 (6)：1-5，21.

[69] 夏军，左其亭，韩春辉，2018. 生态水文学学科体系及学科发展战略 [J]. 地球科学进展，33 (7)：665-674.

[70] 徐宗学，彭定志，2016. 生态水文学：一个新的充满挑战的研究领域 [J]. 北京师范大学学报（自然科学版），52 (3)：251-252.

[71] 严登华，何岩，邓伟，等，2001. 生态水文学研究进展 [J]. 地理科学，21 (5)：467-473.

[72] David H，Maciej Z，Nic P，等，2012. 生态水文学：过程、模型和实例·水资源可持续管理的方法 [M]. 严登华，秦天玲，翁白莎，等，译. 北京：中国水利水电出版社.

[73] 杨大文，丛振涛，尚松浩，等，2016. 从土壤水动力学到生态水文学的发展与展望 [J]. 水利学报，47 (3)：144-151.

[74] Eagleson P S，2008. 生态水文学 [M]. 杨大文，丛振涛，译. 北京：中国水利水电出版社.

[75] 杨海军，李永祥，2005. 河流生态修复得理论与技术 [M]. 长春：吉林科学技术出版社.

[76] 杨胜天，2012. 生态水文模型与应用 [M]. 北京：科学出版社.

[77] 于洪贤，姚允龙，2011. 湿地概论 [M]. 北京：中国农业大学出版社.

[78] 余新晓，王彦辉，王玉杰，等，2014. 中国典型区域森林生态水文过程与机制 [M]. 北京：科学出版社.

[79] 余新晓、贾国栋、吴海龙，等，2018. 生态系统蒸散 [M]. 北京：科学出版社.

[80] 余新晓，2018. 流域生态水文过程与机制 [M]. 北京：科学出版社.

[81] 余新晓，2013. 人类活动与气候变化的流域生态水文响应 [M]. 北京：科学出版社.

[82] 余新晓，2016. 森林植被-土壤-大气连续体水分传输过程与机制 [M]. 北京：科学出版社.

[83] 余新晓，2015. 生态水文学前沿 [M]. 北京：科学出版社.

[84] 张明如，德永军，李玉灵，等，2006. 森林生态学 [M]. 呼和浩特：内蒙古大学出版社.

[85] 张泽中，2013. 城市雨洪调控利用与管理 [M]. 北京：中国水利水电出版社.

[86] 章光新，武瑶，吴燕锋，等，2018. 湿地生态水文学研究综述 [J]. 水科学进展，29 (5)：133-145.

[87] 章光新，2014. 湿地生态水文与水资源管理 [M]. 北京：科学出版社.

[88] 章光新，2006. 关于流域生态水文学研究的思考 [J]. 科技导报，24 (12)：42-44.

[89] 赵文智，程国栋，2001. 干旱区生态水文过程研究若干问题评述 [J]. 科学通报，46 (22)：5-11.

[90] 赵文智，程国栋，2003. 生态水文学-揭示生态格局和生态过程水文学机制的科学 [J]. 冰川冻土，

23（4）：450－457.

[91]　赵文智，王根绪，译，2002. 生态水文学：陆生环境和水生环境植物与水分关系［M］. 北京：海洋出版社.

[92]　赵文智，2001. 生态水文学研究的奠基之作-《生态水文学》［J］. 地球科学进展，16（5）：734－735.

[93]　赵英时，2011. 遥感应用分析与方法［M］. 北京：科学出版社.

[94]　庄武艺，J. 谢佩尔，1991. 海草对潮滩沉积作用的影响［J］. 海洋学报，（2）：230－239.

[95]　左其亭，窦明，马军霞，2016. 水资源学教程［M］. 北京：中国水利水电出版社.